“十四五”时期国家重点出版物
出版专项规划项目

水体污染控制与治理科技重大专项“十三五”成果系列丛书

重点行业水污染全过程控制技术系统与应用标志性成果

流域水污染治理成套集成技术丛书

有色金属行业 水污染治理成套集成技术

◎ 王庆伟 邵立南 阮久莉 等 编著

化学工业出版社

·北京·

内　容　简　介

本书为“流域水污染治理成套集成技术丛书”中的一个分册，主要介绍了有色金属行业废水特征与防治政策、废水源头削减技术及过程减排技术、锌电解整体工艺重金属废水智能化源削减成套技术与装备、污酸及酸性废水污染控制成套技术与装备、综合废水处理与回用成套技术与工程实例等内容，旨在为有色金属行业水污染全过程控制（源头-过程-末端）提供不同工艺流程、不同技术水平、不同装备水平的废水污染全过程防控技术指导和案例借鉴。

本书具有较强的技术性和针对性，可供从事有色金属行业废水处理处置及污染控制的工程技术人员、科研人员及管理人员参考，也可供高等学校环境工程、生态工程、冶金工程及相关专业师生参考。

图书在版编目（CIP）数据

有色金属行业水污染治理成套集成技术/王庆伟等编著. —北京：化学工业出版社，2021. 4

（流域水污染治理成套集成技术丛书）

ISBN 978-7-122-38463-8

Ⅰ. ①有… Ⅱ. ①王… Ⅲ. ①有色金属冶金-工业废水-水污染防治 Ⅳ. ①X758. 031

中国版本图书馆 CIP 数据核字（2021）第 026052 号

责任编辑：刘　婧　刘兴春　　文字编辑：丁海蓉

责任校对：张雨彤　　装帧设计：史利平

出版发行：化学工业出版社（北京市东城区青年湖南街 13 号　邮政编码 100011）

印　　装：北京建宏印刷有限公司

787mm×1092mm　1/16　印张 13½　字数 262 千字　　2022 年 6 月北京第 1 版第 1 次印刷

购书咨询：010-64518888　　售后服务：010-64518899

网　　址：http://www.cip.com.cn

凡购买本书，如有缺损质量问题，本社销售中心负责调换。

定　　价：128.00 元

《有色金属行业水污染治理成套集成技术》
编著人员名单

编　著　者：王庆伟　邵立南　阮久莉　但智钢　周　超　赵次娴
　　　　　胡　明　李维栋　刘永丰

前 言

有色金属冶炼行业是我国特色优势战略性资源行业，总产能和产量均为全球第一。有色金属冶炼行业在快速发展的同时，也是我国工业废水排放及重金属污染的主要来源。复杂低品位矿石资源对冶炼企业、环境治理提出了巨大挑战。有色金属冶炼行业重金属废水具有离子种类多、组分复杂、金属浓度和硬度高、水量大等特点，长期以来一直缺乏适应我国有色金属冶炼行业发展特点、经济高效的集成处理技术。近年来，国家大力引导和推进行业使用清洁、节水、先进、高效的工艺技术和装备，鼓励企业提高水污染治理和资源综合利用效率。水污染全过程控制技术包括多种技术的集成，而目前对有色金属冶炼行业相关技术的集成研究还相对缺乏，仍主要是从经验出发，缺乏科学的、定量的支撑。

本书是基于“水污染解析及全过程控制技术评估体系”研究成果，针对冶炼烟气洗涤等主要生产工序开展了基于等标污染负荷法的污染源解析，通过科学解析有色铜、铅、锌冶炼行业生产全过程水污染特征，进而针对行业废水处理技术进行了文献调研和工程调查，开展了基于层次分析-模糊评估 & 层次分析-标杆法的技术评估，发现技术短板和优势。通过典型企业水污染全过程控制实例分析，形成多个水污染全过程控制集成技术方案，凝练行业重大水专项形成的关键技术发展与应用，从系统工程角度对这些方案进行定量综合评估，形成可指导大规模应用的有色金属冶炼行业成套技术体系和管理体系，并以成套技术应用工程案例的技术支撑点作为实证，包括运行参数、关键支撑设备、药剂等。

全书基于行业水污染控制技术综合评估，凝练了有色铜、铅、锌冶炼行业废水的处理技术，集成了“源头削减-过程减排-末端治理”行业全过程水污染控制技术长清单，具有系统性、基础性和实用性的特点，可为有色行业生产人员、水污染控制专业研究人员及行业废水污染治理从业人员等提供技术参考和案例借鉴，有利于促进行业长效绿色发展，推动行业发展与环境保护的共同进步。

本书主要由王庆伟、邵立南、阮久莉编著。具体编著分工如下：第 1 章由王庆伟编著；第 2 章由邵立南、王庆伟、阮久莉编著；第 3 章由阮久莉、但智钢编著；第 4 章、第 5 章由王庆伟、邵立南编著。全书最后由沈燕青协助统稿、王庆伟修改并定稿。

本书的组织编著和出版得到了国家水体污染控制与治理科技重大专项“重点行业水污染全过程控制技术集成与工程实证”课题（2017ZX07402004-3）的资助。感谢中南大学冶金与环境学院环境研究所柴立元院士、闵小波教授、刘恢教授、王云燕教授、杨志辉教授、王海鹰教授、李青竹教授、唐崇俭教授、杨卫春教授、廖琪副教授、颜旭副教授、石岩副教授、梁彦杰副教授、肖睿洋副教授、史美清博士等的大力支持。另外，还要感谢中国环境科学研究院段宁院士、降林华研究员、徐夫元研究员、周超老师、李建辉老师，矿冶科技集团有限公司杨晓松教授，中国科学院过程工程研究所曹宏斌教授在本书编著过程中提供的帮助与指导。特别感谢本书编著过程中沈燕青、赵次娴、胡明、陶柏润、桂俊峰、周文芳、程威等在资料收集与撰写方面提供的帮助。书中所引用文献资料统一在各章后列出了参考文献，但部分做了取舍、补充与变动，对于没有说明的，敬请作者或原资料引用者谅解，在此表示衷心的感谢。

限于编著者水平和编著时间，书中不足和疏漏之处在所难免，敬请读者批评指正。

编著者

2021 年 3 月

目 录

第1章 有色行业废水特征与防治政策

1.1 有色行业废水来源与特征

我国是全球最大的有色金属生产和消费国。有色金属行业是国家重要的基础原材料行业，是国民经济的基础和支柱，门类齐全，应用领域十分广泛。近30年来，我国有色金属工业持续、快速、有序发展，整体实力不断增强，在国际上的影响力、竞争力日益提高。特别是我国铜冶炼行业在技术装备及节能减排等方面已全面赶超世界先进水平，发展为有色金属领域最具国际竞争力的行业。有色金属科技不断创新，有色新材料及应用快速向航天、交通新材料等“高端”领域延伸，有力地推动了国家战略性新兴产业的快速发展，在国防科技、交通、能源、基础设施建设领域发挥着越来越重要的作用，是国家实施制造强国战略的重要支撑。

为进一步增强有色行业突出竞争力和可持续发展能力，必须坚持绿色发展，走循环经济和生态工业发展道路，推广绿色、节能、低碳技术和工艺、产品、装备，建设清洁利用、环境友好的有色金属工业体系，促进有色行业环境治理，落实国家提出的“推动有色金属工业提高能源资源利用效率、降低污染物产生和排放强度”的指导要求，实现国家重金属污染综合防治、污染防治攻坚的战略目标，推动有色行业绿色循环、生态发展，最终实现建设美丽中国的长期目标。

1.1.1 有色行业废水来源

在自然界中，天然金属矿石多数以伴生形式存在，如辉铜矿同时伴生有Pb、Zn、Cd、Sb、Bi等多种元素，闪锌矿同时伴生有Pb、Cu、Hg、Cd、In、Ag等多种元素，方铅矿伴生有Ag、Cu、Zn、As、Cd、Tl等多种元素。有色冶炼过程的本质是从金属矿石中提取和提纯有价金属，是一个除杂、提纯的过程，通过有色火法冶炼、湿法浸出、电解提纯等工艺提取Cu、Pb、Zn、Sb、Bi、Au、Ag等有价金属，同时使绝大部分有害元素以废气、废水、废渣的形式排出和处理。

① 典型铜冶炼工艺流程及产污节点如图1-1、图1-2所示。

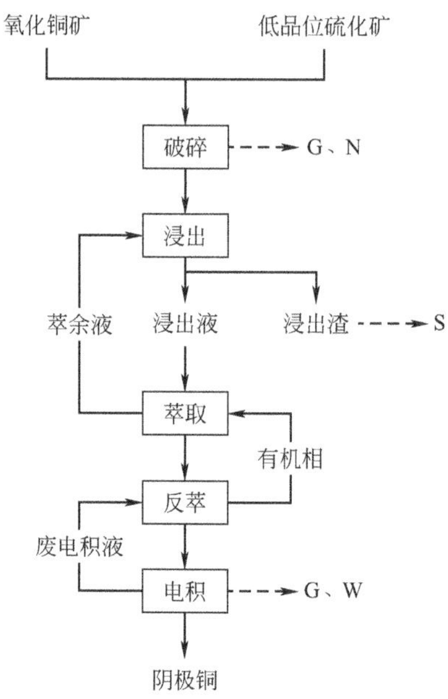

图 1-1 湿法炼铜工艺流程及产污节点

G—废气；W—废水；S—固体废物；N—噪声

② 典型铅冶炼工艺流程及产污节点如图 1-3 所示。

③ 典型锌冶炼工艺流程及产污节点如图 1-4 所示。

1.1.2 有色行业废水特征

根据冶炼工艺过程中用水排水情况，有色冶炼过程中产生的废水一般包括循环冷却水、污酸废水、一般性生产废水、脱硫废水、冲渣水以及初期雨水等。废水通过收集进行处理后，达标排放或回用。

(1) 循环冷却水

循环冷却水主要来源于火法冶炼系统循环冷却水、余热锅炉系统循环冷却水、硫酸系统循环冷却水、制氧系统循环冷却水、余热发电系统循环冷却水以及收尘风机、湿法冶炼整流器等高温炉体、管道设备的冷却降温用水。这部分水主要是温度较高，一般无重金属污染离子，属清净下水，通过冷却塔冷却降温后可循环使用。同时，为了维持循环水中钙镁离子及盐平衡，定期排放一定的排污水，防止设备结垢堵塞。

(2) 污酸废水

污酸废水来源于火法冶炼烟气净化工段制酸系统，通过管道输送至污酸处理站进行处理。污酸主要成分包括硫酸，氟化物和铜、砷、铅等重金属离子，酸、砷、氟、氯是主要污染物。有色冶炼通过废水排放的污染物绝大部分集中在污酸废水中，是废水污染控制的重点，也是难点。铜、铅、锌冶炼污酸废水特征如表 1-1 所列。

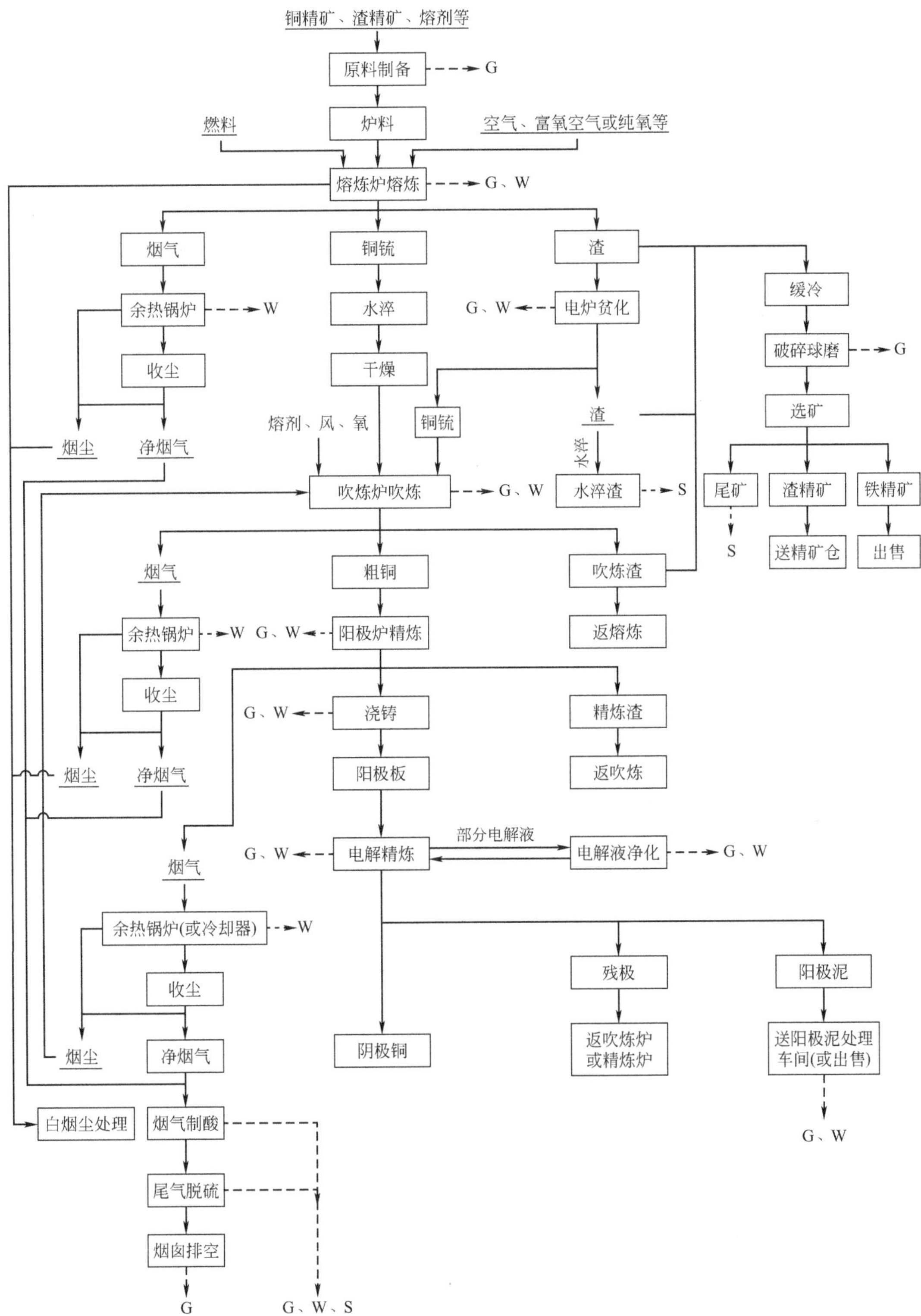

图 1-2　硫化铜精矿火法冶炼工艺流程及产污节点

G—废气；W—废水；S—固体废物

（精炼炉氧化期产生的烟气送烟气制酸系统，其余时段送脱硫系统）

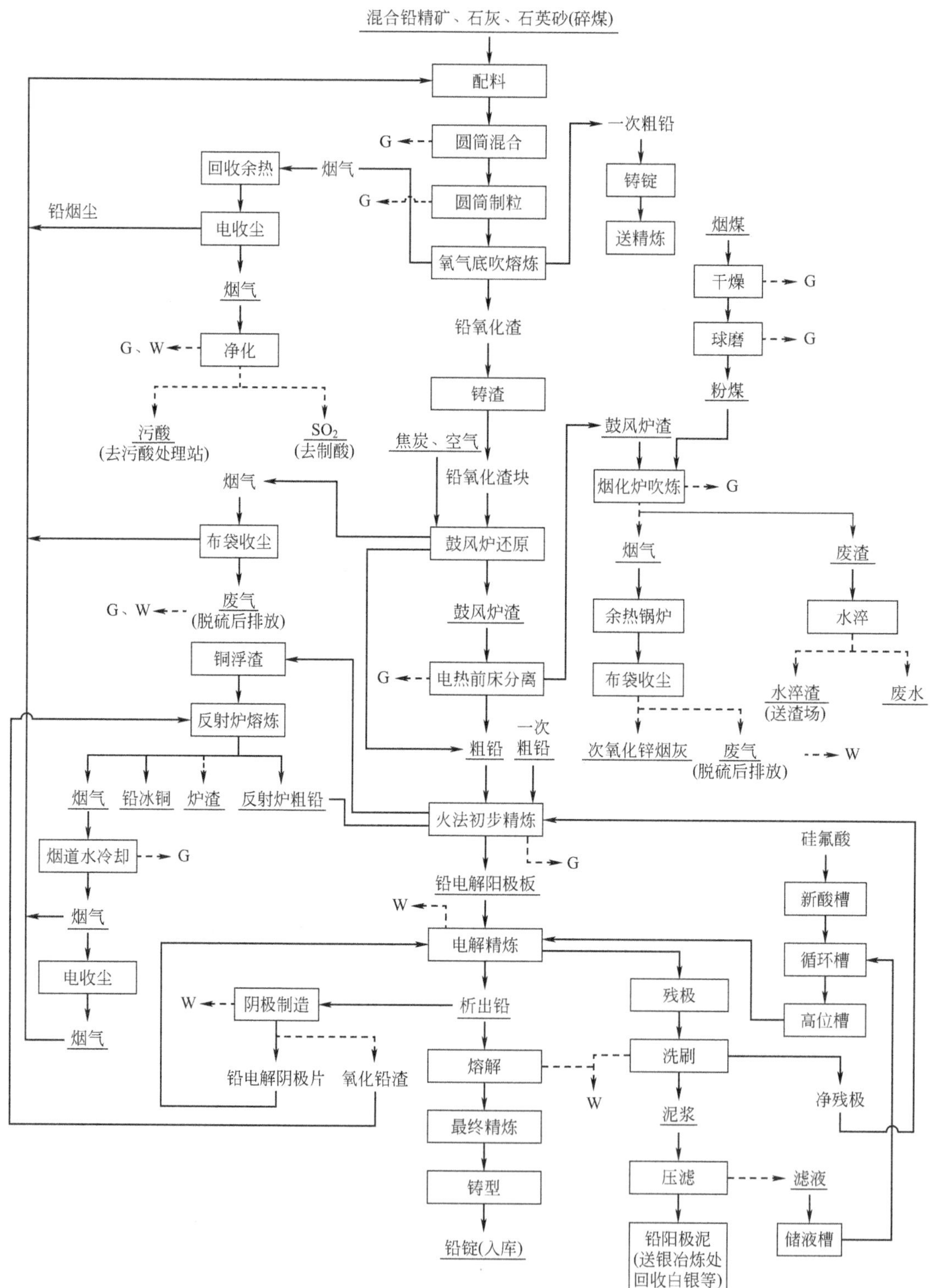

图 1-3 典型铅冶炼工艺流程及产污节点

G—废气；W—废水

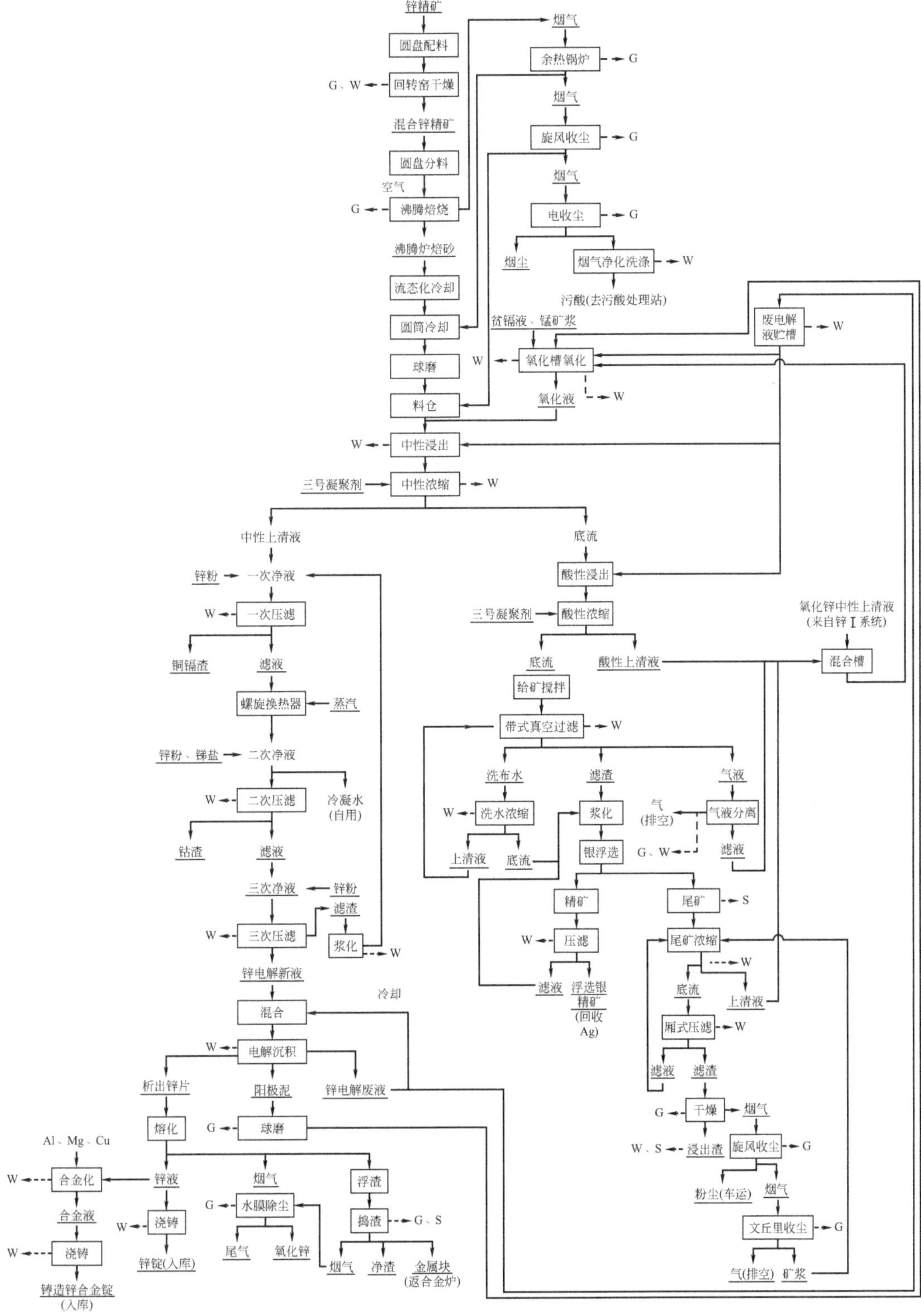

图 1-4　典型锌冶炼工艺流程及产污节点

G—废气；W—废水；S—固体废物

表 1-1　铜、铅、锌冶炼污酸废水特征

类别	污酸量	酸度	特征污染物
铜冶炼污酸	0.8～1.2m^3/t Cu	普遍 5%～10%	砷浓度范围 2～15g/L，氟、氯离子 1～3g/L，高腐蚀性，含有铜、锑、铋、铼、镍等有价金属，回收价值高
铅冶炼污酸	0.3～0.6m^3/t Pb	普遍 1%～5%	砷浓度范围 3～15g/L，含铅、锌、镉、汞、铊等重金属的离子，一般浓度小于 1000mg/L，含氟、氯离子浓度高，腐蚀性极强
锌冶炼污酸	约 0.5m^3/t Zn	普遍 1%～5%	砷浓度范围 0.5～2g/L，含铅、锌、铁、镉、汞、铊等重金属的离子，一般浓度小于 1000mg/L，氟、氯离子 0.5～3g/L

(3) 一般性生产废水

生产过程中冲洗设备、地板、滤料等产生的废水即一般性生产废水。主要来源于电解车间地面、极板冲洗水，硫酸及酸库区域地面冲洗水，电除雾器冲洗水等生产车间冲洗水，这些污水与污酸处理后的上清液送到生产废水处理总站处理。

一般性生产废水特征如表 1-2 所列。

表 1-2　一般性生产废水特征

类别	特征污染物
铜冶炼生产废水	污染元素以砷、铜、铁、铋为主，浓度一般小于 100mg/L，pH=5～7，低氟氯离子
铅冶炼生产废水	以铅、锌、镉为主，一般浓度小于 50mg/L，pH=5～7，低浓度酸，低氟氯离子
锌冶炼生产废水	湿法冶炼过程中跑、冒、滴、漏点相对较多，以铅、锌、镉为主，一般重金属浓度小于 500mg/L，pH=3～7，低氟氯离子

(4) 脱硫废水

脱硫废水主要来源于湿法脱硫工段，污染成分来自烟气，主要包括铜、砷、镉和铅等金属离子，以及大量的二氧化硫。采用碱吸收形成的亚硫酸根离子等污染物，废水呈碱性，铜、镉、铅、锌、砷等是主要污染物。

涉铜、铅、锌冶炼脱硫废水特征如表 1-3 所列。

表 1-3　涉铜、铅、锌冶炼脱硫废水特征

类别	产生环节	特征污染物
铜冶炼脱硫废水	烟气制酸尾气脱硫	高盐分、少量重金属(铜、砷)离子
铅冶炼脱硫废水	烟气制酸尾气脱硫、烟化炉及电炉烟气脱硫	高盐分、含重金属(铅、砷、锌、镉等)离子
锌冶炼脱硫废水	烟气制酸尾气脱硫、锌浸出渣采用回转窑烟气脱硫	高盐分、含重金属(砷、铅、镉等)离子

尾气脱硫的方法不同，得到的脱硫废水组分存在差别。

(5) 冲渣水

冲渣水指对火法冶炼过程中的吹炼渣、窑渣等进行水淬、冷却时的水淬渣水，其中含有炉渣微粒及少量重金属离子等，主要存在于铜冶炼和铅冶炼过程。冲渣水一般通过收集池反复收集循环使用，达到一定程度后定期定量实施外排，排放量少，排放的冲渣水中重金属离子浓度较低，含一定盐分。

(6) 初期雨水

初期雨水指火法冶炼过程中无组织排放的扬尘、颗粒物等随降水冲刷收集的雨水。湿法冶炼过程工艺设施、机械设备产生的跑、冒、滴、漏的污染物，进入排水系统收集的初期雨水，一般收集冶炼厂区前15mm雨水，水量随地域降雨量、厂区面积的差异性而各不相同。铜冶炼企业初期雨水的主要污染物为铜、砷、SS(悬浮物)等，铅冶炼企业初期雨水的主要污染物为铅、锌、镉等，锌冶炼企业初期雨水的主要污染物为锌、铅、镉、SS等。

有色冶炼过程产生的废水种类多，排放量大，污染物集中度较高，特别是污酸废水组成复杂，含多种重金属离子，重金属浓度高，酸度高，腐蚀性强，设备耐腐要求高，处理难度大，危害性极强。

1.2　有色行业水污染控制技术现状

自20世纪70年代开始，我国工业废水污染控制技术开始起步，2010年以来，有色金属工业生产工艺技术进步显著，清洁生产水平迅速提升，主要污染物排放总量得到有效控制。“双闪”(闪速熔炼、闪速吹炼)铜冶炼和氧气底吹熔炼工艺——鼓风炉还原炼铅新工艺的正常生产和应用，大大提升了清洁生产水平，减少了污染物排放。近年来，有色行业重金属废水污染物控制技术实现飞速突破和发展，从达标排放、分质回用到规模化回用以及近“零排放”，污染控制程度显著提升。为实现污染物减排及资源循环，有色行业废水处理技术进一步集成和创新，行业主流先进技术不断涌现。

1.2.1　有色行业废水处理措施

有色冶炼行业是重金属污染控制重点领域，有色冶炼废水的排放量占我国工业废水重金属排放量的近70%。目前，全国大多有色冶炼以达标排放的处理方式对冶炼过程产生的废水进行治理，即采用废水组合处理技术工艺，将产生的废水中的污染物通过物理或化学的方法从废水中去除，使处理后的废水重金属等离子浓度满足相关工业污染物排放标准限值要求后，排放至自然界中。

有色冶炼过程产生的各类废水处理措施如表1-4所列。

表 1-4 有色冶炼废水处理主要措施

废水种类	处理措施
炉窑设备冷却水	直接排放或循环回用
污酸	污酸处理站，采用"硫化＋石灰中和＋铁盐处理"工艺，处理后出水排至酸性废水处理站；近年来开发了污酸资源化处理技术，对污酸中的酸和有价金属进行回收
综合废水	综合废水处理站目前大多采用铁盐＋石灰中和工艺、生物制剂深度处理工艺、生物制剂＋膜处理工艺
脱硫废水	通常与污酸硫化后液混合进综合废水处理系统
水淬渣水（冲渣水）	经沉淀后循环使用
冲洗废水	排入综合废水处理站处理
初期雨水	排入综合废水处理站处理

目前全国有色冶炼企业基本可以实现达标排放，但行业内重金属污染事故也时常发生，主要是由于废水污染浓度波动大、企业生产管理疏忽等原因。近年来，全国存在多起重金属污染事件，国内如湖南嘉禾、河南济源、湖南浏阳、广东河源、甘肃徽县、陕西汉中、浙江德清、江西宜春、湖南湘西等的有色冶炼企业重金属污染事件，反映了我国重金属污染问题仍旧突出。

冶炼企业亟须全面提升污染防治水平。环保问题直接影响企业生产效率及发展。许多建设年份已久的冶炼企业废水处理没有实现清污分流和雨污分流，排水沟渠和排污管道设施不完善，电解废液、设备冷却水等各种工业废水混杂，混排现象严重；废水处理设施不完善，处理能力不足，导致外排废水不能稳定达标，净化水质不能满足生产要求，冶炼废水处理后产生的硫酸钠渣、硫化渣、中和渣等大量堆积，尚未得到有效的处理处置等。

有色行业工业废水"零排放"提上日程。近年来，有部分冶炼企业正规划和实施废水"零排放"，通过重新梳理企业废水的产生与排放，根据污染程度，实施分流、分类收集，废水回用，提高水的复用率，提升企业给水排水水平衡管理技术，尽量减少废水的排放量。另外，阻碍企业废水"零排放"的最大问题是处理成本过高，在目前市场低迷情况下，企业效益低，负担大。所以，企业在从源头削减污染物，提高废水综合管理水平的同时，废水"零排放"亟须寻求高效率、经济性的"零排放"组合技术，在控制废水污染的同时，为企业节省处理成本。污酸废水处理技术长期以来是有色金属行业绿色制造与环境保护的共性难题，冶炼烟气洗涤污酸废水资源化处理技术的成功开发和应用是我国有色冶炼及环保行业技术发展的重大突破。

1.2.2 有色冶炼重金属废水处理技术

整体上，有色冶炼重金属废水处理主要有两大类方法。

第一类，使污水中呈溶解状态的重金属转变为不溶的重金属化合物，经沉淀法和浮上法从污水中除去。具体方法有中和法、硫化法、生物制剂法、氧化法、离子交换法、离子浮上法、活性炭法、铁氧体法、电解法和隔膜电解法等。

第二类，将污水中的重金属在不改变其化学形态的条件下进行浓缩和分离，具体方法有反渗透法、电渗析法、蒸发浓缩法等[1]。

目前，我国有色冶炼企业应用最为普遍的依然是氢氧化物沉淀法和硫化物沉淀法，这类方法去除污染物范围广，操作简单方便，处理费用低，因此得到广泛应用。但是，此法会产生大量泥渣，含水率高，脱水困难，渣中重金属含量低，难以回收利用，且属于危险废物，有色冶炼企业普遍面临此类废渣安全处置的难题。而且这些方法重金属脱除效率偏低，出水水质难以满足日益严格的污染物排放标准，已经面临淘汰。离子交换法、膜处理法等方法可以实现废水中重金属离子的深度处理，净化水可以直接回用到生产系统。但这些方法原料成本高，设备要求高，操作困难，一般仅用于净化水质的进一步提高，以满足冶炼生产工序对水质的特殊要求，很难大范围推广应用。近年来，国内开发了一类新型重金属废水生物制剂法直接深度处理与回用技术，该方法将废水中的重金属离子等污染物与生物制剂配合，经中和水解、分离，即可实现重金属深度净化，净化水水质达到国家相关标准，且净化水可回用至生产系统，产渣量比传统中和法少 50%左右，渣含锌等重金属高达 30%，可返回冶炼车间作原料回收。该方法还具有抗冲击负荷强、无二次污染、投资及运行成本低、操作简便、运行稳定等优势[2]。

1.2.2.1 化学沉淀法

去除重金属离子的沉淀法有氢氧化物沉淀法、硫化物沉淀法、碳酸盐沉淀法、钡盐沉淀法、铁氧化沉淀法等。一般采用氢氧化钠或石灰作为中和剂，生成的沉淀物沉降性能好。该技术常用于酸度的中和或废酸预处理，单一重金属去除效果好，重金属脱除率可大于 98%。工艺成熟稳定，操作简单，投资及处理费用低，原料易制备，来源广泛。但出水硬度高，无法回用；底泥过滤脱水性能差，含重金属品位低，不易处置，易造成二次污染。

石灰法可用于去除污水中的铁、铜、锌、铅、镉、钴、砷等，以及能与 OH^- 生成金属氢氧化物沉淀的其他重金属离子。硫化物沉淀法可与石灰法配合使用。

石灰中和法处理工艺流程如图 1-5 所示。

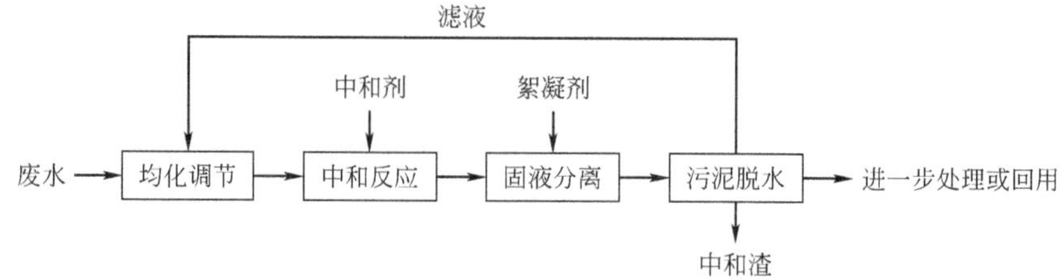

图 1-5 石灰中和法处理工艺流程

石灰中和法处理时需满足以下技术条件和要求：

① 常用中和剂主要有石灰石、石灰乳、液碱及电石渣等；

② 石灰中和反应时间宜视水质情况控制在 15～30min；

③ 中和渣回流可提高沉淀物沉速和沉渣脱水效果，中和渣回流时控制 pH 值宜小于不回流时的 pH 值；

④ 沉淀池表面负荷宜为 0.5～1.0$m^3/(m^2 \cdot h)$，中和渣回流时沉淀池表面负荷宜大于不回流时的沉淀池表面负荷；

⑤ 石灰法中和渣回流比宜为 3～4；

⑥ 宜采用分步沉淀法回收有价金属。

铁盐-石灰法可用于去除污水中的镉、六价铬、砷等，以及其他能与铁盐共沉淀的重金属离子。一般用于处理含铬电镀废水、重金属离子混合废水等。

化学沉淀法技术优缺点分析如下。

(1) 优点

① 一次脱除多种金属离子，出水水质好，可满足排放标准的要求；

② 常规设备，简单易操作；

③ 硫酸亚铁的投量范围大，对水质的适应性强；

④ 沉淀物易分离、易处置。

(2) 缺点

① 不能单独回收有用金属；

② 需消耗相当多的药剂及热能，处理成本较高；

③ 出水中的硫酸盐含量高[3]。

铁盐-石灰法和硫化物沉淀法在 4.1 部分污酸废水治理技术中说明。

1.2.2.2 电絮凝法

电絮凝法即以铝或铁作为阴极和阳极，含重金属废液在直流电作用下进行电解，阳极铁或铝失去电子后溶于水，与富集在阳极区域的氢氧根生成氢氧化物，这些氢氧化物再作为凝聚剂与重金属废液发生絮凝和吸附作用。当向电解液中投加高分子絮凝剂时，絮凝剂利用电解产生的气泡上浮，由刮渣机将浮渣排出[4,5]。电絮凝法处理工艺流程如图 1-6 所示。

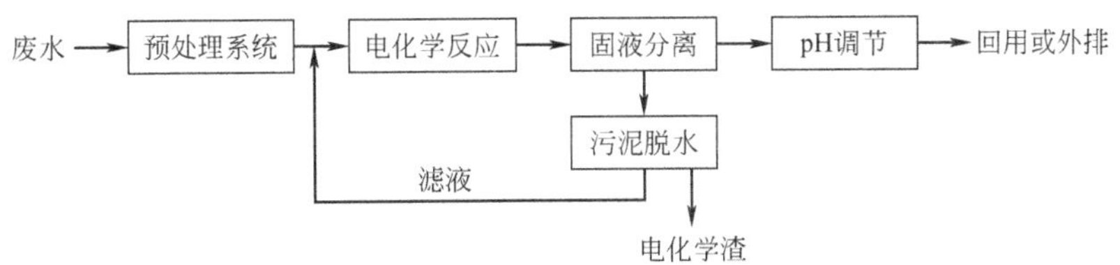

图 1-6　电絮凝法处理工艺流程

电絮凝法技术优缺点分析如下。

(1) 优点

电絮凝法处理重金属废水具有去除率高、无二次污染、所沉淀的重金属可回收利用等优点。

(2) 缺点

① 出水水质：出水能稳定达到《铜、镍、钴工业污染物排放标准》(GB 25467—2010) 的要求，但是很难适应国家越来越严的污染控制要求。

② 预处理流程长：废水进入电絮凝法处理前，需采用碱调整 pH 值，并进行沉降分离，预处理流程长。

③ 易结垢：在电解电极板过程中钙离子容易在极板上结垢，极板结垢严重，能耗会进一步升高。

④ 处理成本高：水处理过程中，电解电极板需大量消耗电和极板，同时极板的使用率低，故极板需经常更换，导致处理成本高。

⑤ 渣量大：碱中和会产生大量的中和渣和含铁废渣，主要为氢氧化铁和氢氧化亚铁及重金属沉淀物。

⑥ 投资高：处理设施包括调节池、反应池、电絮凝装置、沉淀池、压滤机等，尤其是电絮凝装置投资成本高。此外，电絮凝法工艺处理过程中会产生氧气和氢气，溶液 pH 值上升；极板需要定期更换，极板使用率较低；对于高浓度多种重金属废水，需要多级处理。以上原因均为其大规模工业化使用的瓶颈。

用电絮凝法处理需满足以下工艺条件：a. 电絮凝进水经预处理后 pH 值在 5～9 之间；b. 电絮凝系统中宜设置曝气装置，以提高电絮凝反应效果；c. 固液分离需具备氧化、絮凝、沉淀分离等功能；d. 沉淀池表面负荷宜$<1m^3/(m^2 \cdot h)$；e. 絮凝剂投加量宜根据试验确定；f. 根据进水水质情况及出水排放限值要求，可采用两段电化学串联处理，宜在每段电絮凝系统后面配置固液分离设备（设施）；g. 该工艺预处理方法可以选用石灰中和工艺。

1.2.2.3　物理化学法

物理化学法主要包括吸附法、膜分离法、离子交换法、气浮法等。

(1) 吸附法

吸附法的原理是利用吸附材料对废水中的重金属离子及其他污染物有较强的亲和力的特性，通过物理吸附和化学吸附的作用将其从废水中去除，可用于重金属的回收和废水的深度处理回用。

吸附法处理工艺流程如图 1-7 所示。

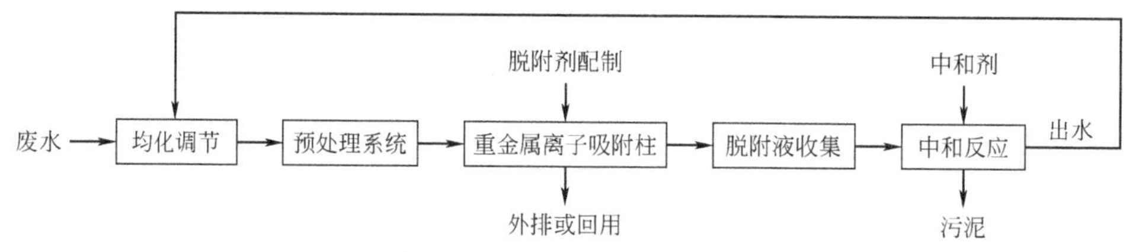

图 1-7　吸附法处理工艺流程

(2) 膜分离法

膜分离技术是一大类技术的总称，和水处理有关的主要包括压力驱动膜微滤、超滤、纳滤和反渗透及电驱动膜电渗析等几类。压力驱动膜分离产品均是利用特殊制造的多孔材料的拦截能力，对水中不同粒径的杂质进行物理截留。

1) 超滤

一般采用中空纤维膜作为超滤膜组件，用于去除水中残留的小分子悬浮物、胶体、菌体等物质。超滤膜分离技术具有占地面积小、出水水质好、自动化程度高等特点，常作为纳滤或反渗透的预处理单元。

超滤用作反渗透（RO）的前处理，主要作用是保护反渗透装置的长期稳定运行。反渗透的进水水质要求如下：

① 最大给水污染指数 SDI<4；

② 最大给水浊度<1NTU，而实际运行中则越低越好，如<0.2NTU；

③ 对油和细菌均有较严格的要求。

经超滤的出水的污染指数可达到 SDI≤3；浊度可达到≤0.2NTU；COD 的去除率可达到 60%～80%；大部分细菌可以被拦截。这样能有效保证 RO 膜的长期运行。

2) 纳滤

纳滤（NF）是一种介于超滤和反渗透之间的压力驱动膜分离过程，其截留分子量在 100～1000 之间，操作压力在 0.4～1.5MPa 之间。纳滤能截留透过超滤膜的部分小分子量有机物，膜表面带负电，在较低压力下仍有较好的脱盐性能。而且，纳滤膜对不同价态离子的截留效果不同，对二价及多价离子有很高的截留率（>90%），对单价离子截留率较低（10%～80%）。

纳滤膜表面一般带有电荷，因而有较好的抗压密性、抗酸碱性及较强的抗污染能力。纳滤可取代传统处理过程中的多个步骤，运行较经济。

卷式纳滤膜结构与反渗透膜结构完全一致，其结构如图 1-8 所示。

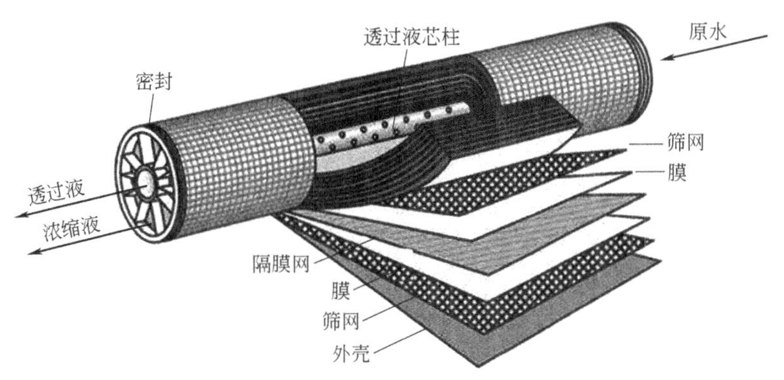

图 1-8　卷式纳滤膜结构

纳滤产水可以达到一般回用水的标准，作为反渗透系统的前处理可以提高反渗透系统的运行稳定性，提高反渗透产水水质。纳滤可实现一、二价离子的分离，为硫酸钠和氯化钠的分盐首选工艺。

3）反渗透

反渗透是利用半透膜的分离作用，使水（溶剂）通过，而溶解盐类离子（溶质）不能通过的特性，在压力作用下使溶液（原水）中的溶剂（水）反向扩散，迁移至出水侧，作为淡水被利用，溶质（盐类离子）则被阻留在溶液中浓集，作为浓水被排出。这一过程使进水侧中溶解性盐类在被排出前不断浓缩，其中溶解度低的难溶盐就会结晶析出，沉淀在膜表面，出现反渗透膜的污堵现象，影响反渗透装置正常运行。为防止膜表面污堵结垢，必须采用在反渗透进水中投加专用阻垢剂的方法，防止浓水端结垢。反渗透膜元件解析如图 1-9 所示。

反渗透的选择性膜过滤机制，在工业水处理中一般用于工业纯水、饮用纯净水、锅炉给水的制备，以及海水和苦咸水的淡化。反渗透膜性能受施加压力、膜通量、温度等因素影响，对进水结垢型离子、余氯浓度、COD（化学需氧量）、电导率、氟离子等指标有要求。根据回收率、水质要求、处理规模、浓缩目的的不同，可采取不同分级、分段和不同连续方式、并联的形式。运行过程中关注的主要指标为产水率、浓水率、操作压力、pH 值、进水电导率等。目前，市场上厂家预制的较高选择性的反渗透膜产品在优化条件下脱盐率可高达 99.6%。

在浓水处理等特殊物料浓缩工艺中，受进水水质指标和运行压力的限制，传统

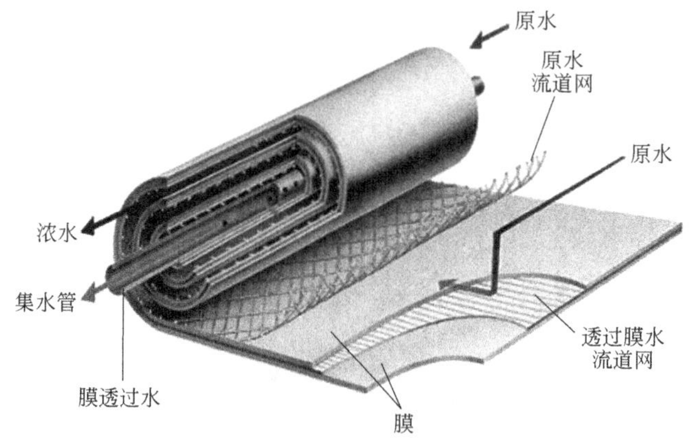

图 1-9 反渗透膜元件解析图

反渗透膜结构无法达到规定的要求，国外开发了 DTRO（碟管式反渗透）/STRO（管网式反渗透）高压反渗透膜，处理性能和效果更佳，但存在能耗过高、高压甚至超高压的安全风险等问题，与电渗析的主要性能指标对比如表 1-5 所列。

表 1-5 电渗析与高压反渗透膜浓缩技术主要性能指标对比

类型参数	电渗析技术	90bar DTRO/STRO 高压反渗透膜浓缩技术	160bar DTRO/STRO 高压反渗透膜浓缩技术
技术特点	产水率高，浓缩倍率高，浓盐水可浓缩至 150～200g/L，采用特种膜可以实现不同盐的分离提纯	国外成熟技术。工艺浓缩废水含盐量至 90g/L 以上	国外成熟技术。工艺浓缩废水含盐量至 160g/L 以上
占地面积	较大	较小，可采用多层布置方式	较大，可采用多层布置方式
投资	高	较低	较高
使用能源方式	电	电	电
能耗	电：5～10kW・h/t 水	电：19kW・h/t 水	电：26kW・h/t 水
自控程度	全自动	全自动	全自动
稳定性	需做好预处理，去除氟离子和钙离子，淡水需进一步反渗透	技术成熟，做好预处理，DTRO/STRO 稳定性好	技术成熟，做好预处理，DTRO/STRO 稳定性好，但由于超高压，所以风险性相当高，不太建议采用

注：1bar=10^5Pa，下同。

4）电渗析

我国电渗析技术的研究始于 1958 年。在 20 世纪 60 年代初，以国产聚乙烯醇异相膜装配的小型电渗析装置便投入海上试验。目前我国离子交换膜的年产量稳定在 4.0×10^5 m^2，约占世界脱盐用离子交换膜的 1/3。

电渗析比反渗透能耗高，在世界海水、苦咸水脱盐市场约占 4%的份额。节能一直是电渗析的研发方向，新研制的离子交换膜厚度可达到0.1mm以下，隔室间填充混合离子交换树脂，提高了离子传递速率，降低了液层电阻，海水和高浓度废水处理试验显示能耗可与反渗透相比。目前电渗析技术在高纯水制备、特种化工分离、废水资源化、海水浓缩制盐等方面的作用无可替代，呈现出扩大应用的良好局面，在节能减排和资源循环利用中正发挥越来越大的作用。电渗析技术主要用于将含盐废水浓缩到100～200g/L，该技术的缺点是处理过程需要消耗大量的电能、处理周期较长、对设备腐蚀性大，适用于小规模的水处理。

目前大多数废水深度处理回用工艺为双膜工艺，即“超滤＋反渗透”，产生的反渗透浓水量为30%～40%，含盐量高，对后续蒸发、结晶等干化方式的投资和运行成本都不利，需要对浓水进行减量，剩余原水的2%～5%时再采用蒸发的方式，可降低投资和运行成本。国内的国森矿业废水“零排放”处理工艺，设计了RO1和RO2装置，分别用于原水预浓缩和产水的水质优化，反渗透浓水采用ED（电渗析）减量浓缩，浓盐水浓缩至150～200g/L，大大减少后续蒸发规模，减少设备投资。设计处理量为383m^3/d，设计产水量为285m^3/d，返回到RO1装置中处理，设计浓水量为98m^3/d，TDS（总溶解固体）浓度约为100g/L，总脱盐量约为6566kg/d，设计模块数量7个，目前正在建设阶段。

（3）离子交换法

离子交换法是利用树脂上相同电荷的离子与废水中的离子进行交换，从而达到去除污染物的目的，具有选择吸附和交换功能。推动离子交换的动力是离子间浓度差和交换剂上的功能基对离子的亲和能力[6]。废水处理中常用离子交换树脂作为离子交换剂，根据废水成分、处理要求、试验情况，合理选择不同交换容量、树脂类型、树脂分子交联度的离子交换树脂，保证其最佳应用效果。

离子交换法适用于处理含重金属废水，也是软化、脱盐的主要方法之一，该法的主要优点在于处理装置简单、使用方便、处理量大。

虽然离子交换树脂法具有回收金属、废水可循环利用的长处，但是用目前的离子交换技术处理多种污染离子共存的废水，交换树脂再生成本高，再生废液产生二次污染，运行成本高，抗负荷能力较弱，一次性投资大，附属设备多，用于处理浓度高、水量大的含砷废水很不经济。

（4）气浮法

气浮法指通过向水中通入足够量的微波气泡，使废水中的污染物黏附于气泡上，形成悬浮状态的絮体或浮渣层，然后用刮渣机刮除泡沫，实现固液或液液分离的过程。

气浮法通常用于处理含有溶解性油类或乳化油、浊度＜100NTU、低温条件下不易沉淀或澄清的污水。当进水中所含细小悬浮物、油类、藻类等的密度接近或低于水，很难用沉淀法去除时，可采用气浮法。如铜、铅、锌的浮选过程中添加的起泡剂等，属于油类物质，其产生的废水采用气浮法处理。

1.2.2.4 生物法

(1) 微生物法

微生物净化废水中重金属离子是基于微生物的生理特性，通过转化毒性或金属富集来处理重金属。

微生物处理重金属废水的机理包括吸附作用以及沉淀作用。吸附作用又分为胞外吸附、细胞表面吸附、胞内吸附与转化。沉淀作用分为还原作用、金属硫化物沉淀、金属磷酸盐沉淀。

影响微生物修复的因素有微生物（微生物的种类、微生物的预处理、微生物的存在状态）、金属离子（金属离子的种类、金属离子的浓度、共存离子）、环境因素（pH 值、温度）等。

铬细菌直接还原法可在碱性条件下利用驯化的特异功能菌将污水中的 Cr（Ⅵ）直接还原并生成 $Cr(OH)_3$沉淀，从而达到脱除 Cr（Ⅵ）的目的。

硫酸盐还原菌法可用于酸性重金属废水处理，在厌氧和酸性条件下，硫酸盐还原菌以有机物作为电子供体，直接将废水中的硫酸根还原成硫离子，并与废水中的重金属离子生成沉淀而达到脱除重金属和硫酸根离子的目的。

铁细菌法可用于去除废水中铁、砷等重金属离子，利用铁氧化菌在酸性条件下将 Fe^{2+} 氧化为 Fe^{3+} 沉淀而达到除铁的目的，Fe^{3+} 进一步氧化水中的污染物（如砷、硫等），最终达到共沉淀脱除的目的。

(2) 植物治理方法

植物修复是指利用植物和植物生长及其共存的微生物作为技术手段来净化环境中的有机污染物和无机污染物，主要依靠植物及其根际微生物菌群自然发生的进程来达到控制、隔离、去除或降解污染物的目的。植物修复技术包括植物萃取、植物固定、植物降解、植物促进、根滤作用和利用植物去除大气污染物等类型[7]。

植物治理与传统的物理、化学和工程等修复手段相比，具有操作简便、投资和维护成本低、无二次污染、具有显著或潜在经济效益等优点[8]，但存在修复周期长、见效慢、工程化应用难度大的问题，同时污染物可能通过植物—动物的食物链进入人体和自然界。

1.2.2.5 生物制剂法

生物制剂法的处理工艺和示范工程在 5.2 部分详细介绍。

经过调查及研究分析，目前有色冶炼企业常用水污染控制技术及其原理、主要设备、应用现状等见表 1-6。

表 1-6 有色冶炼企业常见水污染控制技术应用梳理

关键技术	技术工艺	主要设备(药剂)	技术原理与特点	应用企业
污酸及酸性废水治理技术	石灰中和法	石灰储存、投加系统	向废酸及酸性废水中投加石灰,使氢离子与氢氧根离子发生中和反应。该技术可有效中和废酸及酸性废水,同时对除汞以外的重金属离子也有较好的去除效果,重金属去除率可大于98%。该技术对水质有较强的适应性,工艺流程短,设备简单,原料石灰来源广泛,废水处理费用低。但出水硬度高,难以回用;底泥过滤脱水性能差,成分复杂,含重金属品位低,不易处置,易造成二次污染	(广泛应用的传统处理技术)
	铁盐-氧化-中和法	铁盐、氧化剂投加系统	采用氧化剂(漂白粉、次氯酸钠等)和鼓入空气氧化等方法,将三价砷转化为五价砷,再用铁盐生成砷酸铁共沉淀去除砷	河南豫光金铅集团、湖北大冶
	硫化-中和法	硫化钠配制和投加系统、硫化反应槽、硫化氢除害系统	向水中投加碱性物质,形成一定的pH值条件,再投加硫化剂,使金属离子与硫化剂反应生成难溶的金属硫化物沉淀而去除。 该技术可用于去除水中重金属,去除率高,沉渣量少,便于回收有价金属,但硫化剂费用高,反应过程中会产生硫化氢(H_2S)气体,有剧毒,易对人体造成危害。 该技术适用于含砷、汞、铜离子浓度较高的废酸及酸性废水的处理	江西铜业、原株冶集团
	石灰-铁盐(铝盐)法	石灰及铁盐储存、投加系统	向废水中投加石灰乳和铁盐或铝盐(废水中含有氟离子时,需投加铝盐),将pH值调整至9~11,去除污水中的砷、氟、铜、铁等重金属离子。铁盐通常使用硫酸亚铁、三氯化铁和聚合氯化铁,铝盐通常使用硫酸铝、氯化铝。 该技术除砷效果好,工艺流程简单,设备少,操作方便,可使除汞之外的所有重金属离子共沉。各种离子去除率分别为:氟80%~99%、其他重金属离子98%~99%。 该技术适用于含砷、氟废水的处理	铜陵有色金属(集团)公司第一冶炼厂、大冶有色金属有限公司冶炼厂
	生物制剂法	生物制剂储存、投加系统,生物制剂成套设备	将具有多种基团的复合菌群代谢产物与其他化合物复合制备成重金属废水处理剂,重金属离子与重金属废水处理剂经多基团协同作用,絮凝形成稳定的重金属配合物沉淀,去除水中的重金属离子。 该技术处理效率高,处理设施简单,运行成本低,且可应用于对现有斜板沉淀设施的改造。 该技术适用于处理含重金属浓度较高的冶炼烟气制酸系统产生的废酸	紫金矿业集团铜业公司、中金岭南韶关冶炼厂、江西铜业贵溪冶炼厂、河南豫光金铅等

续表

关键技术	技术工艺	主要设备(药剂)	技术原理与特点	应用企业
污酸及酸性废水治理技术	膜分离法	电渗析装置、超滤设备、纳滤装置、反渗透装置、扩散渗析装置	利用天然或人工合成膜，以浓度差、压力差及电位差等为推动力，对二组分以上的溶质和溶剂进行分离提纯和富集。常见的膜分离法包括微滤、超滤和反渗透。 该技术分离效率高，出水水质好，易于实现自动化，但膜的清洗难度大，投资和运行费用较高	中金岭南韶关冶炼厂、株冶集团、河南豫光金铅、上海宝钢等
	离子交换法	离子交换剂	采用交换剂自身所带的可自由移动的离子与被处理溶液中的离子进行离子交换的方法。 该技术占地面积小、管理方便、重金属离子脱除率高，处理得当可使再生液作为可利用资源回收，不会对环境造成二次污染，是处理废水中重金属离子的理想方法之一。但一次投资较大，交换剂易受污染或氧化失效，再生频繁，操作费用较高。 该方法在污染物特定浓度范围内有较好的应用效果	单独应用此工艺的企业很少，未见规模化工业应用
	生物法	微生物絮凝剂或铬还原菌，或其他金属耐受菌	利用生物及生物代谢产物等使废水中的重金属离子改变形态或氧化、还原等，再进一步去除的方法。 该技术具有效率高、成本低、二次污染少、环境友好等优点，近年来在重金属废水处理领域引起了人们的普遍关注。目前生物法处理重金属废水主要通过生物吸附、生物转化、生物絮凝等生物化学过程，但吸附饱和容量小，对于高浓度重金属废水，在工业化应用上都存在局限性，部分研究仍在进行中	单独应用此工艺的企业很少，未见规模化工业应用
	稀硫酸浓缩法	蒸发器、喷淋塔、冷凝器、换热器	在加热的情况下，废酸中部分水形成蒸汽被脱除，废酸溶液中的硫酸浓度便得到提高。同时，随着水量的减少，会导致溶液中的三氧化二砷因过饱和而析出。有研究显示，该工艺可以显著脱除废酸中的砷、氯、氟等有害离子，但对重金属离子的去除没有研究。该工艺水分的蒸发需要大量的热能，浓缩对蒸汽温度要求比较高，设备运行、维护费用更高	应用企业很少，未见规模化工业应用
	硫化+石灰-铁盐法	硫化剂、石灰、铁盐配制和投加系统	硫化法是指向水中投加硫化剂，与重金属离子反应生成难溶的金属硫化物沉淀。硫化渣中砷、镉等含量大大提高，在去除污酸中有毒重金属的同时实现了重金属的资源化。硫化剂包括硫化钠、硫氢化钠、硫化亚铁等。 该方法可提高重金属的净化效果，但是渣量与砷的污染控制仍然难以解决。 该技术适用于处理含重金属浓度较高的冶炼烟气制酸系统产生的废酸。由于该技术需消耗硫化物，污水处理的运行成本较高。处理过程中产生的硫化氢气体易造成二次污染，处理后的水中硫离子含量超过排放标准	云南铜业股份有限公司、烟台鹏晖铜业有限公司、金昌冶炼厂、贵溪铜冶炼厂、云锡某冶炼厂

续表

关键技术	技术工艺	主要设备(药剂)	技术原理与特点	应用企业
污酸及酸性废水治理技术	高浓度泥浆法＋石灰-铁盐(铝盐)法	石灰、铁盐配制和投加系统	在高浓度泥浆法工序去除80%以上重金属后使用石灰-铁盐(铝盐)法进一步去除砷、氟等污染物。该技术适用于处理含砷量较高的废酸,工程投资约6000元/m^3	葫芦岛有色金属集团有限公司、江西铜业铅锌金属有限公司
	气液强化硫化-电热浓缩-吹脱氟氯分离技术	气液强化硫化系统、电渗析装置、蒸发装置、吹脱装置	通过气液强化硫化装置将污酸中的砷及部分重金属脱除,然后通过选择性电渗析将污酸进行酸的浓缩分离,再使用酸浓缩热吹脱设备进一步浓缩酸至60%以上,实现氟氯从酸中直接分离以回收酸。 该技术具有处理效果好、安全性高、能耗低、运行成本低、抗冲击负荷强、自控程度高、零排放等特点,一方面可以在不带入盐分的前提下实现污酸的深度处理,另一方面通过电渗析-浓缩吹脱工序实现酸、有价金属和水资源的高效回收,大大减少危险废渣的产生量,克服了常规处理方法的弊端	河南安阳岷山冶炼集团、株冶集团
	蒸发浓缩-催化吹脱	不同类型蒸发器、吹脱塔、结晶釜	使溶剂汽化而溶质不挥发完成分离或溶液浓缩到饱和而析出溶质的方法,蒸发浓液采用高效热风催化吹脱实现污酸中的硫酸浓缩、铁酸分离、锌酸分离与氟氯脱除。 该技术成熟、工艺简单,适用于浓缩回收废酸或碱液等,不用作一般废水处理方法	方圆铜业
综合废水治理技术	高浓度泥浆法废水治理技术(HDS法)	石灰及电石渣或铁盐储存、投加系统	在石灰中和法的基础上,通过将污泥不断循环回流,改进沉淀物形态和沉淀污泥量,提高污泥的含固率。 与石灰中和法相比,该技术可将水处理能力提高1～3倍,且易实现对现有石灰中和法处理系统的改造,改造费用低;污泥固体含有率达20%～30%,可提高设备使用率;可实现全自动化操作,降低药剂投加量,节省运行费用	江西铜业德兴铜矿废水处理站、铜化集团新桥铁矿废水处理站、葫芦岛锌厂污酸废水处理站等
	石灰-铁盐(铝盐)法	石灰及铁盐储存、投加系统	向废水中投加石灰乳和铁盐或铝盐(废水中含有氟离子时,需投加铝盐),将pH值调整至9～11,去除污水中的砷、氟、铜、铁等的离子。铁盐通常使用硫酸亚铁、三氯化铁和聚合氯化铁,铝盐通常使用硫酸铝、氯化铝。 该技术除砷效果好,工艺流程简单,设备少,操作方便,可使除汞之外的所有重金属离子共沉。各种离子去除率分别为:氟80%～99%、其他重金属离子98%～99%。 该技术适用于含砷、氟废水的处理	铜陵有色金属(集团)公司第一冶炼厂、大冶有色金属有限公司冶炼厂、河南豫光金铅集团

续表

关键技术	技术工艺	主要设备(药剂)	技术原理与特点	应用企业
综合废水治理技术	生物制剂法	生物制剂储存、投加系统,生物制剂成套设备	将具有多基团的复合菌群代谢产物与其他化合物复合制备成重金属废水处理剂,重金属离子与重金属废水处理剂经多基团协同作用,絮凝形成稳定的重金属配合物沉淀,去除水中的重金属离子。 该技术处理效率高,处理设施简单,运行成本低,且可应用于在现有斜板沉淀设施的基础上进行简单改造	国内多数冶炼厂
	膜分离技术	电渗析装置、超滤设备、反渗透装置、扩散渗析装置	利用天然或人工合成膜,以浓度差、压力差及电位差等为推动力,对二组分以上的溶质和溶剂进行分离提纯和富集。常见的膜分离法包括微滤、超滤、反渗透、电渗析等,已有成熟的成套设备。 该技术分离效率高,出水水质好,易于实现自动化,但膜的清洗难度大,投资和运行费用较高	安阳岷山、国投灵宝金城、金堆城钼业、韶关冶炼厂等
	吸附法	生物吸附剂、天然或改性高分子类吸附剂、矿物类吸附剂及工农业废弃物如磁性麦秆等	该方法是利用吸附剂的独特结构去除重金属离子的一种有效方法。 该技术适用于处理低浓度(<100mg/L)重金属废水,目标污染物范围广、容量大,某些吸附剂有金属选择性,成本低、操作简单,可回收有用物料,不会造成二次污染,重金属去除率在90%以上。但对进水预处理要求高,效果取决于吸附剂,运转费用高	单独应用此工艺的企业很少,未见规模化工业应用
	离子交换法	离子交换剂	采用交换剂自身所带的可自由移动的离子与被处理溶液中的离子进行离子交换的方法。 该技术占地面积小、管理方便、重金属离子脱除率高,处理得当可使再生液作为可利用资源回收,不会对环境造成二次污染,是处理废水中重金属离子的理想方法之一。但一次投资较大,交换剂易受污染或氧化失效,再生频繁,操作费用较高。 该方法适用于处理低浓度重金属废水	河南安阳岷山冶炼集团
	电化学法	电化学设备	在环保领域依据电化学原理,采用铁、铝等基本材料,通过对反应槽内阴阳极极板施加直流电源,阳极溶解,从而获得对污水的电解、氧化还原、电解絮凝、气浮等处理功能。 该技术无需加入化学药剂,适合处理高浓度重金属废水,但电耗大、投资成本高,未能普遍应用	水口山第八冶炼厂、山东恒邦、甘肃白银等

续表

关键技术	技术工艺	主要设备(药剂)	技术原理与特点	应用企业
综合废水治理技术	化学法	混凝设备等	通过加入化学物质，使其与废水中的污染物质发生化学反应来分离、去除和回收废水中呈溶解或胶体状态的污染物，或将其转化为无害物质的废水处理方法。通常包括混凝法、氧化还原法、化学沉淀法等。 该技术应用范围广，效率高，但泥渣量大，二次污染严重，处理后出水无法达到回用要求	国内多数冶炼厂采用
	生物法	微生物絮凝剂或铬还原菌，或生物转盘、生物滤池、生物膜、其他金属耐受菌	借助微生物或植物的絮凝、吸附、积累、富集等作用去除废水中重金属的方法，包括生物吸附、生物转化、生物絮凝等。 该技术具有效率高、成本低、二次污染少、环境友好等优点，近年来在重金属废水处理领域引起了人们的普遍关注。目前生物法处理重金属废水主要通过生物化学过程，但吸附饱和容量小，对于高浓度重金属废水，在工业化应用上都存在局限性，部分研究仍在进行中	应用企业很少，未见规模化工业应用
水循环利用集成技术	节水优化管理技术、废水分质处理技术、废水分质回用技术	—	该技术按照清洁生产审核方法对冶炼企业用水、排水进行全面管理，以达到从生产过程减少废水产生，循环利用水资源，减少污染物排放量的目的。 该技术通过全过程减排，废水排放量减少，降低末端污水处理负荷，处理后废水水质满足生产工艺要求，水重复利用率达到96%以上	河南安阳岷山冶炼集团、河南国投金诚冶金等(普及率50%左右)

1.3 国家政策对行业水污染控制要求

1.3.1 行业水污染控制政策体系现状

环境保护是我国的一项基本国策。有色金属工业能源消耗与污染物排放量大，铜、铅、锌工业是有色金属工业的重要组成部分，同时也是能源资源消耗和污染物排放的重点行业。环境保护已成为行业发展的生命线，加快有色金属工业循环经济发展进程，促进节能减排、绿色转型升级，是有色金属行业持续发展的重要前提和关键。据估算，冶炼行业年排水量约为3.2亿吨，其中含汞、砷、铅、镉废水在全国废水中占54%～89%，是我国水体最主要的重金属污染源和重金属污染防控重点。有色行业水污染防治无疑是推动国家有色金属产业节能减排和技术进步的重要力量。近年来，国家对有色行业水污染控制战略主要体现在法律、行政、技术、经济四个方面。我国已将生态文明建设写入宪法，“污染防治”更是被列为党的十九大报告三大攻坚目标之一。

近年来，我国有色金属行业水污染防治成效显著，取得了很大的成绩。迄今为止，我国已发布的环境保护基本法有《中华人民共和国环境保护法》《中华人民共和国水污染防治法》《中华人民共和国固体废物污染环境防治法》等。同时，国家多个部委也陆续出台和修订了一批关于冶炼行业重金属污染防控相关的政策、标准、指南等文件，法律法规及相关政策也不断完善。

(1) 监督管理

我国对水污染控制实施统一监督管理。《中华人民共和国水污染防治法》(2008) 是我国水环境保护方面的单行法，总则第九条规定：县级以上人民政府环境保护主管部门对水污染防治实施统一监督管理。《中华人民共和国环境保护法》(2015) 总则第十条规定：国务院环境保护主管部门，对全国环境保护工作实施统一监督管理；县级以上地方人民政府环境保护主管部门，对本行政区域环境保护工作实施统一监督管理。

(2) 排污许可

我国实行排污许可管理制度，对规范排污许可行为、合理利用环境容量提出了要求。2015 年，《水污染防治行动计划》(国发〔2015〕17 号) 提出制定有色金属等十大重点行业专项治理方案，实施清洁化改造。国务院印发《控制污染物排放许可制实施方案》(国办发〔2016〕81 号) 提出 2017 年完成《水污染防治行动计划》重点行业及产能过剩行业企业排污许可证核发，2020 年全国基本完成排污许可证核发。

2016 年以来，国家全面部署推进排污许可制改革工作，着力推动排污许可与环评、总量、监测、执法等相关环境管理制度的衔接整合。国务院、生态环境部分别印发、制定了《控制污染物排放许可制实施方案》《排污许可管理办法 (试行)》。生态环境部发布了《固定污染源排污许可分类管理名录 (2019 年版)》(以下简称《2019 版名录》)，规定了纳入排污许可管理的固定污染源行业范围和管理类别，实现了排污许可证的分类管理，铜、铅、锌冶炼作为常用有色金属冶炼纳入《2019 版名录》重点管理排污单位。以全国排污许可管理信息平台为支撑，以《排污许可证申请与核发技术规范　有色金属工业——铜冶炼》(HJ 863.3—2017)、《排污许可证申请与核发技术规范　有色金属工业——铅锌冶炼》(HJ 863.1—2017) 为核心，以《铅冶炼污染防治最佳可行技术指南 (试行)》(HJ-BAT-7)、《铜冶炼污染防治最佳可行技术指南 (试行)》(2015 年第 24 号)、《排污单位自行监测技术指南　有色金属工业》(HJ 989—2018)、《污染源源强核算技术指南　有色金属冶炼》(HJ 983—2018) 为配套的技术体系逐步形成。国家不断加强法律、政策、规范和平台建设，涉铜、铅、锌管理的排污许可制度体系基本成型，对坚持和完善生态文明制度体系、推进环境治理体系和治理能力现代化具有重大意义。

（3）环境保护税

2018 年 1 月 1 日起施行的《中华人民共和国环境保护税法》是我国第一部推进生态文明建设的单行税法。按照环境保护税法的规定，应税大气污染物、水污染物按照污染物排放量折合的污染当量数确定计税依据，应税固体废物按照固体废物的排放量确定计税依据，应税噪声按照超过国家规定标准的分贝数确定计税依据。同时，《环境保护税法》第十三条规定：纳税人排放应税大气污染物或者水污染物的浓度值低于排放标准 30%的，减按 75%征收环境保护税；低于排放标准 50%的，减按 50%征收环境保护税。环保税法从直接干预转为税收调控。铜、铅、锌行业冶炼企业在生产过程中会产生污酸、含重金属酸性废水等生产废水，环保税法的征收，促进了行业企业绿色升级、技术创新，促使云南、湖南、广西等地冶炼规模企业纷纷向高端绿色智能制造基地转型，落实国家特别排放限制和环保标准、遏制和治理行业水污染，促进节能降耗和循环经济的发展。

（4）总量控制

国家实行重点污染物排放总量控制制度。重点污染物排放总量控制指标由国务院下达，省、自治区、直辖市人民政府分解落实。企业事业单位在执行国家和地方污染物排放标准的同时，应当遵守分解落实到本单位的重点污染物排放总量控制指标。

对超过国家重点污染物排放总量控制指标或者未完成国家确定的环境质量目标的地区，省级以上人民政府环境保护主管部门应当暂停审批其新增重点污染物排放总量的建设项目环境影响评价文件。

1.3.2　相关法规、政策、标准体系

1.3.2.1　法律、法规

（1）《中华人民共和国水污染防治法》（2008）

《中华人民共和国水污染防治法》是为了防治水污染，保护和改善环境，保障饮用水安全，促进经济社会全面协调可持续发展而制定的。1984 年 5 月 11 日第六届全国人民代表大会常务委员会第五次会议通过，根据 1996 年 5 月 15 日第八届全国人民代表大会常务委员会第十九次会议《关于修改〈中华人民共和国水污染防治法〉的决定》修正，2008 年 2 月 28 日第十届全国人民代表大会常务委员会第三十二次会议修订，2008 年 2 月 28 日中华人民共和国主席令第 87 号公布，自 2008 年 6 月 1 日起施行（现行版本为 2017 年 6 月 27 日第十二届全国人民代表大会常务委员会第二十八次会议修正，自 2018 年 1 月 1 日起施行）。

水污染防治应当坚持预防为主、防治结合、综合治理原则，优先保护饮用水水源，严格控制工业污染、城镇生活污染，防治农业面源污染，积极推进生态治理工

程建设，预防、控制和减少水环境污染和生态破坏。国家实行水环境保护目标责任制和考核评价制度，鼓励、支持水污染防治的科学技术研究和先进适用技术的推广应用，加强水环境保护的宣传教育，任何单位和个人都有义务保护水环境。国务院环境保护主管部门制定国家水环境质量标准、国家水污染排放标准，并适时修订水环境质量标准和水污染物排放标准。国家实行排污许可管理制度，建立水环境质量监测和水污染物排放监测制度，对重点水污染物排放实施总量控制制度。水污染防治措施规定禁止向水体排放油类、酸液、碱液或者剧毒废液，禁止向水体排放、倾倒放射性固体废物或者含有高放射性和中放射性物质的废水，禁止向水体排放、倾倒工业废渣、城镇垃圾和其他废弃物等。国家对严重污染水环境的落后工艺和设备实行淘汰制度，禁止新建不符合国家产业政策的炼硫、炼砷、钢铁等严重污染水环境的生产项目，建立饮用水水源保护区制度，在饮用水水源保护区内禁止设计排污口。同时规定可能发生水污染事故的企业事业单位，应当制定有关水污染事故的应急方案，做好应急准备。违反本规定，根据情节的严重程度，给予不同程度的处分和罚款；构成违反治安管理行为的，依法给予治安管理处罚；构成犯罪的，依法追究刑事责任[9]。

(2)《中华人民共和国清洁生产促进法》(2012)

为了促进清洁生产，提高资源利用效率，减少和避免污染物的产生，保护和改善环境，保障人体健康，促进经济与社会可持续发展，国家制定了《中华人民共和国清洁生产促进法》。该法经2002年6月29日第九届全国人民代表大会常务委员会第二十八次会议通过，自2003年1月1日起施行。后根据2012年2月29日第十一届全国人民代表大会常务委员会第二十五次会议《关于修改〈中华人民共和国清洁生产促进法〉的决定》修正，自2012年7月1日起施行。

本法所称清洁生产，是指不断采取改进设计、使用清洁的能源和原料、采用先进的工艺技术与设备、改善管理、综合利用等措施，从源头削减污染，提高资源利用效率，减少或者避免生产、服务和产品使用过程中污染物的产生和排放，以减轻或者消除对人类健康和环境的危害。本法要求从事生产和服务活动的单位以及从事相关管理活动的部门依照本法规定，组织、实施清洁生产。国家鼓励开展有关清洁生产的科学研究、技术开发和国际合作，组织宣传、普及清洁生产知识，推广清洁生产技术。鼓励社会团体和公众参与清洁生产的宣传、教育、推广、实施及监督。

(3)《中华人民共和国环境保护法》(2015)

自2015年1月1日起施行的《中华人民共和国环境保护法》，作为环境保护的基本法，规定了排污许可、排污收费、“三同时”、环境影响评价、总量控制等制度，对于保护和改善环境、防治污染、保障公众健康、推进生态文明建设、促进经济社会可持续发展具有重要意义[5]，奠定了我国对于水污染防治的根本管理及制度。

《中华人民共和国环境保护法》是为保护和改善环境，防治污染和其他公害，保障公众健康，推进生态文明建设，促进经济社会可持续发展等而制定的。保护环境是我国的基本国策。国家采取有利于节约和循环利用资源、保护和改善环境、促进人与自然和谐的经济、技术政策和措施，使经济社会发展与环境保护相协调。国家支持环境保护科学技术研究、开发和应用，鼓励环境保护产业发展，促进环境保护信息化建设，提高环境保护科学技术水平。国务院环境保护主管部门，对全国环境保护工作实施统一监督管理；县级以上地方人民政府环境保护主管部门，对本行政区域环境保护工作实施统一监督管理。

国家促进清洁生产和资源循环利用。国务院有关部门和地方各级人民政府应当采取措施，推广清洁能源的生产和使用。企业应当优先使用清洁能源，采用资源利用率高、污染物排放量少的工艺、设备以及废弃物综合利用技术和污染物无害化处理技术，减少污染物的产生。

建设项目中防治污染的设施，应当与主体工程同时设计、同时施工、同时投产使用。防治污染的设施应当符合经批准的环境影响评价文件的要求，不得擅自拆除或者闲置。排放污染物的企业事业单位和其他生产经营者，应当采取措施，防治在生产建设或者其他活动中产生的废气、废水、废渣、医疗废物、粉尘、恶臭气体、放射性物质以及噪声、振动、光辐射、电磁辐射等对环境的污染和危害。

排放污染物的企业事业单位，应当建立环境保护责任制度，明确单位负责人和相关人员的责任。

重点排污单位应当按照国家有关规定和监测规范安装使用监测设备，保证监测设备正常运行，保存原始监测记录。

严禁通过暗管、渗井、渗坑、灌注或者篡改、伪造监测数据，或者不正常运行防治污染设施等逃避监管的方式违法排放污染物。

排放污染物的企业事业单位和其他生产经营者，应当按照国家有关规定缴纳排污费。排污费应当全部专项用于环境污染防治，任何单位和个人不得截留、挤占或者挪作他用。

依照法律规定征收环境保护税的，不再征收排污费。

国家实行重点污染物排放总量控制制度。重点污染物排放总量控制指标由国务院下达，省、自治区、直辖市人民政府分解落实。企业事业单位在执行国家和地方污染物排放标准的同时，应当遵守分解落实到本单位的重点污染物排放总量控制指标。

国家依照法律规定实行排污许可管理制度。实行排污许可管理的企业事业单位和其他生产经营者应当按照排污许可证的要求排放污染物；未取得排污许可证的，不得排放污染物。

重点排污单位应当如实向社会公开其主要污染物的名称、排放方式、排放浓度和总量、超标排放情况，以及防治污染设施的建设和运行情况，接受社会监督。

公民、法人和其他组织发现任何单位和个人有污染环境和破坏生态行为的，有权向环境保护主管部门或者其他负有环境保护监督管理职责的部门举报。

公民、法人和其他组织发现地方各级人民政府、县级以上人民政府环境保护主管部门和其他负有环境保护监督管理职责的部门不依法履行职责的，有权向其上级机关或者监察机关举报。

接受举报的机关应当对举报人的相关信息予以保密，保护举报人的合法权益。

(4)《中华人民共和国环境保护税法》(2016)

《中华人民共和国环境保护税法》是为了保护和改善环境，减少污染物排放，推进生态文明建设而制定的，已由中华人民共和国第十二届全国人民代表大会常务委员会第二十五次会议于2016年12月25日通过，自2018年1月1日起施行。依照《中华人民共和国环境保护税法》规定征收环境保护税的，不再征收排污费。《中华人民共和国环境保护税法》规定了税收依据和应纳税额、税收减免、征收管理细则，明确了应税人、不应税人、减税人、征收情形。本法最新于2018年10月26日作出修改。

1) 应税人

① 直接向环境排放应税污染物的企业事业单位和其他生产经营者为环境保护税的纳税人，并对所造成的损害依法承担责任。

② 依法设立的城乡污水集中处理、生活垃圾集中处理场所超过国家和地方规定的排放标准向环境排放应税污染物的，应当缴纳环境保护税。

③ 企业事业单位和其他生产经营者贮存或者处置固体废物不符合国家和地方环境保护标准的，应当缴纳环境保护税。

2) 税收减免

① 国家规定的暂予免征环境保护税情形：

Ⅰ. 农业生产（不包括规模化养殖）排放应税污染物的；

Ⅱ. 机动车、铁路机车、非道路移动机械、船舶和航空器等流动污染源排放应税污染物的；

Ⅲ. 依法设立的城乡污水集中处理、生活垃圾集中处理场所排放相应应税污染物，不超过国家和地方规定的排放标准的；

Ⅳ. 纳税人综合利用的固体废物，符合国家和地方环境保护标准的；

Ⅴ. 国务院批准免税的其他情形。

② 国家规定的减税情形：纳税人排放应税大气污染物或者水污染物的浓度值低于国家和地方规定的污染物排放标准30%的，减按75%征收环境保护税；低于国家和地方规定的污染物排放标准50%的，减按50%征收环境保护税。

3) 本法所称应税污染物，是指本法所附《环境保护税税目税额表》《应税污染物和当量值表》规定的大气污染物、水污染物、固体废物和噪声。税目、税额，依照本法所附《环境保护税税目税额表》执行。

4）征收管理

① 环境保护税由税务机关依照《中华人民共和国税收征收管理法》和本法的有关规定征收管理。

② 环境保护主管部门依照本法和有关环境保护法律法规的规定负责对污染物的监测管理。

③ 环境保护主管部门和税务机关应当建立涉税信息共享平台和工作配合机制。

④ 纳税义务发生时间为纳税人排放应税污染物的当日。

⑤ 环境保护税按月计算，按季申报缴纳。

⑥ 依照本法第十条第四项的规定核定计算污染物排放量的，由税务机关会同环境保护主管部门核定污染物排放种类、数量和应纳税额。

⑦ 各级人民政府应当鼓励纳税人加大环境保护建设投入，对纳税人用于污染物自动监测设备的投资予以资金和政策支持。

1.3.2.2　行业污染防治技术政策

(1)《铅锌冶炼工业污染防治技术政策》(环境保护部公告 2012 年第 18 号)

(一) 为贯彻《中华人民共和国环境保护法》等法律法规，防治环境污染，保障生态安全和人体健康，促进铅锌冶炼工业生产工艺和污染治理技术的进步，制定本技术政策。

(二) 本技术政策为指导性文件，供各有关单位在建设项目和现有企业的管理、设计、建设、生产、科研等工作中参照采用；本技术政策适用于铅锌冶炼工业，包括以铅锌原生矿为原料的冶炼业和以废旧金属为原料的铅锌再生业。

(三) 铅锌冶炼业应加大产业结构调整和产品优化升级的力度，合理规划产业布局，进一步提高产业集中度和规模化水平，加快淘汰低水平落后产能，实行产能等量或减量置换。

(四) 在水源保护区、基本农田区、蔬菜基地、自然保护区、重要生态功能区、重要养殖基地、城镇人口密集区等环境敏感区及其防护区内，要严格限制新（改、扩）建铅锌冶炼和再生项目；区域内存在现有企业的，应适时调整规划，促使其治理、转产或迁出。

(五) 铅锌冶炼业新建、扩建项目应优先采用一级标准或更先进的清洁生产工艺，改建项目的生产工艺不宜低于二级清洁生产标准。企业排放污染物应稳定达标，重点区域内企业排放的废气和废水中铅、砷、镉等重金属量应明显减少，到 2015 年，固体废物综合利用（或无害化处置）率要达到 100%。

(六) 铅锌冶炼业重金属污染防治工作，要坚持“减量化、资源化、无害化”的原则，实行以清洁生产为核心、以重金属污染物减排为重点、以可行有效的污染防治技术为支撑、以风险防范为保障的综合防治技术路线。

（七）鼓励企业按照循环经济和生态工业的要求，采取铅锌联合冶炼、配套综合回收、产品关联延伸等措施，提高资源利用率，减少废物的产生量。

（八）废铅酸蓄电池的拆解，应按照《废电池污染防治技术政策》的要求进行。

（九）要采取有效措施，切实防范铅锌冶炼业企业生产过程中的环境和健康风险。对新（改、扩）建企业和现有企业，应根据企业所在地的自然条件和环境敏感区域的方位，科学地设置防护距离。

(2)《硫酸工业污染防治技术政策》(环境保护部公告 2013 年第 31 号)

（一）为贯彻《中华人民共和国环境保护法》等法律法规，防治环境污染，保障生态安全和人体健康，促进硫酸产业结构优化升级，推进行业可持续发展，制定本技术政策。

（二）本技术政策为指导性文件，供各有关单位在环境保护工作中参照采用；本技术政策提出了防治硫酸工业污染可采取的技术路线和技术方法，包括清洁生产、水污染防治、大气污染防治、固体废物处置及综合利用、研发新技术等方面的内容。

（三）本技术政策所称的硫酸工业是指以硫磺、硫铁矿（含硫精砂）、冶炼烟气、石膏、硫化氢等为原料生产硫酸产品的过程。

（四）硫酸工业宜采用规模化、集约化、清洁化的发展战略，提高产业集中度，合理控制总规模，提高硫资源自给率；对于硫磺制酸和硫铁矿制酸，倡导酸肥一体化布局。

（五）硫酸工业重点控制的污染物为二氧化硫、硫酸雾、颗粒物、酸、氟化物、硫化物、砷及重金属（铅、镉、铬、汞等）。污染物应稳定达标排放，并逐步减少排放总量。

（六）硫酸企业污染防治采用原料源头控污、全过程污染控制的清洁生产工艺，遵循清洁生产和末端治理相结合的原则，推行“源头削减、过程控制、余热回收利用、废物资源化利用、防止二次污染”的技术路线。

(3)《砷污染防治技术政策》(环境保护部公告 2015 年第 90 号)

（一）为贯彻《中华人民共和国环境保护法》等法律法规，防治环境污染，保障生态安全和人体健康，规范污染治理和管理行为，引领涉砷行业生产工艺和污染防治技术进步，促进行业的绿色循环低碳发展，制定本技术政策。

（二）本技术政策所称的涉砷行业是指含砷资源开发与利用，含砷物料和产品的贮存、运输、生产与使用行业。主要包括有色金属含砷矿石采选与冶炼、黄铁矿制酸、磷肥和锌化工产品生产、铁矿石烧结、含砷燃煤使用、含砷制剂生产和使用、含砷废气净化、废水处理和固体废物处置及综合利用等行业。

（三）本技术政策为指导性文件，主要包括清洁生产、污染治理、综合利用、二次污染防治以及新技术研发等内容，为环境保护相关规划、污染物排放标准、环境影响评价、总量控制、排污许可等环境管理和企业污染防治工作提供技术指导。

（四）涉砷行业应遵循“源头减量、过程控制、末端治理、生态修复”相结合的原则，加大产业结构调整和技术升级力度，加快淘汰落后产能；积极推广先进适用的生产工艺、污染防治技术及装备；防止砷二次污染。

（五）涉砷行业应对砷污染物实行全过程监控，健全环境风险评估、防控体系和防控措施，完善环境应急管理制度和应急预案。

(4)《汞污染防治技术政策》(环境保护部公告 2015 年第 90 号)

一、总则

（一）为贯彻《中华人民共和国环境保护法》等法律法规，履行《关于汞的水俣公约》，防治环境污染，保障生态安全和人体健康，规范污染治理和管理行为，引领涉汞行业清洁生产和污染防治技术进步，促进行业的绿色循环低碳发展，制定本技术政策。

（二）本技术政策所称的涉汞行业主要指原生汞生产，用汞工艺（主要指电石法聚氯乙烯生产），添汞产品生产（主要指含汞电光源、含汞电池、含汞体温计、含汞血压计、含汞化学试剂），以及燃煤电厂与燃煤工业锅炉、铜铅锌及黄金冶炼、钢铁冶炼、水泥生产、殡葬、废物焚烧与含汞废物处理处置等无意汞排放工业过程。

（三）本技术政策为指导性文件，主要包括涉汞行业的一般要求、过程控制、大气污染防治、水污染防治、固体废物处理处置与综合利用、二次污染防治、鼓励研发的新技术等内容，为涉汞行业相关规划、污染物排放标准、环境影响评价、总量控制、排污许可等环境管理和企业污染防治工作提供技术指导。

（四）涉汞行业应优化产业结构和产品结构，合理规划产业布局，加强技术引导和调控，鼓励采用先进的生产工艺和设备，淘汰高能耗、高污染、低效率的落后工艺和设备。

（五）涉汞行业污染防治应遵循清洁生产与末端治理相结合的全过程污染控制原则，采用先进、成熟的污染防治技术，加强精细化管理，推进含汞废物的减量化、资源化和无害化，减少汞污染物排放。

（六）应按国家相关要求，健全涉汞行业环境风险防控体系和环境应急管理制度，定期开展环境风险排查评估，完善防控措施和环境应急预案，储备必要的环境应急物资，积极防范并妥善应对突发环境事件。鼓励研发汞等重金属快速及在线监测技术和设备。

二、一般要求

（七）含汞物料的运输、贮存和备料等过程应采取密闭、防雨、防渗或其他防漏撒措施。

（八）除原生汞生产以外的其他涉汞行业应使用低汞、固汞、无汞原辅材料，并逐步替代高汞及含汞原辅材料的使用。

（九）涉汞行业应对原辅材料中的汞进行检测和控制，加强汞元素的物料平衡管理，保持生产过程稳定。

（十）用汞工艺和添汞产品生产过程应采取负压或密闭措施，加强管理和控制，减少汞污染物的产生和排放。

（十一）涉汞企业生产及含汞废物处置过程中，对于初期雨水及生产性废水应采取分质分类处理，确保处理后达标排放或循环利用。

（十二）废弃含汞产品及含汞废料等应收集、回收利用或安全处理处置。

其中涉铜铅锌污染防治内容如下：略。

七、铜、铅、锌及黄金冶炼行业汞污染防治

（三十三）铜、铅、锌冶炼过程产生的含汞废气宜采用波立顿脱汞法、碘络合-电解法、硫化钠-氯络合法和直接冷凝法等烟气脱汞工艺。宜采用袋式除尘、电袋复合除尘和湿法脱硫、制酸等烟气净化协同脱汞技术。

（三十四）金矿焙烧过程应加强对高温静电除尘器等烟气处理设施的运行管理，提高协同脱汞效果。

（三十五）烟气净化过程产生的废水、冷凝器密封用水和工艺冷却水宜采用化学沉淀法、吸附法和膜分离法等组合处理工艺。

（三十六）冶炼渣和烟气除尘灰应采用密闭蒸馏或高温焙烧等方法回收汞，烟气净化处理后的残余物属于危险废物的应交具有相应能力的持危险废物经营许可证的单位进行处置。

（三十七）降低硫酸中的汞含量宜采用硫化物除汞、硫代硫酸钠除汞及热浓硫酸除汞等技术。

（三十八）严格执行副产品硫酸含汞量的限值标准，加强对进入硫酸蒸气以及其他含汞废物中汞的跟踪管理。

（三十九）鼓励研发的新技术

1. 硫酸洗涤法、硒过滤器等脱汞工艺；

2. 脱汞功能材料及脱汞工艺；

3. 含汞等重金属废水深度及协同处理技术；

4. 含汞废水膜分离、树脂分离或生物分离的成套技术和组合装置；

5. 铜、铅、锌及黄金冶炼过程汞污染自动控制技术与装置；

6. 污酸体系渣梯级利用与安全稳定化技术。

现行涉铜、铅、锌冶炼行业污染防治技术政策如表1-7所列。

《铅锌冶炼工业污染防治技术政策》规定企业排放污染物应稳定达标，重点区域内企业排放的废气和废水中的铅、砷、镉等重金属应明显减少，到2015年固体废物综合利用（或无害化处置）率要达到100%。

表 1-7　现行涉铜、铅、锌冶炼行业污染防治技术政策

名称	文号/分类号	发布机构	实施/发布日期	涉铜、铅、锌行业内容
铅锌冶炼工业污染防治技术政策	公告 2012 年第 18 号	环境保护部	2012 年 3 月 7 日	提出了鼓励铅、锌冶炼企业采用的工艺以及"三废"的治理方式和技术
硫酸工业污染防治技术政策	公告 2013 年第 31 号	环境保护部	2013 年 5 月 24 日	含砷及重金属(铅、镉、铬、汞等)的酸性废水应单独处理或回用,不宜将含不同类重金属成分或浓度差别大的废水混合稀释。鼓励利用废碱液或电石渣处理酸性废水
砷污染防治技术政策	公告 2015 年第 90 号	环境保护部	2015 年 12 月 24 日	提出有色金属含砷矿石采选与冶炼等涉砷行业清洁生产、污染治理、综合利用、二次污染防治以及新技术研发等内容
汞污染防治技术政策	公告 2015 年第 90 号	环境保护部	2015 年 12 月 24 日	烟气净化过程产生的废水、冷凝器密封用水和工艺冷却水宜采用化学沉淀法、吸附法和膜分离法等组合处理工艺。鼓励研发含汞等重金属废水深度及协同处理技术;含汞废水膜分离、树脂分离或生物分离的成套技术和组合装置
铜、钴、镍采选冶炼工业污染防治技术政策	正在编制	—	—	—

《铅锌冶炼工业污染防治技术政策》《硫酸工业污染防治技术政策》《砷污染防治技术政策》中关于废水治理的技术如下。

冶炼烟气制酸废水可根据其中重金属成分及浓度采用硫化法、石灰中和法、石灰-铁盐法、铁氧体法、膜分离法等单一或组合工艺去除砷、镉、铬、汞等污染物后排放或回用。鼓励研发高效、经济可行的废水中重金属污染物治理技术，水处理设施产生的废渣治理技术。铅锌冶炼和再生过程排放的废水应循环利用，水循环率应达到90%以上，鼓励生产废水全部循环利用。含重金属的生产废水，可按照其水质及处理要求，分别采用化学沉淀法、生物（剂）法、吸附法、电化学法等单一或组合工艺进行处理。鼓励研发高效去除含铅、锌、镉、汞、砷等废水的深度处理技术。

有色金属冶炼行业污酸和含砷废水应采用硫化法、石灰-铁盐共沉淀法、硫化-石灰中和法、高浓度泥浆-铁盐法、生物制剂法、电絮凝法等方法或组合工艺处理。鼓励研发含砷废水中砷高度富集、富集后的固体废水安全贮存技术。

1.3.2.3　行业相关规划

(1)《有色金属产业调整和振兴规划》(2009)

《有色金属产业调整和振兴规划》目标如下：

① 生产恢复正常水平。2009 年，采取综合措施稳定市场需求和生产运行，企业生产经营状况好转，主要财务指标明显改善。

② 按期淘汰落后产能。2009 年，淘汰落后铜冶炼产能 30 万吨、铅冶炼产能 60 万吨、锌冶炼产能 40 万吨。到 2010 年年底，淘汰落后小预焙槽电解铝产能 80 万吨。

③ 节能减排取得积极成效。重点骨干电解铝厂吨铝直流电耗下降到 12500 千瓦时以下，每吨粗铅冶炼综合能耗低于 380kg 标准煤、硫利用率达到 97%以上，余热基本 100%回收利用，废渣 100%无害化处置。每年节能约 170 万吨标准煤，节电约 60 亿千瓦时，减少二氧化硫排放约 85 万吨。

④ 企业重组取得进展。形成 3～5 个具有较强实力的综合性企业集团，到 2011 年，国内排名前十位的铜、铝、铅、锌企业的产量占全国总产量的比重分别提高到 90%、70%、60%、60%。

⑤ 创新能力明显增强。力争在关键工艺技术、节能减排技术，以及高端产品研发、生产和应用技术等方面取得突破，推动产业技术进步，提高产品质量，优化品种结构。采用富氧底吹等先进技术的铅冶炼能力达 70%，框架材料、无氧铜材、中厚板等高档铜、铝深加工产品基本能够满足国内需求。

⑥ 资源保障能力进一步提高。2011 年，铜、铝、镍原料保障能力分别提高到 40%、56%、38%；加强煤铝共生矿资源开发利用，形成 100 万吨氧化铝生产规模；再生铜、再生铝占铜、铝产量的比例分别提高到 35%、25%，比 2008 年分别提高 6 个和 4 个百分点。

(2)《工业转型升级规划（2011—2015 年）》(2011)

“十二五”工业转型升级，要坚持走中国特色新型工业化道路，按照构建现代产业体系的本质要求，以科学发展为主题，以加快转变经济发展方式为主线，以改革开放为动力，着力提升自主创新能力；推进信息化与工业化深度融合，改造提升传统产业，培育壮大战略性新兴产业，加快发展生产性服务业，全面优化技术结构、组织结构、布局结构和行业结构；把工业发展建立在创新驱动、集约高效、环境友好、惠及民生、内生增长的基础上，不断增强工业核心竞争力和可持续发展能力，为建设工业强国和全面建成小康社会打下更加坚实的基础。工业转型升级涉及理念的转变、模式的转型和路径的创新，是一个战略性、全局性、系统性的变革过程，必须坚持在发展中求转变、在转变中促发展。基本要求是：坚持把提高发展的质量和效益作为转型升级的中心任务。正确处理好工业增长与结构、质量、效益、环境保护和安全生产等方面的重大关系，以提高工业附加值水平为突破口，全面优化要素投入结构和供给结构，改善和提升工业整体素质，强化工业企业安全保障，加快推动发展模式向质量效益型转变。

坚持把加强自主创新和技术进步作为转型升级的关键环节。努力突破制约产业优化升级的关键核心技术，提高产业核心竞争力，完善产业链条，促进由价值链低端向高端跃升。支持企业技术改造，增强新产品开发能力和品牌创建能力，培育壮大战略性新兴产业。加快推动发展动力向创新驱动转变。

坚持把发展资源节约型、环境友好型工业作为转型升级的重要着力点。健全激励与约束机制，推广应用先进节能减排技术，推进清洁生产。大力发展循环经济，加强资源节约和综合利用，积极应对气候变化。强化安全生产保障能力建设，加快推动资源利用方式向绿色低碳、清洁安全转变。

坚持把推进“两化”深度融合作为转型升级的重要支撑。充分发挥信息化在转型升级中的支撑和牵引作用，深化信息技术集成应用，促进“生产型制造”向“服务型制造”转变，加快推动制造业向数字化、网络化、智能化、服务化转变。

坚持把提高工业园区和产业基地发展水平作为转型升级的重要抓手。完善公共设施和服务平台建设，进一步促进产业集聚、集群发展。改造提升工业园区和产业集聚区，推进新型工业化产业示范基地建设。优化产业空间结构，加快推动工业布局向集约高效、协调优化转变。

坚持把扩大开放、深化改革作为转型升级的强大动力。充分利用“两种资源、两个市场”，稳定外需、扩大内需，实现内需外需均衡发展。进一步深化改革，充分发挥市场配置资源的基础性作用，激发市场主体活力，加快推动宏观调控手段向更多依靠市场力量转变。

(3)《重金属污染综合防治“十二五”规划》(2011)

到2015年建立起比较完善的重金属污染防治体系、事故应急体系和环境与健康风险评估体系，解决一批损害群众健康的突出问题；进一步优化重金属相关产业结构，基本遏制住突发性重金属污染事件高发态势；重点区域重点重金属污染物排放量比2007年减少15%，非重点区域重点重金属污染物排放量不超过2007年水平，重金属污染得到有效控制。

(4)《有色金属工业“十二五”发展规划》(2011)

“十二五”期间，有色金属工业结构调整和产业转型升级取得明显进展，工业增加值年均增长10%以上，产业发展质量和效益明显改善。

① 产量目标。十种有色金属产量控制在4600万吨左右，年均增长率为8%，其中精炼铜、电解铝、铅、锌产量分别控制在650万吨、2400万吨、550万吨、720万吨，年均增长率分别为7.3%、8.8%、5.2%、6.9%。

② 节能减排。按期淘汰落后冶炼生产能力，万元工业增加值能源消耗、单位产品能耗进一步降低。铜、铅、镁、锌冶炼综合能耗分别降到300kg标煤/t、320kg标煤/t、4t标煤/t、900kg标煤/t及以下，电解铝直流电耗、全流程海绵钛电耗分别降到12500kW·h/t、25000kW·h/t及以下。

③ 技术创新。重点大中型企业建立完善的技术创新体系，研发投入占主营业

务收入达到 1.5%，精深加工产品、资源综合利用、低碳等自主创新工艺技术取得进展，绿色高效工艺和节能减排技术得到广泛应用。

④ 结构调整。产业布局及组织结构得到优化，产品品种和质量基本满足战略性新兴产业需求，产业集中度进一步提高，2015 年，前 10 家企业的冶炼产量占全国的比例为铜 90%、电解铝 90%、铅 60%、锌 60%。企业生产经营管理信息化水平大幅提升。

⑤ 环境治理。重金属污染得到有效防控，2015 年重点区域重金属污染物排放量比 2007 年减少 15%。

⑥ 资源保障。资源综合利用水平明显提高，国际合作取得明显进展，主要有色金属资源保障程度进一步增强。

(5)《"十三五"生态环境保护规划》(2016)

严格环保能耗要求，促进企业加快升级改造。实施能耗总量和强度"双控"行动，全面推进工业、建筑、交通运输、公共机构等重点领域节能。严格新建项目节能评估审查，加强工业节能监察，强化全过程节能监管。钢铁、有色金属、化工、建材、轻工、纺织等传统制造业全面实施电机、变压器等能效提升，清洁生产，节水治污，循环利用等专项技术改造，实施系统能效提升、燃煤锅炉节能环保综合提升、绿色照明、余热暖民等节能重点工程。支持企业增强绿色精益制造能力，推动工业园区和企业应用分布式能源。

推进节能环保产业发展。推动低碳循环、治污减排、监测监控等核心环保技术工艺、成套产品、装备设备、材料药剂研发与产业化，尽快形成一批具有竞争力的主导技术和产品。鼓励发展节能环保技术咨询、系统设计、设备制造、工程施工、运营管理等专业化服务。大力发展环境服务业，推进形成合同能源管理、合同节水管理、第三方监测、环境污染第三方治理及环境保护政府和社会资本合作等服务市场……

完善环境标准和技术政策体系。完善环境保护技术政策，建立生态保护红线监管技术规范。健全钢铁、水泥、化工等重点行业清洁生产评价指标体系。加快制定完善电力、冶金、有色金属等重点行业以及城乡垃圾处理、机动车船和非道路移动机械污染防治、农业面源污染防治等重点领域技术政策。建立危险废物利用处置无害化管理标准和技术体系。

实施重点行业企业达标排放限期改造。建立分行业污染治理实用技术公开遴选与推广应用机制，发布重点行业污染治理技术。分流域分区域制定实施重点行业限期整治方案，升级改造环保设施，加大检查核查力度，确保稳定达标。以钢铁、水泥、石化、有色金属、玻璃、燃煤锅炉、造纸、印染、化工、焦化、氮肥、农副食品加工、原料药制造、制革、农药、电镀等行业为重点，推进行业达标排放改造。

推动治污减排工程建设。各省（区、市）要制定实施造纸、印染等十大重点涉水行业专项治理方案，大幅降低污染物排放强度。电力、钢铁、纺织、造纸、石油石化、化工、食品发酵等高耗水行业达到先进定额标准。以燃煤电厂超低排放改造为重点，对电力、钢铁、建材、石化、有色金属等重点行业实施综合治理，对二氧化硫、氮氧化物、烟粉尘以及重金属等多种污染物实施协同控制。各省（区、市）应于 2017 年年底前制定专项治理方案并向社会公开，对治理不到位的工程项目要公开曝光。制定分行业治污技术政策，培育示范企业和示范工程。其中，专栏 3 推动重点行业治污减排（十五）有色金属行业：加强富余烟气收集，对二氧化硫含量大于 3.5%的烟气采取两转两吸制酸等方式回收。低浓度烟气和制酸尾气排放超标的必须进行脱硫。规范冶炼企业废气排放口设置，取消脱硫设施旁路。

(6)《有色金属工业中长期科技发展规划（2006—2020 年）》(2006)

科技发展目标：到 2010 年，重点企业普遍建立技术中心，完善技术创新机构，技术创新能力得到进一步增强；主要产品的核心技术、重点装备接近或达到国际先进水平；把资源、能源、环境技术放在优先发展地位，重点突破，支撑发展；老矿区、重要矿集区的地质勘查取得重要进展，资源储备量增加；矿产资源利用率在现有基础上提高 3～5 个百分点；氧化铝综合能耗降到 800kg 标煤/t 以下；电解铝综合交流电耗降到 14300kW·h/t 以下；重点铜、铅、锌冶炼企业单位产品综合能耗接近或达到世界先进水平；硫的利用率达到 90%以上，工业用水循环利用率达到 85%；大力发展资源循环利用技术，再生资源利用量提高到金属总量的 30%左右；积极发展有色金属基础材料、新材料，新产品产值年均增长 20%；强化企业科技投入主体地位，研究与开发投入占规模以上企业销售收入的 1.5%以上。

到 2020 年，以企业为主题的技术创新体系更加完善，自主创新能力显著增强；科技促进行业持续发展的能力显著增强；重点矿区地质勘查取得重大突破，新增资源储备量显著增加；主要产品核心技术、装备达到世界先进水平，健全循环经济的技术发展模式，为建设资源节约型和环境友好型产业提供技术支撑；培养一批具有世界水平的科技专家和研究团队；建立若干个具有世界先进水平的科研院所和高校及企业研究开发机构，形成体制完善、机制灵活、有特色的有色金属工业科技创新体系。

1.3.2.4　行业产业政策与准入

为推动铜、铅、锌行业供给侧结构性改革，促进行业技术进步和高质量发展，提升资源综合利用率和节能环保水平，国家工业和信息化部发布了最新行业规范条件，其中《铜冶炼行业准入条件》(2006)（废止)、《铜冶炼行业规范条件》(2014)（废止)、《铜冶炼行业规范条件》(2019) 中关于水循环利用率、新水消耗、硫捕集率、硫回收率、环境保护等的要求比较如表 1-8 所列。

表 1-8　铜冶炼行业准入或规范条件比较

准入条件(2006)	规范条件(2014)	规范条件(2019)	准入条件(2006)	规范条件(2014)	规范条件(2019)	准入条件(2006)	规范条件(2014)	规范条件(2019)	准入条件(2006)	规范条件(2014)	规范条件(2019)	准入条件(2006)	规范条件(2014)	规范条件(2019)
水循环利用率/%			新水消耗/(m^3/t产品)			硫捕集率/%			硫回收率/%	总硫利用率/%	硫回收率/%	环境保护		
新建>95	新建>97.5(含铜二次资源>95)	利用铜精矿>98	新建<25	新建<20	利用铜精矿<16	新建>98	新建>99	>99	新建>96	新建>97.5	利用铜精矿>97.5	持证排污、环保督查	污染治理工艺、设施要求、强调废渣无害化处理、配套联网在线监测	清污分流和雨污分流设施、鼓励执行特排、固废全过程管理信息跟踪
现有>90	现有>97(含铜二次资源>90)	利用含铜二次资源>98	现有<28	现有<20	—	现有>98	现有>98.5		现有>95	现有>97	利用含铜二次资源>97.5			

其中，《铅锌行业准入条件》(2007)(废止)、《铅锌行业规范条件》(2015)(废止)、《铅锌行业规范条件》(2020)中关于水循环利用率、硫捕集率、总硫利用率、环境保护的要求比较如表 1-9 所列。

表 1-9　铅锌行业准入或规范条件比较

行业	类别	准入条件(2007)	规范条件(2015)	规范条件(2020)	准入条件(2007)	规范条件(2015)	规范条件(2020)	准入条件(2007)	规范条件(2015)	规范条件(2020)	准入条件(2007)	规范条件(2015)	规范条件(2020)
		总硫利用率/%			硫捕集率/%			水循环利用率/%			环境保护		
铅冶炼	新建	>95	>96	>96	>99	>99	>99	>95	>98	>98	粉尘、SO_2控制环保督查	污染治理工艺、设施要求、强调固废处理、在线监测	污染治理工艺、设施要求、强调固废处理、在线监测、强制性清洁生产审核
	现有	>94	>96		>96	>98		>90	>95				
锌冶炼	新建	>96	>96	>96	>99	>99	>99	>95	>95	>95			
	现有	>96	>96		>99	>99		>90	>95				

(1)《产业结构调整指导目录(2019年本)》(中华人民共和国国家发展和改革

委员会令第 29 号）

1）鼓励类

高效、节能、低污染、规模化再生资源回收与综合利用。

① 废杂有色金属回收利用。

② 有价元素的综合利用。

③ 赤泥及其他冶炼废渣综合利用。

④ 高铝粉煤灰提取氧化铝。

⑤ 钨冶炼废渣的减量化、资源化和无害化利用处置。

⑥ 废水零排放，重复用水技术应用。

⑦ 高效、低能耗污水处理与再生技术开发。

⑧ 节能、节水、节材环保及资源综合利用等技术开发、应用及设备制造；为用户提供节能、环保、资源综合利用咨询、设计、评估、检测、审计、认证、诊断、融资、改造、运行管理等服务。

⑨ 高效、节能、环保的采矿、选矿技术（药剂）；低品位、复杂、难处理矿开发及综合利用技术与设备。

⑩ 共生、伴生矿产资源综合利用技术及有价元素提取。

⑪ 尾矿、废渣等资源综合利用及配套装备制造。

2）限制类

① 新建、扩建钨金属储量小于 1 万吨、年开采规模小于 30 万吨矿石量的钨矿开采项目（现有钨矿山的深部和边部资源开采扩建项目除外），钨、钼、锡、锑冶炼项目（符合国家环保节能等法律法规要求的项目除外）以及氧化锑、铅锡焊料生产项目，稀土采选、冶炼分离项目（符合稀土开采、冶炼分离总量控制指标要求的稀土企业集团项目除外）。

② 单系列 10 万吨/年规模以下粗铜冶炼项目（再生铜项目及氧化矿直接浸出项目除外）。

③ 电解铝项目（产能置换项目除外）。

④ 单系列 5 万吨/年规模以下铅冶炼项目（不新增产能的技改和环保改造项目除外）。

⑤ 单系列 10 万吨/年规模以下锌冶炼项目（直接浸出除外）。

⑥ 镁冶炼项目（综合利用项目和先进节能环保工艺技术改造项目除外）。

⑦ 10 万吨/年以下的独立铝用炭素项目。

⑧ 新建单系列生产能力 5 万吨/年及以下、改扩建单系列生产能力 2 万吨/年及以下，以及资源利用、能源消耗、环境保护等指标达不到行业准入条件要求的再生铅项目。

3）淘汰类

① 采用马弗炉、马槽炉、横罐、小竖罐等焙烧，简易冷凝设施收尘等落后方式炼锌或生产氧化锌的工艺装备。

② 采用铁锅和土灶、蒸馏罐、坩埚炉及简易冷凝设施收尘等落后方式炼汞工艺及设备。

③ 采用土坑炉或坩埚炉焙烧、简易冷凝设施收尘等落后方式炼制氧化砷或金属砷工艺装备。

④ 铝自焙电解槽及160kA以下预焙槽。

⑤ 鼓风炉、电炉、反射炉炼铜工艺及设备。

⑥ 烟气制酸干法净化和热浓酸洗涤技术。

⑦ 采用地坑炉、坩埚炉、赫氏炉等落后方式炼锑工艺及设备。

⑧ 采用烧结锅、烧结盘、简易高炉等落后方式炼铅工艺及设备。

⑨ 利用坩埚炉熔炼再生铝合金、再生铅的工艺及设备。

⑩ 铝用湿法氟化盐项目。

⑪ 1万吨/年以下的再生铝、再生铅项目。

⑫ 再生有色金属生产中采用直接燃煤的反射炉项目。

⑬ 铜线杆（黑杆）生产工艺。

⑭ 未配套制酸及尾气吸收系统的烧结机炼铅工艺。

⑮ 烧结-鼓风炉炼铅工艺。

（2）《铜冶炼行业规范条件》（中华人民共和国工业和信息化部公告2019年第35号）

为推进铜冶炼行业供给侧结构性改革，促进行业技术进步，推动铜冶炼行业高质量发展，制定本规范条件。本规范条件适用于已建成投产利用铜精矿和含铜二次资源的铜冶炼企业（不包含单独含铜危险废物处置企业），是促进行业技术进步和规范发展的引导性文件，不具有行政审批的前置性和强制性。本规范条件自发布之日起实施，原《铜冶炼行业规范条件》（中华人民共和国工业和信息化部公告2014年第29号）同时废止。

（3）《铅锌行业规范条件》（中华人民共和国工业和信息化部公告2020年第7号）

为推进铅锌行业供给侧结构性改革，促进行业技术进步，推动行业高质量发展，制定本规范条件。本规范条件适用于已建成投产的铅锌矿山及利用铅、锌精矿和二次资源为原料的铅锌冶炼企业（不包含单独利用废旧铅蓄电池等含铅废料生产的再生铅企业），是促进行业技术进步和规范发展的引导性文件，不具有行政审批的前置性和强制性。

本规范条件自2020年3月30日起施行。2015年3月16日公布的《铅锌行业规范条件》（中华人民共和国工业和信息化部公告2015年第20号）同时废止。本规范条件发布前已公告的企业，如需继续列入公告名单应提出申请，按照本规范条件新修订的内容进行复验。

1.3.2.5 行业排污许可证申请与核发技术规范

（1）《排污许可证申请与核发技术规范　有色金属工业——铜冶炼》（HJ 863.3—2017）

为贯彻落实《中华人民共和国环境保护法》《中华人民共和国大气污染防治法》《中华人民共和国水污染防治法》等法律法规以及《控制污染物排放许可制实施方案》（国办发〔2016〕81 号），完善排污许可技术支撑体系，指导和规范铜冶炼排污单位排污许可证申请与核发工作，制定本标准。本标准规定了铜冶炼排污单位排污许可证申请与核发的基本情况填报要求、许可排放限值确定和实际排放量核算方法、合规判定的方法以及自行监测、环境管理台账与排污许可证执行报告等环境管理要求，提出了铜冶炼行业污染防治可行技术及运行管理要求。核发机关核发排污许可证时，对位于法律法规明确规定禁止建设区域内的、属于国家和地方政府明确规定予以淘汰或取缔的铜冶炼排污单位或者生产装置，应不予核发排污许可证。本标准由环境保护部于 2017 年 9 月 29 日批准。本标准自 2017 年 9 月 29 日起实施。

（2）《排污许可证申请与核发技术规范　有色金属工业——铅锌冶炼》（HJ 863.1—2017）

为贯彻落实《中华人民共和国环境保护法》《中华人民共和国大气污染防治法》《中华人民共和国水污染防治法》等法律法规以及《控制污染物排放许可制实施方案》（国办发〔2016〕81 号），完善排污许可技术支撑体系，指导和规范铅锌冶炼排污单位排污许可证申请与核发工作，制定本标准。本标准规定了铅锌冶炼排污单位排污许可证申请与核发的基本情况填报要求、许可排放限值确定、实际排放量核算、合规判定的方法以及自行监测、环境管理台账与排污许可证执行报告等环境管理要求，提出了铅锌冶炼行业污染防治可行技术要求。核发机关核发排污许可证时，对位于法律法规明确规定禁止建设区域内的、属于国家和地方政府明确规定予以淘汰或取缔的铅锌冶炼排污单位或者生产装置，应不予核发排污许可证。本标准由环境保护部于 2017 年 9 月 29 日批准。本标准自 2017 年 9 月 29 日起实施。

《排污许可证申请与核发技术规范　有色金属工业》系列标准有利于有色冶炼企业精细化管理，为适应新形势下的排污许可管理制度改革，统一全国有色金属冶炼行业排污许可技术要求，指导并规范有色金属冶炼企业排污许可证申请与核发，为排污许可管理提供科学、健全、有力的技术保障。

1.3.2.6 行业最佳可行、自行监测、污染源源强核算技术指南

污染防治最佳可行技术（BAT）是污染综合防治与控制工作中的一个重要组

成部分，对实现污染减排目标以及从整体上实现高水平的环境保护具有重要作用；行业自行监测指南是为了落实《中华人民共和国环境保护法》的有关要求，进一步规范排污单位自行监测行为，为排污单位开展自行监测活动提供指导的指南；污染源源强核算技术指南是为了完善固定污染源源强核算方法体系，指导和规范有色金属冶炼业污染源源强核算工作。

（1）《铅冶炼污染防治最佳可行技术指南（试行）》（HJ-BAT-7）（环境保护部公告 2012 年第 4 号）

为贯彻执行《中华人民共和国环境保护法》，加快建设环境技术管理体系，确保环境管理目标的技术可达性，增强环境管理决策的科学性，提供环境管理政策制定和实施的技术依据，引导污染防治技术进步和环保产业发展，根据《国家环境技术管理体系建设规划》，环境保护部（现生态环境部，下同）组织制定污染防治技术政策、污染防治最佳可行技术指南、环境保护工程技术规范等技术指导文件。本指南可作为铅冶炼项目环境影响评价、工程设计、工程验收以及运营管理等环节的技术依据，是供各级环境保护部门、规划和设计单位以及用户使用的指导性技术文件。本指南适用于以铅精矿、铅锌混合精矿为主要原料的铅冶炼企业。本指南为首次发布，将根据环境管理要求及技术发展情况适时修订。

（2）《铜冶炼污染防治可行技术指南（试行）》（环境保护部公告 2015 年第 24 号）

为贯彻执行《中华人民共和国环境保护法》，加快建立环境技术管理体系，确保环境管理目标的技术可达性，增强环境管理决策的科学性，提供环境管理政策制定和实施的技术依据，引导污染防治技术进步和环保产业发展，根据《国家环境技术管理体系建设规划》，环境保护部组织制定污染防治技术政策、污染防治最佳可行技术指南、环境工程技术规范等技术指导文件。本指南可作为铜冶炼厂项目环境影响评价、工程设计、工程验收以及运营管理等环节的技术依据，是供各级环境保护部门、设计单位以及用户使用的指导性技术文件。

（3）《排污单位自行监测技术指南　有色金属工业》（HJ 989—2018）

为落实《中华人民共和国环境保护法》《中华人民共和国大气污染防治法》《中华人民共和国水污染防治法》《排污许可管理办法（试行）》，指导和规范有色金属工业排污单位自行监测工作，制定本标准。本标准提出了有色金属工业排污单位自行监测的一般要求、监测方案制定、信息记录及报告的基本内容和要求。本标准自 2019 年 3 月 1 日起实施。

（4）《污染源源强核算技术指南　有色金属冶炼》（HJ 983—2018）

为贯彻《中华人民共和国环境保护法》《中华人民共和国环境影响评价法》《中华人民共和国大气污染防治法》《中华人民共和国水污染防治法》《中华人民共和国环境噪声污染防治法》《中华人民共和国固体废物污染环境防治法》等法律法规，完善固定污染源源强核算方法体系，指导和规范有色金属冶炼业污染源源强核算工作，制定本标准。本标准规定了有色金属冶炼业废气、废水、噪声、固体废物污染源源强核算的基本原则、内容、方法及要求等。本标准自 2019 年 1 月 1 日起实施。

1.3.2.7　行业清洁生产及评价标准

（1）《清洁生产标准　铜冶炼业》（HJ 558—2010）

为贯彻《中华人民共和国环境保护法》和《中华人民共和国清洁生产促进法》，保护环境，为铜冶炼企业开展清洁生产提供技术支持和导向，制定本标准。本标准规定了在达到国家和地方污染物排放标准的基础上，根据当前的行业技术、装备水平和管理水平，铜冶炼企业清洁生产的一般要求。本标准分为三级，一级代表国际清洁生产先进水平，二级代表国内清洁生产先进水平，三级代表国内清洁生产基本水平。随着技术的不断进步和发展，本标准将适时修订。本标准适用于以硫化铜精矿为主要原料的铜的火法冶炼企业（不包括以废杂铜为主要原料的铜冶炼企业，也不包括湿法冶炼铜的企业）的清洁生产审核、清洁生产潜力与机会的判断，以及清洁生产绩效评定和清洁生产绩效公告制度，也适用于环境影响评价、排污许可证管理等环境管理制度。本标准为首次发布。本标准自 2010 年 5 月 1 日起实施。

（2）《清洁生产标准　铜电解业》（HJ 559—2010）

本标准规定了铜电解业清洁生产的一般要求。本标准将清洁生产标准指标分成六类，即生产工艺与装备要求、资源能源利用指标、产品指标、污染物产生指标（末端处理前）、废物回收利用指标和环境管理要求。本标准适用于铜电解企业的清洁生产审核、清洁生产潜力与机会的判断，以及清洁生产绩效评定和清洁生产绩效公告制度，也适用于环境影响评价、排污许可证管理等环境管理制度。本标准为首次发布。本标准自 2010 年 5 月 1 日起实施。

（3）《清洁生产标准　粗铅冶炼业》（HJ 512—2009）

为贯彻《中华人民共和国环境保护法》和《中华人民共和国清洁生产促进法》，保护环境，为铅冶炼工业企业开展清洁生产提供技术支持和导向，制定本标准。本标准规定了在达到国家和地方污染物排放标准的基础上，根据当前行业技术、装备水平和管理水平，粗铅冶炼业企业清洁生产的一般要求。本标准共分为三级，一级代表国际清洁生产先进水平，二级代表国内清洁生产先进水平，三级代表国内清洁生产基本水平。随着技术的不断进步和发展，本标准将适时修订。本标准为首次发布。本标准由环境保护部科技标准司组织制定。本标准自 2010 年 2 月 1 日起实施。

（4）《清洁生产标准　铅电解业》（HJ 513—2009）

为贯彻《中华人民共和国环境保护法》和《中华人民共和国清洁生产促进法》，保护环境，为铅电解工业企业开展清洁生产提供技术支持和导向，制定本标准。本标准规定了在达到国家和地方污染物排放标准的基础上，根据当前行业技术、装备水平和管理水平，铅电解业企业清洁生产的一般要求。本标准共分为三级，一级代表国际清洁生产先进水平，二级代表国内清洁生产先进水平，三级代表国内清洁生产基本水平。随着技术的不断进步和发展，本标准将适时修订。本标准规定了铅电解业企业清洁生产的一般要求。本标准将铅电解业企业清洁生产指标分为五类，即生产工艺与装备要求、资源能源利用指标、产品指标、污染物产生指标（末端处理前）和环境管理要求。本标准适用于铅电解生产企业的清洁生产审核、清洁生产潜力与机会的判断，以及清洁生产绩效评定和清洁生产绩效公告制度，也适用于环境影响评价、排污许可证等环境管理制度。本标准为首次发布。本标准自 2010 年 2 月 1 日起实施。

（5）《铅锌行业清洁生产评价指标体系（试行）》

为了贯彻落实《中华人民共和国清洁生产促进法》，指导和推动铅锌企业依法实施清洁生产，提高资源利用率，减少和避免污染物的产生，保护和改善环境，制定《铅锌行业清洁生产评价指标体系（试行）》（以下简称“指标体系”）。

本指标体系用于评价有色金属工业铅、锌行业的清洁生产水平，作为创建清洁生产先进企业的主要依据，并为企业推行清洁生产提供技术指导。

本指标体系依据综合评价所得分值将企业清洁生产等级划分为两级，即代表国内先进水平的“清洁生产先进企业”和代表国内一般水平的“清洁生产企业”。随着技术的不断进步和发展，本指标体系每 3～5 年修订一次。本指标体系自发布之日起试行。本指标体系适用于铅锌行业，包括铅锌采矿企业、铅锌选矿企业、铅冶炼企业和锌冶炼企业。

（6）《锌冶炼业清洁生产评价指标体系》（2019 年第 8 号）

为贯彻《中华人民共和国环境保护法》和《中华人民共和国清洁生产促进法》，指导和推动锌冶炼生产企业依法实施清洁生产，提高资源利用率，减少和避免污染物的产生，保护和改善环境，制定《锌冶炼业清洁生产评价指标体系》（以下简称“指标体系”）。本指标体系依据综合评价所得分值将清洁生产等级划分为三级：Ⅰ级为国际清洁生产领先水平；Ⅱ级为国内清洁生产先进水平；Ⅲ级为国内清洁生产一般水平。随着技术的不断进步和发展，本指标体系将适时修订。

本指标体系规定了锌冶炼生产企业清洁生产的一般要求。本指标体系将清洁生产指标分为六类，即生产工艺及装备指标、资源能源消耗指标、资源综合利用指标、污染物产生指标、产品特征指标和清洁生产管理要求。本指标体系适用于锌冶炼行业（不含再生锌）生产企业的清洁生产审核、清洁生产潜力与机会的判断以及清洁生产绩效评定和清洁生产绩效公告制度，也适用于环境影响评价、排污许可证管理、环保领跑者等环境管理制度。

（7）《污水处理及其再生利用行业清洁生产评价指标体系》（2019 年第 8 号）

为贯彻《中华人民共和国环境保护法》和《中华人民共和国清洁生产促进法》，指导和推动污水处理及其再生利用行业企业依法实施清洁生产，提高资源利用率，减少和避免污染物的产生，保护和改善环境，制定《污水处理及其再生利用行业清洁生产评价指标体系》(以下简称“指标体系”)。

本指标体系依据综合评价所得分值将清洁生产等级划分为三级：Ⅰ级为国际清洁生产领先水平；Ⅱ级为国内清洁生产先进水平；Ⅲ级为国内清洁生产一般水平。随着技术的不断进步和发展，本指标体系将适时修订。本指标体系规定了污水处理及其再生利用企业清洁生产的一般要求。本指标体系将清洁生产指标分为六类，即生产工艺及装备指标、资源能源消耗指标、资源综合利用指标、污染物产生指标、产品特征指标和清洁生产管理指标。本指标体系适用于以城镇污水为主要处理对象，接纳的工业废水量不超过总处理水量20%的污水处理及其再生利用企业的清洁生产审核、清洁生产潜力与机会的判断以及清洁生产绩效评定和清洁生产绩效公告制度，也适用于环境影响评价、排污许可证、环保领跑者等环境管理制度。

(8)《铜冶炼行业清洁生产评价指标体系》(2019年7月13日公开征求意见)

为贯彻《中华人民共和国环境保护法》和《中华人民共和国清洁生产促进法》，指导和推动铜冶炼企业依法实施清洁生产，提高资源利用率，减少和避免污染物的产生，保护和改善环境，特制定《铜冶炼行业清洁生产评价指标体系》(以下简称“指标体系”)。

本指标体系依据综合评价所得分值将清洁生产等级划分为三级：Ⅰ级为国际清洁生产领先水平；Ⅱ级为国内清洁生产先进水平；Ⅲ级为国内清洁生产一般水平。随着技术的不断进步和发展，本指标体系将适时修订。

本指标体系规定了铜冶炼企业清洁生产的一般要求。本指标体系将清洁生产标准指标分为六类，即生产工艺及装备指标、资源能源消耗指标、资源综合利用指标、污染物产生指标、原料与产品特征指标、清洁生产管理指标。

本指标体系适用于铜冶炼生产企业的清洁生产审核、清洁生产潜力与机会的判断以及清洁生产绩效评定和清洁生产绩效公告制度，也适用于环境影响评价、排污许可证管理、环保领跑者等环境管理制度。

本指标体系适用于粗铜冶炼、粗铜精炼、铜电解、湿法炼铜企业，不包括铜矿采选以及废杂铜回收企业的项目。

(9)《铅冶炼清洁生产评价指标体系》(2019年7月13日公开征求意见)

为贯彻《中华人民共和国环境保护法》和《中华人民共和国清洁生产促进法》，指导和推动铅冶炼生产企业依法实施清洁生产，提高资源利用率，减少和避免污染物的产生，保护和改善环境，制定铅冶炼行业清洁生产评价指标体系(以下简称“指标体系”)。

本指标体系依据综合评价所得分值将企业清洁生产等级划分为三级：Ⅰ级为国际清洁生产领先水平；Ⅱ级为国内清洁生产先进水平；Ⅲ级为国内清洁生产一般水平。随着技术的不断进步和发展，本指标体系将适时修订。

本指标体系规定了铅冶炼生产企业清洁生产的一般要求。本指标体系将清洁生产指标分成六类，即生产工艺与设备指标、资源与能源消耗指标、资源综合利用指标、污染物产生指标（末端处理前）、产品特征指标、清洁生产管理指标。

本指标体系适用于铅冶炼生产企业的清洁生产审核、清洁生产潜力与机会的判断以及清洁生产绩效评定和清洁生产绩效公告制度，也适用于环境影响评价、排污许可证管理、环保领跑者等环境管理制度。

1.3.2.8 行业污染防治标准

（1）《铅冶炼废水治理工程技术规范》（HJ 2057—2018）

为贯彻《中华人民共和国环境保护法》《中华人民共和国水污染防治法》等法律法规，防治环境污染，改善生态环境质量，规范铅冶炼废水治理工程的建设与运行管理，制定本标准。本标准规定了铅冶炼废水治理工程的设计、施工、验收、运行和维护等技术要求。本标准适用于铅冶炼废水治理工程的建设与运行管理，可作为铅冶炼建设项目环境影响评价以及环境保护设施设计、施工、验收和运行管理的技术依据。本标准不适用于再生铅冶炼。本标准由生态环境部于 2018 年 8 月 13 日批准。本标准自 2018 年 9 月 1 日起实施。

（2）《铜冶炼废水治理工程技术规范》（HJ 2059—2018）

为贯彻《中华人民共和国环境保护法》《中华人民共和国水污染防治法》等法律法规，防治环境污染，规范铜冶炼废水治理工程的建设与运行管理，制定本标准。本标准规定了铜冶炼废水治理工程的设计、施工、验收、运行和维护等技术要求。本标准适用于铜冶炼废水治理工程的建设与运行管理，可作为铜冶炼建设项目环境影响评价以及环境保护设施设计、施工、验收和运行管理的技术依据。本标准不适用于再生铜冶炼废水治理工程。本标准由生态环境部于 2018 年 12 月 28 日批准。本标准自 2019 年 3 月 1 日起实施。

（3）《铅、锌工业污染物排放标准》（GB 25466—2010）及修改单

为贯彻《中华人民共和国环境保护法》《中华人民共和国水污染防治法》《中华人民共和国大气污染防治法》《中华人民共和国海洋环境保护法》《国务院关于落实科学发展观　加强环境保护的决定》等法律、法规和《国务院关于编制全国主体功能区规划的意见》，保护环境，防治污染，促进铅、锌工业生产工艺和污染治理技术的进步，制定本标准。

本标准规定了铅、锌工业企业生产过程中水污染物和大气污染物排放限值、监测和监控要求。为促进区域经济与环境协调发展，推动经济结构的调整和经济增长方式的转变，引导铅、锌工业生产工艺和污染治理技术的发展方向，本标准规定了水污染物特别排放限值。

本标准中的污染物排放浓度均为质量浓度。

铅、锌工业企业排放恶臭污染物、环境噪声适用相应的国家污染物排放标准，

产生固体废物的鉴别、处理和处置适用国家固体废物污染控制标准。

本标准为首次发布。

自本标准实施之日起，铅、锌工业企业水和大气污染物排放执行本标准，不再执行《污水综合排放标准》（GB 8978—1996）、《大气污染物综合排放标准》（GB 16297—1996）和《工业炉窑大气污染物排放标准》（GB 9078—1996）中的相关规定。

地方省级人民政府对本标准未作规定的污染物项目，可以制定地方污染物排放标准；对本标准已作规定的污染物项目，可以制定严于本标准的地方污染物排放标准。本标准自 2010 年 10 月 1 日起实施。

为进一步完善国家污染物排放标准，生态环境部决定修改《铅、锌工业污染物排放标准》（GB 25466—2010），在水污染物排放控制要求中增加总铊污染物排放限值（总铊$<$0.005mg/L）。现有企业自 2019 年 9 月 1 日起，新建企业自本修改单发布实施之日起，按照本修改单规定执行总铊污染物排放限值。

（4）《铜、镍、钴工业污染物排放标准》（GB 25467—2010）

为贯彻《中华人民共和国环境保护法》《中华人民共和国水污染防治法》《中华人民共和国大气污染防治法》《中华人民共和国海洋环境保护法》《国务院关于落实科学发展观　加强环境保护的决定》等法律法规和《国务院关于编制全国主体功能区规划的意见》，保护环境，防治污染，促进铜、镍、钴工业生产工艺和污染治理技术的进步，制定本标准。

本标准规定了铜、镍、钴工业企业生产过程中水污染物和大气污染物排放限值、监测和监控要求。本标准适用于铜、镍、钴工业企业的水污染物和大气污染物排放管理，以及铜、镍、钴工业企业建设项目的环境影响评价、环境保护设施设计、竣工环境保护验收及其投产后的水污染物和大气污染物排放管理。本标准不适用于铜、镍、钴再生及压延加工等工业的水污染物和大气污染物排放管理，也不适用于附属于铜、镍、钴工业的非特征生产工艺和装置产生的水污染物和大气污染物排放管理。本标准规定的水污染物排放控制要求适用于企业直接或间接向其法定边界外排放水污染物的行为。铜、镍、钴工业企业排放恶臭污染物、环境噪声适用相应的国家污染物排放标准，产生固体废物的鉴别、处理和处置适用国家固体废物污染控制标准。本标准为首次发布。自本标准实施之日起，铜、镍、钴工业企业水和大气污染物排放执行本标准，不再执行《污水综合排放标准》（GB 8978—1996）、《大气污染物综合排放标准》（GB 16297—1996）和《工业炉窑大气污染物排放标准》（GB 9078—1996）中的相关规定。本标准自 2010 年 10 月 1 日起实施。

（5）《重金属污水处理设计标准》（CECS 92:2016）

本标准共分 8 章，主要技术内容包括总则、术语、处理方法、药剂选用和投配、污水处理站选址及总体布置、污水处理站建（构）筑物、沉渣处理、检测和控制。本标准修订的主要技术内容包括：名称更改为《重金属污水处理设计标准》；处理方法章节中补充物化法、电化学法、生物法、膜分离法；污水处理构筑物章节拆分为两个章节，分别为污水处理站选址及总体布置和污水处理站建（构）筑物，并补充初期雨水池、事故池、辅助设施（加药间、脱水间、深度处理及回用间）、回用水池等；补充检测和控制章节。

(6)《城市污水再生利用》系列标准

为贯彻我国水污染防治和水资源开发利用方针，做好城镇节约用水工作，实现城镇污水资源化，防治污水对环境的污染，促进城镇建设和经济可持续发展，制定《城市污水再生利用》系列标准。

《城市污水再生利用》系列标准目前共有 7 项，包括《城市污水再生利用　分类》(GB/T 18919—2002)、《城市污水再生利用　城市杂用水水质》(GB/T 18920—2020)、《城市污水再生利用　景观环境用水水质》(GB/T 18921—2019)、《城市污水再生利用　地下水回灌水质》(GB/T 19772—2005)、《城市污水再生利用　绿地灌溉水质》(GB/T 25499—2010)、《城市污水再生利用　工业用水水质》(GB/T 19923—2005) 和《城市污水再生利用　农田灌溉用水水质》(GB 20922—2007)。

本标准规定了作为工业用水的再生水的水质标准和再生水利用方式。

本标准适用于以城市污水再生水为水源，作为工业用水的下列范围。

冷却用水：直流式、循环式补充水。

洗涤用水：冲渣、冲灰、消烟除尘、清洗等。

锅炉用水：低压、中压锅炉补给水。

工艺用水：溶料、蒸煮、漂洗、水力开采、水力输送、增湿、稀释、搅拌、选矿、油田回注等。

产品用水：浆料、化工制剂、涂料等。

(7)《有色金属企业节水设计标准》(GB 51414—2020)(见附录节选部分)

国家对于有色金属冶炼企业废水污染物排放限值逐渐收严，部分废水污染物排放限值、回用标准如表 1-10、表 1-11 所列。

表 1-10　涉铜、铅、锌冶炼工业（新建企业，直接排放）**废水排放标准情况**

单位：mg/L

标准	总铅	总镉	总汞	总砷	总铬	总铜	总锌	总镍	总铊	氟化物	水重复利用率	备注
《污水综合排放标准》(GB 8978—1996)	1.0	0.1	0.05	0.5	1.5	一级 0.5 二级 1.0 三级 2.0	一级 2.0 二级 5.0 三级 5.0	1.0	—	一级 10 二级 10 三级 20	有色金属冶炼及加工 80%	新建
《铅、锌工业污染物排放标准》(GB 25466—2010)及修改单	0.5	0.05	0.03	0.3	1.5	0.5	1.5	0.5	0.005	8	—	新建
	0.2	0.02	0.01	0.1	1.5	0.2	1.0	0.5	0.005	5	—	特别排放限值

续表

标准	总铅	总镉	总汞	总砷	总铬	总铜	总锌	总镍	总铊	氟化物	水重复利用率	备注
《铜、镍、钴工业污染物排放标准》(GB 25467—2010)及修改单	0.5	0.1	0.05	0.5	—	0.5	1.5	0.5	—	5	—	新建
	0.2	0.02	0.05	0.1	—	0.2	1	0.5	—	2	—	特别排放限值
《地表水环境质量标准》(GB 3838—2002)	Ⅰ类 0.01 Ⅱ类 0.01 Ⅲ类 0.05 Ⅳ类 0.05 Ⅴ类 0.1	Ⅰ类 0.001 Ⅱ类 0.005 Ⅲ类 0.005 Ⅳ类 0.005 Ⅴ类 0.01	Ⅰ类 0.00005 Ⅱ类 0.00005 Ⅲ类 0.0001 Ⅳ类 0.001 Ⅴ类 0.001	Ⅰ类 0.05 Ⅱ类 0.05 Ⅲ类 0.05 Ⅳ类 0.1 Ⅴ类 0.1	—	Ⅰ类 0.01 Ⅱ类 1.0 Ⅲ类 1.0 Ⅳ类 1.0 Ⅴ类 1.0	Ⅰ类 0.05 Ⅱ类 1.0 Ⅲ类 1.0 Ⅳ类 2.0 Ⅴ类 2.0	—	0.0001(集中式生活饮用水地表水源地特定项目标准限值)	Ⅰ类 1.0 Ⅱ类 1.0 Ⅲ类 1.0 Ⅳ类 1.5 Ⅴ类 1.5	—	

表 1-11　污染物及回用标准　单位：mg/L（pH 无量纲）

回用标准名称	pH 值	COD_{Cr}	铁	锰	氯离子	总硬度	总碱度	硫酸盐	氨氮	TDS
工业用水水质	6.5～8.5	60	0.3	0.1	250	450	350	250	10	1000
农田灌溉用水水质	5.5～8.5	150	—	—	350	—	—	—	—	1000
城市杂用水水质	6.0～9.0	—	0.3	0.1	—	—	—	—	10	1000
景观环境用水水质	6.0～9.0	30	—	—	—	—	—	—	5	—
地下水回灌水质	6.5～8.5	15	—	—	250	450	—	250	0.2	1000
绿地灌溉水质	6.0～9.0	—	—	—	250	—	—	—	20	1000
工业循环冷却水处理设计规范	6.0～9.0	60	0.5	0.2	250	250	200	—	5	1000
循环冷却水用再生水水质标准	6.0～9.0	80	0.3	—	500	700		—	15	1000
火力发电机组及蒸汽动力设备水汽质量	7.0～9.0	—	0.05	—	—	0.2	—	—	—	—
再生水水质标准	6.5～8.5	15	0.3	0.1	—	450	—	—	0.2	1000
工业锅炉水质	7.0～9.0	—	0.3	—	—	3	600	—	—	—

参 考 文 献

[1] 王绍文，姜凤有．重金属废水治理技术［M］．北京：冶金工业出版社，1993：16-19.

[2] 柴立元．现代有色冶金环境工程研究进展［C］//中国工程院化工、冶金与材料工程第十一届学术会议，2016.

[3] 邓立聪．酸性重金属废水/石灰反应结晶工艺基础研究［D］．北京：中国科学院大学，2012.

［4］ 闵世俊，曾英，韩璐．含砷工业废水处理现状与进展［J］．广东微量元素科学，2008，15（8）：1-6.

［5］ 彭海清，谭章荣，孟长再．电凝聚技术在水处理中的应用［J］．化工技术经济，2002（2）：30-33.

［6］ 贺俊兰，迟丽荣．化学沉淀法处理含铅废水［J］．工业水处理，1992，2（12）：36-37.

［7］ 王庆海，却晓娥．治理环境污染的绿色植物修复技术［J］．中国生态农业学报，2013，21（2）：282-283.

［8］ 陈青春，陈平．植物修复技术在环境污染治理中的应用现状［J］．污染防治技术，2016，29（2）：59-69.

［9］ 柴立元，彭兵．冶金环保手册［M］．长沙：中南大学出版社，2016.

第2章 废水源头削减技术及过程减排技术

2.1 水平衡综合管理技术

生产过程的技术进步与水的重复利用技术对于实现废水源头削减及过程减排十分重要。废水源头削减及过程减排技术主要为多项废水回用技术集成，包括水平衡综合管理技术、节水优化管理技术、废水分质处理与回用技术、废水分质回用调配技术等。

2.1.1 全工序水污染信息管理

（1）技术简介

全工序水污染信息管理是按照企业内部各工序系统用水、排水的水质水量要求，结合废水处理技术，同时统筹各工序用水系统的串级使用、梯级利用等用水体制，建立企业工序水污染信息管理系统，对水资源进行平衡调配和管理，达到节约水资源并最大限度降低废水排放的目标。

（2）选择原则/适用范围

该技术适用于企业内部用水、排水系统的整体综合性管理。

（3）技术参数

1）基本原理

该技术的基本原理是针对冶炼企业提高水利用率、降低工业废水排放量，实现节水减排的现实需求，从水系统用水、排水的水质水量需求出发，综合企业各工序水处理技术，形成水处理监测、控制及诊断系统，及时判断水处理系统状态及预测变化趋势，同时统筹各单元水系统的串级使用、梯级利用等用水体制，形成一套企业节水减排水平衡技术模式，依据节水减排技术模式将各工序水系统及全厂性水处理在线控制系统整合，结合循环水水质稳定处理技术，进行问题诊断及水质水量调控，建立企业节水减排整体解决方案，以指导水处理环保设施运营生产与建设，达到节约水资源并最大限度降低废水排放的目标。

2）技术特点

建立一套适用的企业系统用、排水平衡管理体系，综合水量平衡、溶解盐平衡和水质稳定平衡，使废水在体系内消纳，减少企业新水用量，减少废水排放，实现最大限度节水。

(4) 工程实证：某铜冶炼厂水平衡的管理

某铜冶炼企业[1]生产及与生产有关的全部污水经汇集后输送到污水处理站，经处理后的“回用水”一部分供污水处理设施自身使用，另外一部分补充生产用水，回用水的剩余部分经过再处理达标后排放。从改造前的水平衡来看，各生产分支（或相关单位）对污水站排放的是其全部污水量，其中含有对设备、设施冲洗产生的污水（而此部分污水经过回收、处理，是可以实现循环利用的)，使水资源造成了巨大的浪费，同时造成污水处理站的废水处理总量非常大，企业的废水处理成本也非常高。

企业通过优化函数计算，开展了水平衡的管理工作，在相关生产分支（或相关单位）实现污水分级排放，污水开展简易处理后循环利用。同时将雨季的雨水汇集至回用水水池进行储存，作为新水使用。

具体的给排水系统改造如下：

① 将能够使用的轻污染程度的污水进行循环利用；

② 将分级后重污染程度的污水排入污水处理站处理；

③ 将雨水分类汇集、储存。

例如，对沉降槽的污水排放管线进行改造，定时将污水排放到沉降池，沉降后的上清液部分引到空塔沉降槽内，实现空塔散热的循环利用，此项措施可以减少该生产分支向污水处理站排放污水总量的10%左右；对电除雾水冲洗系统进行改造，在冲洗电除雾时，将冲洗过后的污水通过串酸进入空塔循环泵槽，实现污水的循环利用，此项措施可减少该生产分支向污水处理站排放污水总量的7%左右；对动力车间的给排水系统进行改造，将不含有害杂质的浓缩水汇集后循环利用，此项措施可减少该生产分支向污水处理站排放污水总量的40%左右；将污染程度较轻的生产分支或相关单位区域的雨水直接汇集到缓冲水池（通过管路及系阀与回用水水池相连)。

该企业经过改造，实现了污水处理再利用，建设了雨水汇集利用系统，不但实现了水平衡管理目标，而且实现了污水零排放。

2.1.2 废水分质回用调配技术

由于冶炼企业采用的冶炼工艺不同，工艺流程长，生产过程中用水量大，产生的废水水质情况复杂，处理工艺差异大，多数中小企业未建立起水平衡综合管理体系，用、排水管理困难。如含重金属、含酸废水净化处理后，含较高浓度钙、镁离子，容易结垢，不能作为新水使用，可优先回用于渣缓冷系统等对水质要求不高的工艺系统。污酸废水处理后液可用于石灰乳制备、渣水淬、渣缓冷等工艺。经膜法处理后的淡水，由于水质好、含盐分低，可代替软化水使用。处理后的初期雨水可用于冷却、配料、石灰乳制备、地面冲洗等。

近几年来，我国对企业的环保要求越来越高，国内中等规模以上冶炼企业在工业废水治理方面均能遵循清洁生产原理。开始实行绿色冶炼及升级改造，从废水产生源头削减工业废水，尽量做到清污分流，提高工业用水循环率，减少废水的产生，实施工业生产废水零排放工程，大大提高本企业工业用水回用率。主要措施如下：

① 实现雨污分流和清污分流，大幅降低废水的产生量；

② 改造工业用水循环系统，提高工业用水循环率；

③ 合理调配企业生产用水，改建供排水管网，提高工业用水回用率，将原来排放的部分轻污染的废水调配作为其他用水，实现梯级用水，例如将循环水系统排污水作为湿法收尘用水、使用处理后的酸性废水冲渣等；

④ 提高工业废水处理技术水平，将污染较严重的废水处理后回用，为防止用水设备结垢，一些企业采用膜处理技术去除废水中 Ca^{2+}，使这些废水能回用于生产。

2.1.2.1　案例 1：湖北某铜冶炼厂废水减排与提标技改工程

湖北某铜冶炼厂通过进行雨污分流、清污分流、废水分类收集与梯级循环利用、污水处理站外排水提标等改造，实现了外排水量及污染物总量大规模削减，提升了水资源的循环利用率[2]。

① 雨污分流：根据厂区布局，在厂区分界线设置截洪沟，不让厂区外洁净雨水进入厂区受到污染；厂内增设东区、西区雨水收集池及雨水转运提升系统，分类收集和处置雨水。

② 清污分流：制酸片区涉重废水收集后用泵输送至污酸处理站处置后排放；备料片区降尘、冲洗等涉重废水收集到运矿车洗车台沉淀池沉淀后上清液循环利用，余水排放；电解片区涉重废水集中收集至西区初期雨水收集池然后进行排放；不涉重废水也进行集中收集后，由管道输送至渣缓冷片区使用。

③ 梯级利用：制酸片区和发电片区循环水系统排水可以直接回用至渣缓冷片区用作渣包的冷却用水；收集各生产片区工艺排放水，确定水质回用要求等级较低的工序，如冲地用水、工艺生产的药剂制备用水等；对高品质的设备冷凝水、蒸汽冷凝水收集用于设备冷却或循环水补充水。

④ 外排水提标改造：在污水处理站原有设备设施的基础上，增设三级生物制剂投加点和超滤装置实现外排水的提标排放。废水排放量由 7.2kt/d 降低至 3.0kt/d，外排水指标达到《城镇污水处理厂污染物排放标准》（GB 18918—2002）一级 A 标准，全厂每吨铜新水单耗由 18.16t 降低至 13.60t，取得了一定的经济效益与较大

的环境效益。

2.1.2.2 案例2：江西某铜冶炼厂闪速炉用水的改造工程

江西某铜冶炼厂针对铜精矿熔炼工序工业用水、设备冷却水、区域废水收集等生产工艺过程用水控制的情况，对铜精矿熔炼生产过程用水工艺进行优化改造[3]。

① 设备冷却水改造：该冶炼厂熔炼区域内将所有设备用水全部接入循环水管网，提高水资源的循环利用率。循环水管网、水池以及冷却塔等设备建设在备料仓北面。冷水泵从冷水池中抽水，出水分两路走，大部分出水向熔炼各用水设备供水，小部分出水走纤维球过滤器过滤水中杂质，达到净化水质的效果，过滤后的水回到冷水池中，保证循环水中杂质不会富集。生产各设备冷却后用水经各支管集合到回水总管后全部回流入热水池，热水再经热水泵打至冷却塔上进行冷却后流回冷水池中。

② 区域废水收集的改造：废水池进口电动闸板状态为常开。平时场面冲洗水直接排到废水收集池，由场面冲洗泵加压后回用于初期雨水收集区域场面冲洗，冲洗前后应将池内水位控制在30%以上。雨天，初期雨水排入废水池收集，池内液位达到90%时报警并自动关闭进水闸门，后期洁净雨水溢流至厂区排水管网，降雨结束后由人工开启废水输送泵将初期雨水输送到硫酸车间污水处理系统。当液位低于15%时停止废水输送泵，之后开启废水池进口电动闸板，池内剩余水量作为场面冲洗用水。

③ 炉体冷却水的优化：一方面，用精细化操作把控炉体热负荷，通过稳定闪速炉炉况，合理安排电炉的排铍作业，减少固态冰铜的加入，合理控制电炉电功率，使电炉的熔体量和温度都能维持在一个稳定的范围内，从而使炉体热负荷较低，让减少后的冷却水能够满足炉体冷却水的需求；另一方面，当班操作人员每天用红外线测温器对炉体测温，监视温度变化，仪表人员密切关注DCS系统冷却水的温度变化，监视各个冷却水点的温度变化情况。该铜冶炼厂经过对生产用水及废水工艺的改造和水处理系统的改进后，生产过程中产生的废水均得到再利用，在节能减排的同时又保护了环境，尤其是新增了区域废水收集池，基本做到了废水“零排放”、资源最大化利用，每年可减排废水百万吨。

2.1.2.3 案例3：安徽某铜业有限公司废水梯级回用工程

安徽某铜业有限公司生产工序有冶炼、制酸、制氧、电解、综合回收等，公司对生产过程中产生的酸性废水处理后进行循环利用，达到节能减排的目的[4]。

① 经过脱硬处理后的制酸区域废水，水质相对较差（Ⅴ级）。此类回水主要用于对水质要求不高的熔炼渣缓冷、渣水淬系统，通过采用缓冷工艺，从熔炼渣中回收有价金属。

② 经过脱硬处理后的其他区域生产废水，水质一般（Ⅳ级）。此类回水可代替新水用作冶炼、动力、硫酸等区域的补充水和冲洗用水。

③ 经过脱硬处理后的循环排污浓水，水质中等（Ⅲ级），主要用作硫酸净化和精矿制粒的补充用水。

④ 深度废水处理站产出的淡水，水质相对较好（Ⅱ级），可代替新鲜工业用水直接回用，厂区主要将其作为硫酸循环水的补充水。

⑤ 初期雨水处理站处理后的水，水质介于Ⅱ级与Ⅲ级之间，目前主要将其作为厂区内绿化浇灌用水。

2.2 废水分质处理与回用技术

2.2.1 初期雨水微滤膜处理技术

（1）技术简介

微滤是以多孔膜（微孔滤膜）为过滤介质的一种精密过滤技术，是在压力推动下，截留初期雨水中粒径大于 0.1μm 的颗粒或溶解性大分子物质的膜分离过程[5]，分离处理后初期雨水可回用于生产或达标外排。

（2）选择原则/适用范围

该技术适用于预处理后重金属以悬浮态小颗粒为主的初期雨水的处理。

（3）技术参数

1）基本原理

微滤膜处理技术的基本原理是利用微滤膜的筛孔作用对溶液进行过滤。通过施加一定的压力，小分子物质或溶剂通过微滤膜，其他颗粒物或大分子物质则被截留下来。一般微滤膜的孔径在 0.02～10μm 之间，多为对称性多孔膜，由于其孔径较大，微滤膜只能截留粒径＞0.1μm 的颗粒或溶解性大分子物质。其特征主要表现为具有高度均匀的孔径分布，分离效率高；孔隙率高，一般可达到 70%[6]。微滤膜可以截留直径大于膜孔径的物质，但其对溶解性的有机物去除率不高，一般在 15%～26%之间[7]。

微滤的过滤原理有筛分、滤饼层过滤和深层过滤三种。一般认为微滤的分离机理为筛分机理，膜的物理结构起决定性作用。此外，吸附和电性能等因素对截留率也有影响。其有效分离范围为 0.1～10μm，操作静压差为 0.01～0.2MPa。

根据微粒在微滤过程中的截留位置，可分为筛分、吸附及架桥 3 种截留机制，它们的微滤原理如下。

① 筛分：微孔滤膜拦截比膜孔径大或与膜孔径相当的微粒，又称机械截留。

② 吸附：微粒通过物理化学吸附而被滤膜吸附。微粒尺寸小于膜孔也可被

截留。

③ 架桥：微粒相互堆积推挤，导致许多微粒无法进入膜孔或卡在孔中，以此完成截留[8]。

初期雨水微滤膜处理工艺流程如图 2-1 所示。

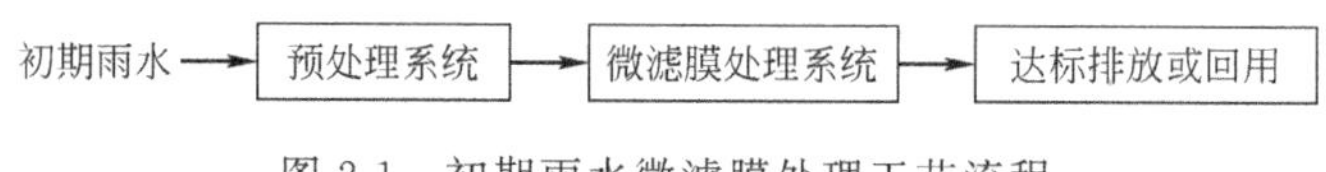

图 2-1　初期雨水微滤膜处理工艺流程

随着运行时间的增长，微粒被截留在膜面或膜孔内，形成一层滤饼，为保持一定的流量，势必要增加驱动压力，当压力增加到一定值时，必须对膜上的截留层进行反洗，洗除膜上的滤饼，恢复滤膜的能力。全套管式微滤系统，包括全部电控元器件如原水泵、变频器、压力传感器、电磁流量计、自动化仪器仪表、在线原水及滤后水浊度仪、可编程序控制器（PLC）、监控机等，设备具有自动和手动两种可切换的运行方式，正常情况下，设备的运行和反洗全部自动化进行[9]。

2）技术特点

微滤膜处理技术具有占地面积小、设备可灵活组装移动、自动化程度高等特点。

（4）工程实证：某铜冶炼厂初期雨水处理工程

某铜冶炼厂初期雨水处理工程，采用“重金属捕集＋絮凝＋膜过滤”处理工艺，处理规模 4000m^3/d，进出水水质如表 2-1 所列。

表 2-1　进出水水质

指标名称	pH 值	铜/(mg/L)	总砷/(mg/L)	铅/(mg/L)	锌/(mg/L)	镉/(mg/L)
进水	6～7	0.4～3	0.1～1.1	0.02～1.5	0.2～2.2	0.02～0.25
出水	7～8	0.05～0.2	0.1～0.2	0.01～0.5	0.1～0.5	0.02～0.05

工艺流程如图 2-2 所示。

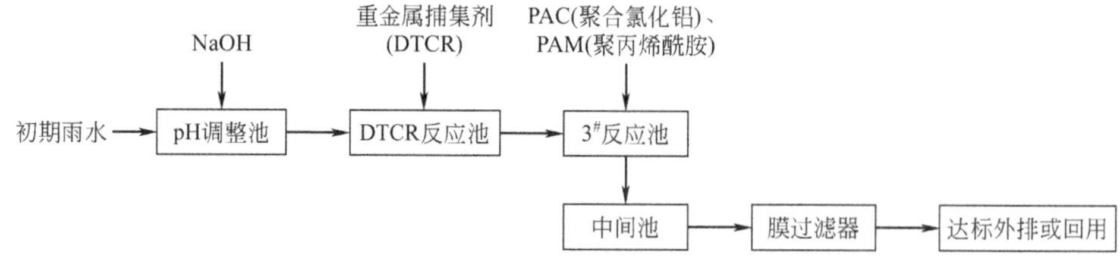

图 2-2　某铜冶炼厂初期雨水处理工程工艺流程

所有药剂均采用溶液投加，其中重金属捕集剂溶液及 PAC 溶液配制浓度为 10%，PAM 溶液配制浓度为 0.1%，NaOH 溶液配制浓度为 10%，NaOH 投加量与 pH 调整池出口 pH 值连锁，控制 pH 值为 7～8，其他药剂投加量主要根据初期雨水中的重金属离子浓度确定。运行期间主要的运行参数如表 2-2 所列。

表 2-2　运行参数

pH 值	DTCR/(mg/L)	PAC/(mg/L)	PAM/(mg/L)	膜反洗压损值/mH_2O
7～8	10～30	30～50	2～5	0.5

注：$1mH_2O=9806.65Pa$。

工艺运行主要成本包括药剂费用、电费、膜化学清洗及更换费用，折算后初期雨水处理成本为 0.8～1.5 元/t 水[10]。

2.2.2　循环水阻垢技术

（1）技术简介

循环水阻垢技术是指通过对结垢层、水质或水质成分采取某种物理或化学作业，使成垢物质失去或暂时失去附壁结垢的能力[11]。根据技术原理的不同分为物理阻垢法和化学阻垢法。

（2）选择原则/适用范围

该技术适用于工业循环冷却水的除垢和防垢。

（3）技术参数

阻垢机理：水垢的形成需要一个过程，换热器表面沉积的水垢是最常见的，也是危害最大的一种垢层。水垢是一种微溶性盐类长期沉积在表面产生的垢层。阻垢机制是对循环冷却水进行物理和化学处理，减少水垢的产生。一般来说，水垢的形成过程包括结晶、聚合和沉积，因此阻垢剂的阻垢机理通常有以下几种。

① 使结晶内部应力增大，晶体畸变破裂，达到阻垢目的。

② 络合增溶。例如阻垢剂可以与水中钙镁离子形成稳定的螯合物，增加钙、镁盐的溶解度，阻止水垢的形成。

③ 与碳酸钙的微晶产生物理化学反应，在微晶表面形成双电层，阻止水垢的形成。

④ 阻垢机理还有再生解脱膜假说和双电层作用等机理[12]。

物理阻垢法主要有机械除垢阻垢法、磁场阻垢法、电场阻垢法以及超声波阻垢法等。化学阻垢法主要包括阻垢剂法、加酸法、二氧化碳法、离子交换软化法和石灰软化法[11]。目前常用的是离子交换软化法和阻垢剂法。

1）物理阻垢法

① 磁场阻垢法：外加高频电场作用后，$CaCO_3$ 的结晶速率变小。处理后的 $CaCO_3$ 晶体结构一部分由原来的方解石变成了文石[13]。

② 电场阻垢法：高频电场力破解缔合水分子结构，并使盐垢晶体畸变，致水垢溶解去除；静电斥力作用起分散作用，防止盐类结合及水垢微晶成长；高压静电改变细菌的生物场，使其丧失生存条件；强静电场使水体电位提高，使金属设备得

到保护，防止了设备腐蚀。

③ 超声波阻垢法：超声波在介质中传播时会对媒质产生空化效应、高速微涡、振荡性剪切、冲击作用等，在媒质中产生一系列的物理和化学效应，从而达到阻垢的目的。

2）化学阻垢法

① 离子交换软化法：将原水通过钠型阳离子交换树脂（RNa），使水中的成垢离子 Ca^{2+} 和 Mg^{2+}（硬度）与离子交换树脂 RNa 上的 Na^{+} 进行交换。交换时，水中的 Ca^{2+}、Mg^{2+} 被吸附到树脂上，生成 R_2Ca 和 R_2Mg，而树脂 RNa 上的 Na 则进入水中，从而使水中的成垢阳离子 Ca^{2+} 和 Mg^{2+} 浓度降低，水被软化而不容易结垢。离子交换软化法的阻垢效果好且可靠，但投资较大，生产成本高，仅适用于小型的冷却水系统[14]。

② 阻垢剂法：通过在循环冷却水中添加化学阻垢剂来达到阻垢防垢效果[6]。阻垢剂是通过吸附分散和配位反应，通过分子间的力不等同的物理和化学过程，改变了诸如碳酸钙等结垢物质的结晶规律，使得这些易结垢的物质维持在溶解或悬浮的状态，提高溶解度，有效防止垢层的生成。从组成成分方面分类，阻垢剂通常分为天然聚合物阻垢剂和合成聚合物阻垢剂。合成聚合物阻垢剂一般又可分为含磷聚合物、磺酸类聚合物、羧酸类聚合物以及环境友好型阻垢剂[15]。化学阻垢剂作为循环冷却水处理最常用的处理药剂，优点是：效果好，运行成本低，原料来源广，操作简单。

（4）工程实证：某企业循环水阻垢处理工程

某企业采用阻垢剂法对某冷却系统循环水进行处理，循环水系统情况如下：系统循环水量 $6805m^3/h$，系统储水量 $2250m^3$，系统冷却温差 6℃，换热设备材质为碳钢。系统补水取自地下水，水质情况如表 2-3 所列。

表 2-3 水质情况

序号	项目	单位	指标
1	pH 值	—	7.2
2	总硬度(以 $CaCO_3$ 计)	mg/L	472.6
3	总碱度(以 $CaCO_3$ 计)	mg/L	335.3
4	氯离子	mg/L	58
5	钙硬度(以 $CaCO_3$ 计)	mg/L	313
6	镁硬度(以 $CaCO_3$ 计)	mg/L	158
7	硫酸根离子	mg/L	140
8	TDS	mg/L	613.5

通过对补水水质进行分析可知，该水质属于高碱度、高硬度水质，采用 HB901（丙烯酸/丙烯酸酯共聚物）作为阻垢剂，投加后效果较好，极限浓缩倍数

为 3.1 倍，降低了企业的补水量和排污量，药剂投加成本约为 0.05～0.15 元/t 水。

2.3 冶炼电解液酸分离技术

（1）技术简介

扩散渗析是用离子交换膜将进液物料与接受液隔开，物料中的溶质从浓度高的一侧透过离子交换膜扩散到浓度低的一侧，当膜两侧的浓度达到平衡时，由于浓度差推动力消失，扩散渗析过程随即停止。通过离子交换膜的选择透过性，实现特定溶质的渗透，而截留其他溶质，实现物料中的酸（碱）回收和提纯。

扩散渗析广泛应用于钢铁、化成箔、蓄电池、钛白粉、湿法炼铜、铝型材、多晶硅、电镀、钛材加工、木材糖化、稀土及其他有色金属冶炼等工业领域。

（2）选择原则/适用范围

扩散渗析膜适用于硫酸、盐酸、硝酸、氢氟酸等单一或混酸废酸的回收利用。废酸浓度＞5％时有较高的回收效率，酸浓度过低时由于渗析室与扩散室的浓差推动力小，酸回收效率较低。其中硫酸体系适用于酸浓度≤40％的场合，盐酸与硝酸体系适用于酸浓度≤30％的场合。

扩散渗析适用于温度＞10℃而＜40℃的物料，需避免温度过低导致的结冰胀裂膜片和迁移效率过低。温度过高时膜片易软化变形，导致流道堵塞和膜堆渗漏。

扩散渗析的进料需避免其中的有机溶剂、油脂类和悬浮物杂质，如含有这些杂质需采用合适的预处理方式去除。

（3）技术参数

1）基本原理

扩散渗析过程是以浓度差作为推动力，通过离子交换膜对不同价态离子的选择透过性实现废酸分离提纯的技术。扩散渗析膜堆的组成包括离子交换膜、配液隔板、加强隔板、液流板框等。

膜堆由一定数量的膜组成不同数量的结构单元，其中每个单元由一张阴离子膜隔成渗析室（A 室）和扩散室（B 室）。阴离子膜的两侧分别通入废酸液及接受液（去离子水/自来水）时[16]，废酸侧的游离酸及其盐的浓度远高于水的一侧。由于浓度梯度的存在，废酸中的游离酸及其盐类有向 B 室渗透的趋势，但膜是有选择透过性的，它不会让每种离子以均等的机会通过。首先阴离子膜骨架本身带正电荷，在溶液中具有吸引带负电荷水化离子而排斥带正电荷水化离子的特性，故在浓度差的作用下，废酸侧的阴离子被吸引而顺利地透过膜孔道进入水的一侧。同时根据电中性要求，也会夹带正电荷的离子，由于 H^+ 的水化半径比较小，电荷较少，而金属盐的水化离子半径较大，又是高价的，因此 H^+ 会优先通过膜，这样废液中的酸就会被分离出来[17]。扩散渗析基本原理如图 2-3 所示。

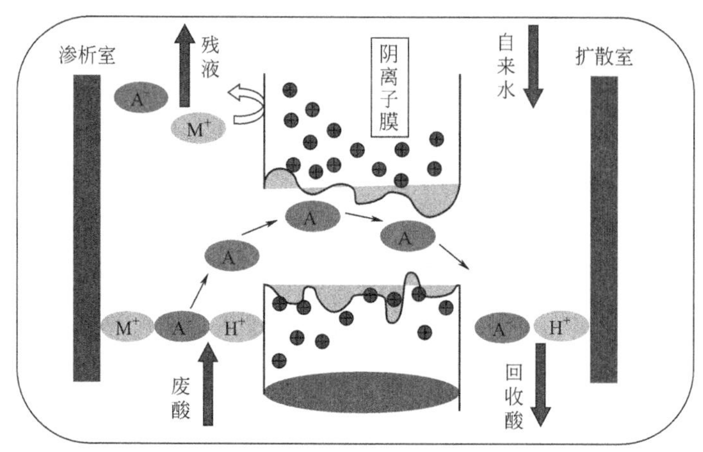

图 2-3 扩散渗析基本原理

扩散渗析系统由物料输送装置、过滤器、高位储槽、扩散渗析器、回收酸储槽、废液储槽组成。系统工艺流程如图 2-4 所示。

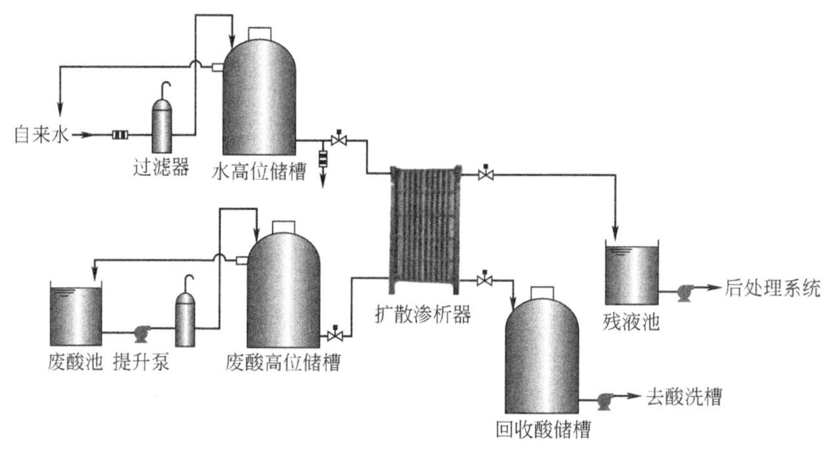

图 2-4 扩散渗析系统工艺流程

工艺流程说明：废酸通过泵输送经过过滤器至废酸高位储槽，自来水通过过滤器输送至水高位储槽；废酸高位储槽与水高位储槽的物料通过高差与调节阀调节流量输送至扩散渗析器；扩散渗析器回收的酸流至回收酸储槽回用，剩余的残液流至残液池进行后续处理。

2）技术特点

① 酸回收率达 80%以上，金属离子去除率达 90%以上。

② 扩散渗析器无需电耗，系统消耗仅由泵输送产生的电耗与自来水消耗组成，运行成本极低。

③ 系统构成简单，安装便捷，工程周期短。

④ 扩散渗析器夹板、隔板等使用寿命为 10 年，膜使用寿命可达 3～5 年，达

到使用寿命或出现膜衰减严重时，可通过更换离子交换膜片恢复。膜片成本约占扩散渗析器成本的 70%。

(4) 工程实证

1) 工程实证 1：阴膜扩散渗析技术在湿法冶金行业电解贫铜液中的应用

某湿法冶炼厂的湿法炼铜生产中产生大量的电解贫铜液，若用石灰中和，除造成酸和铜的损失外，还引发环境问题。用阴膜扩散渗析回收电解贫铜液中的废酸（硫酸）再返回系统使用，达到资源利用的同时又避免了环境污染。工艺流程如图 2-5 所示。

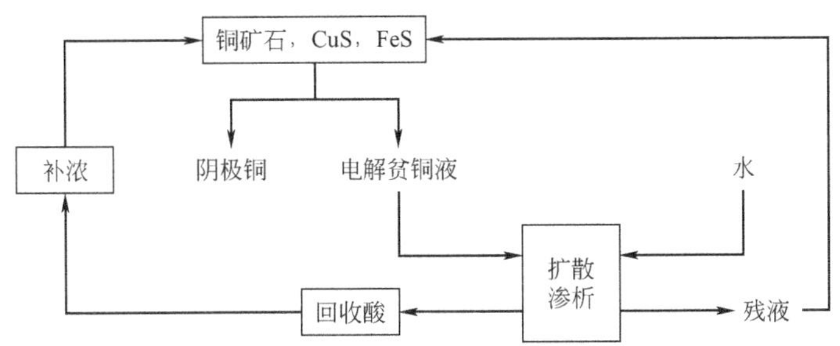

图 2-5　扩散渗析回收湿法炼铜电解液中废酸的工艺流程

电解贫铜液酸回收系统由废酸储槽、水储槽、输送泵、扩散渗析器组成，系统消耗由自来水与泵能耗组成。每吨电解贫铜液消耗自来水约 1t、电量 0.4kW·h。

扩散渗析回收电解贫铜液中废酸的技术指标如表 2-4 所列。

表 2-4　扩散渗析回收电解贫铜液中废酸的技术指标

酸回收率	废酸浓度/%	回收酸浓度/%	酸回收率/%
	20	16.5	82.0
金属截留率	废酸 Cu^{2+} 浓度/(g/L)	回收酸 Cu^{2+} 浓度/(g/L)	铜截留率/%
	50	4.5	91.0

由表 2-4 可知，扩散渗析器可有效回收电解贫铜液中的硫酸，回收的硫酸经过加酸补浓后返回生产工序，有效减少企业废酸处理成本与环保风险。

2) 工程实证 2：阴膜扩散渗析技术在钢铁行业中的应用

不锈钢、钢帘线等钢铁工业产生的酸洗液有硫酸洗液、盐酸洗液及硝酸-氢氟酸洗液。我国此类废液排放量惊人，目前此类废液的处理还主要采用酸碱中和、冷却结晶等方法，但与膜渗析法相比，各种方法都存在着原材料浪费和成本高等问题。膜法处理此类废液，可用酸洗水（一般含铁量<0.5%）作为吸收液来回收废酸液中的酸[18]，回收酸返回系统继续使用，这样既为企业节约了资源，又解决了环境污染问题。工艺流程如图 2-6 所示。

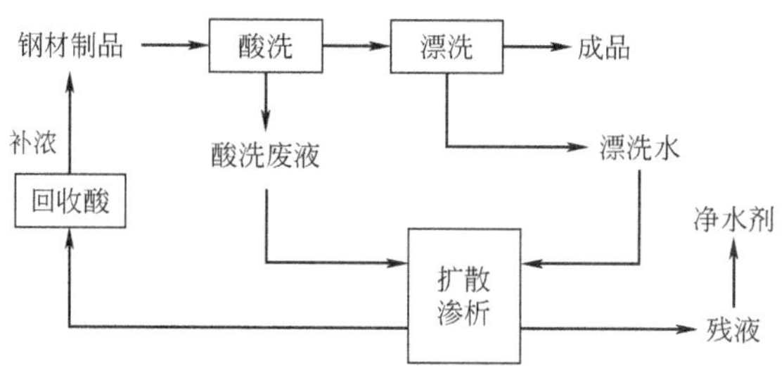

图 2-6 扩散渗析技术在钢铁行业中的应用工艺流程

钢铁行业酸洗废酸回收系统由废酸储槽、水储槽、输送泵、扩散渗析器组成，系统消耗中自来水由漂洗水代替，仅由泵能耗组成。每吨钢铁行业废酸消耗电量约为 0.4kW·h。

酸洗废酸扩散渗析回收酸的技术指标如表 2-5 所列。

表 2-5 酸洗废酸扩散渗析回收酸的技术指标

行业	酸液	废酸浓度/%	回收酸浓度/%	废酸 Fe^{2+} 浓度/(g/L)	回收酸 Fe^{2+} 浓度/(g/L)	酸回收率/%	铁截留率/%
不锈钢	盐酸	16	18	90	5	83.2	93.0
	硝酸	14	15	15	0.6	82.0	92.6
钢帘线	盐酸	10	11	130	10	84.0	91.0
	硫酸	25	21	110	9	82.5	92.5

由表 2-5 可知，扩散渗析器可有效回收钢铁酸洗废液中的硫酸，回收的硫酸经过加酸补浓后返回生产工序，有效降低企业废酸处理成本与环保风险。

2.4 常压富氧直接浸锌减污技术

（1）技术简介

在引进奥托昆普常压富氧直接浸出技术的基础上，通过消化再创新，重点研究了搭配处理锌浸出渣的关键技术及其对减污的影响，突破脱氟氯、提铟、沉铁渣资源化、硫渣资源化等系列关键技术，在国内外率先形成了常压富氧直接浸锌搭配处理锌浸出渣的减污技术，在株洲冶炼集团有限公司（以下简称株冶）建立 10×10^4t/a 常压富氧直接浸锌减污技术示范工程，实现搭配处理锌浸出渣 16.1×10^4t/a，其中锌浸出渣的浸出率由常规浸出的 75%提高到了 95%，同时保证硫化锌精矿中锌的浸出率保持在 97%以上，硫化锌精矿冶炼过程的元素综合回收率由 73%提高到 85%或以上。

（2）技术参数

1）硫化锌精矿搭配锌浸出渣直接浸出关键技术

锌精矿常压富氧直接浸出技术是利用铁的价态变化来实现硫化锌的直接浸出，直接获得浸出液和硫黄，从而取代了传统湿法炼锌过程中的精矿干燥、焙烧、浸出和制酸[19]。与传统炼锌工艺相比，少了精矿焙烧和制酸系统，且锌总回收率高，操作成本低，环境污染小，是进行环境综合治理、淘汰落后工艺、节能减排、实现循环经济、提高经济效益的有效途径。针对常压富氧生产过程存在的硫渣漂浮等系列问题，研究采用硫化锌精矿搭配锌浸出渣常压富氧直接浸出技术[20]，采用“顺流浸出”工艺优化方案，将“低浸”与“高浸”串联浸出，“低浸”阶段重在浸出，“高浸”阶段重在控制氧化还原气氛，控制高酸浸出后液中高铁离子和亚铁离子的比例（Fe^{3+}含量降至 1g/L 以下），保证精矿的浸出效果和沉铁要求。废液由高酸溢流槽加入，直浸溶液全部经硫浮选。浮选后的高酸溢流经原沉铟反应器进行精矿预还原，三个沉铟反应器中最后一个反应器内加入中性底流进行预中和，沉铟浓缩槽溢流送沉铁工序，进行针铁矿沉铁。并通过降低系统循环流量，延长浸出反应时间，提高浸出反应终酸的酸度、浸出反应温度和氧气单耗等一系列改进提高直浸浸出率。产业化运行结果表明，采用顺流工艺，系统运行稳定，整班系统流量波动率由原来的 50%有效降低至目前的 10%；系统循环流量由改进前的 240m^3/h 左右降低至目前的 150m^3/h 左右；硫渣水溶锌明显下降，由原来的 5.5%下降至 3%左右，提高了系统锌的直收率；有效降低了高浸渣和硫渣中锌的含量，由原来的 7%左右降低至目前低于 5%的水平；铁渣品位由原来的 25%左右提升至目前的 31%左右。还原优化改造后的顺流工艺流程如图 2-7 所示。

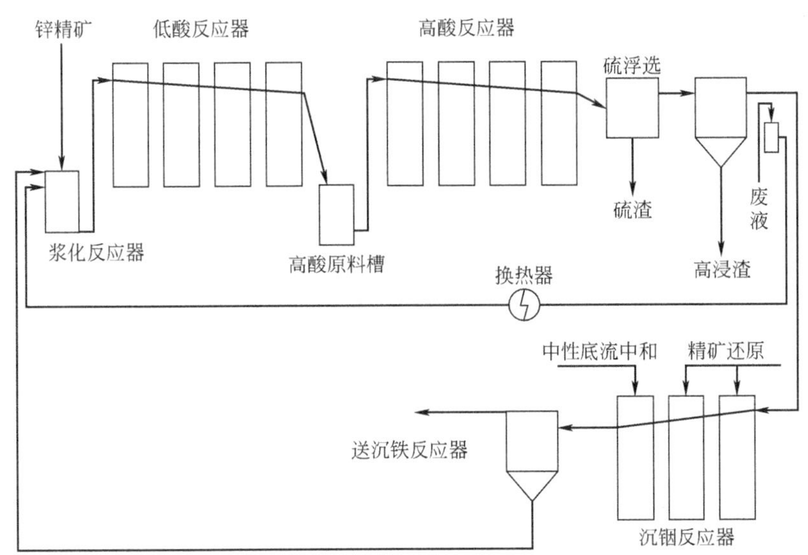

图 2-7　还原优化改造后的顺流工艺流程

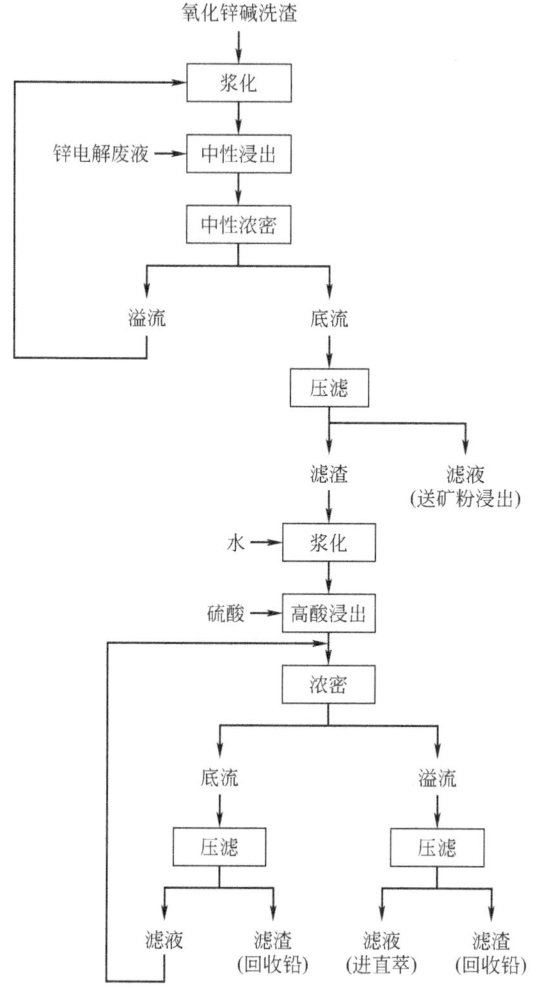

图 2-8 氧化锌两段浸出生产工艺流程

2）锌冶炼过程提高铟回收率新工艺

株冶铟回收工艺一直沿用传统工艺流程，即氧化锌经多膛炉焙烧，焙砂经沸腾浸出、两级分级、酸性浸出、酸性浓缩和锌粉置换等步骤得到铟富集渣。铟富集渣再经一次浸出、二次浸出、净化、萃取、酸洗、反萃、置换等步骤得到成品铟，但该工艺铟回收率不足 40%，且工艺流程长、成本高、中间渣料多、易产生有毒气体砷化物。株冶硫化锌精矿浸出液中的铟在针铁矿沉铁过程中几乎全部转入铁渣中，并最终富集于氧化锌中。由于含铁高，在氧化锌酸浸及富集置换过程中会形成大量铟铁矾，导致铟富集渣浸出率降低，给后续铟回收带来了很大的困难，这已成为株冶常压富氧铟富集过程急需解决的技术瓶颈。

为提高铟回收率，降低铟生产成本，研究提出将氧化锌三段浸出改两段浸出和氧化锌酸上清直接萃取提铟新工艺，使锌浸出回收率提高约 3%，铟浸出率提高 6%以上，铟直接萃取过程铟的回收率＞91.27%，粗铟含铟品位在 99.50%以上，远高于原工艺生产所得的粗铟含铟量。浸出过程消除了铟铁矾的形成，也为氧化锌酸上清直接萃取新工艺创造了条件。同时减少了锌粉置换沉铟、富集渣转运、富集渣浸出等工序，年可节约锌粉近 3000t，节约锌粉加工成本 1500 万元，简化工艺流程的同时，消除铟在锌粉置换和富集渣二段浸出等工序的损失，提高铟回收率，也能大幅降低铟生产成本，还可消除锌粉置换时砷带来的危害[21]。氧化锌两段浸出生产工艺流程如图 2-8 所示，氧化锌酸上清直接萃取提铟工艺流程如图 2-9 所示。

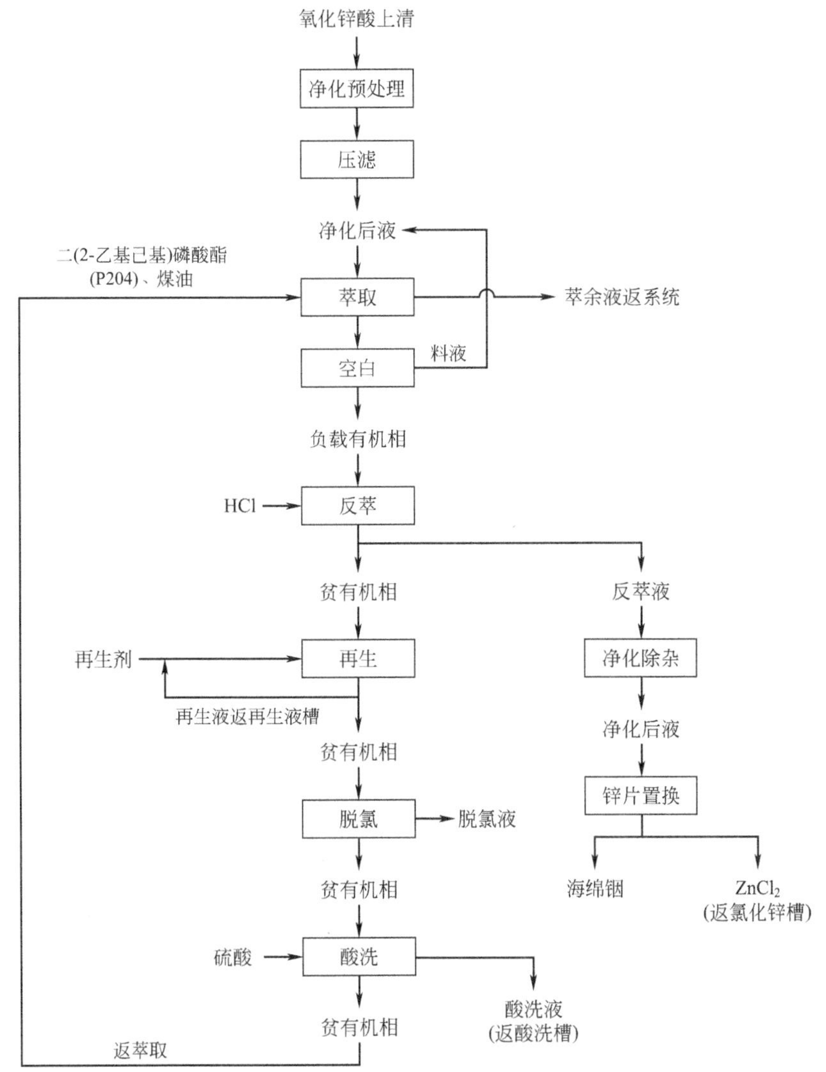

图 2-9　氧化锌酸上清直接萃取提铟工艺流程

3）湿法高效除氯及除氯渣的资源化利用技术

在常压富氧浸锌过程中，硫酸锌浸出液的净化是关键环节之一。当硫酸锌净化液中氯含量超过 300mg/L 时，阳极板会出现溶解“烧板”现象，严重腐蚀阳极板。电流效率下降，电锌产品杂质升高，贵重的阳极板损害严重，生产设备腐蚀严重，增加生产成本，同时加重现场环境污染。针对常压富氧浸锌过程中产生的含氯硫酸锌溶液，采用株冶直浸过程浓密底流含铜渣加入直接浸出中上清液实现高效脱氯。其优化工艺条件为：直接浸出中上清液 pH 2.0～3.0，除氯温度<60℃，净化时间为 30～60min，铜渣加入量为 2～5g/L 中上清液。工业运行实验表明，溶液中的氯降至 200mg/L 以下，氯脱除率>80%。铜渣除氯生产成本低，工艺条件简单，除氯过程可在 60℃以下进行，当溶液含氯量在 1000mg/L 以下时脱除效果较好。2011 年，株冶常压直接浸出系统年产除氯铜渣近 1800t，含铜约为 925t，通过铜系统回收的粗铜量达到 878.9t，铜回收率为 95%。本工艺不仅实现直接浸出炼锌过程溶液高效铜渣脱氯，同时除氯渣通过铜富氧熔炼过程回收粗铜，实现了资源化利用。

4）沉铁渣资源化利用关键技术

针对株冶现有生产工艺中的常压富氧直浸产生的沉铁渣，采用高温挥发法对沉铁渣进行了系统的实验研究。高温实验结果表明，焦炭比在 40%～60%之间，反应温度应当控制在 1100～1200℃的范围内，反应时间 30～60min 为最优条件。在优化工艺条件下，Zn、Pb、In 和 Ag 的挥发率分别可达到 95.20%、97.41%、89.86%和 5.21%。Cu、As 和 S 在残渣中的固化率分别可达到 98.56%、67.74%和 4.84%。直浸沉铁渣经高温挥发处理后所得残渣中铁的主要物相存在形式是 Fe_2O_3 占 36.83%，Fe_3O_4 占 26.37%，金属铁 Fe 占 22.72%，FeO 及其他占 14.08%。

5）硫渣资源化利用关键技术

以浸锌工艺产生的硫黄渣为处理对象，搭配株冶产生的含汞污酸废渣、石膏渣等废渣，以此作为重金属废渣制备硫黄胶凝材料的原料，实现硫黄渣的资源利用以及其他废渣的无害化处理。最终制备的固化体内部废渣与硫黄相互交融至均匀状态，达到固化体成型和重金属固定的作用，其抗压强度可达 47.5MPa，浸出毒性低于限定值，外观成型较好，具有优异的抗渗性能和耐腐蚀性[22]，是一种理想的建筑材料。

该研究在国内外率先突破了常压富氧直接浸锌搭配处理锌浸出渣的减污关键技术，并建立 10×10^4 t/a 常压富氧直接浸锌减污技术示范工程。新工艺电锌产能为近 13×10^4 t/a，其中包括搭配处理锌浸出渣 16.1×10^4 t/a，渣中含锌约 3×10^4 t/a。其中锌浸出渣的浸出率由常规浸出的 75%提高到 95%左右，同时保证硫化锌精矿中锌的浸出率保持在 97%以上。该工艺可同时综合回收铟，沉铟渣送铟回收工段，硫渣与浮选尾矿压滤后送铅冶炼系统处理，从而综合回收有价金属，有效解决锌浸出渣污染问题[23]。

（3）工程实证：10×10^4 t/a 常压富氧直接浸锌减污技术示范工程

株冶从芬兰奥托昆普公司引入常压富氧直接浸出技术，同时实现搭配处理锌浸出渣，标志着我国锌冶炼工艺装备已接近或达到世界先进水平。该工艺可以推进重金属渣无害化、资源化处理，为最终达到重金属污染减排、废渣综合利用的目的奠定了坚实基础，突破了硫化锌精矿搭配焙砂浸出渣直接浸出工艺和难处理含锌物料湿法回收工艺及其与直接浸出工艺的整合两项关键技术。该技术以氧作为强氧化剂，以三价铁作为催化剂，硫以元素硫产出。氧压浸出在密闭反应器中进行，反应温度较高，气体分压较大，使得浸出过程得到强化。锌精矿不经焙烧直接加入压力釜中，在一定的温度和氧分压条件下，直接酸浸获得硫酸锌溶液，原料中的硫、铅、铁等则留在渣中，分离后的渣经浮选、热滤、回收元素硫，同时产出硫化物残渣及尾矿，进入硫酸锌溶液中的部分铁经中和沉铁后进入后续工序处理[24]。示范工程建成投产，稳定运行，电锌生产规模已经接近 10×10^4 t/a。

常压富氧直接浸锌示范工程大大提高了锌冶炼系统对原料的适应性，直接浸出系统产生的沉铁渣、硫渣等实现资源化利用，有效解决了锌精矿焙烧过程中产生的 SO_2 烟尘，环境效益突出。与常规湿法炼锌比，无需焙烧和制酸系统设备，节省投资 27000 万元，降低了生产成本，而且每年可减少排放含高浓度汞、镉、砷的污酸 18×10^4 m^3；取消建设沸腾焙烧炉和制酸系统，每年可减少生产水耗 41×10^4 m^3、循环冷却水耗 122×10^4 m^3；搭配处理锌浸出渣每年约 16×10^4 t，直接节约用水费用达到 600 万元左右，年减排 SO_2 约 8000t，年减排 CO_2 约 38.7×10^4 t；硫化锌精矿冶炼过程的元素综合回收率由 73%提高到 82%以上，每年新增锌产能 10×10^4 t 左右，回收锌 3×10^4 t 左右，回收银 10 余吨，新增产值 10 亿元左右。

株冶常压富氧直接浸锌减污技术示范工程现场见图 2-10。

图 2-10　株冶常压富氧直接浸锌减污技术示范工程现场

参 考 文 献

[1] 董效林．企业水平衡的管理与实践 [J]．水利科技与经济，2012，18 (12)：65-66.

[2] 刘祖鹏，张变革，曹龙文，等．大冶有色冶炼厂废水减排与提标技改实践 [J]．硫酸工业，2018 (11)：41-43.

[3] 袁鑫华．贵溪冶炼厂闪速炉用水的改造及生产实践 [J]．铜业工程，2017 (6)：56-58.

[4] 汪恭二，唐文忠，臧轲轲，等．冶炼厂废水处理及梯级回用措施探析 [J]．硫酸工业，2019 (7)：8-10.

[5] 王丹．沉淀-混凝-微滤工艺处理含锡废水和除铊中试装置设计［D］．天津：天津大学，2016.

[6] 李丽．微滤膜技术在印染废水处理过程中的应用探讨［J］．绿色科技，2012（1）：104-105.

[7] 姜安玺，赵玉鑫，李丽，等．膜分离技术的应用与进展［J］．黑龙江大学自然科学学报，2002，19（3）：98-103.

[8] 周柏青．全膜水处理技术［M］．北京：中国电力出版社，2006：12.

[9] 毋志斌．盐化工废水处理技术的优化及应用分析［J］．化工管理，2017（8）：224.

[10] 明亮．铜冶炼企业生产厂区初期雨水处理工程［J］．河南科技，2012（17）：68-69.

[11] 叶平，王文祥，曾志，等．循环冷却水阻垢技术综述［J］．广东化工，2010（6）：70-71.

[12] 魏晓华．工业循环水处理技术浅析［J］．化工管理，2019（4）：115-116.

[13] 何为，王博．工业循环水高频电磁场阻垢机理和试验分析［J］．重庆大学学报，2012，35（1）：45-51，64.

[14] 李在水．一种用烟气进行除垢防垢的装置：CN201010574229.8［P］．2010-3.

[15] 李平双．制药循环水系统阻垢缓蚀剂的研究［D］．石家庄：河北科技大学，2011.

[16] 李晓玉．扩散渗析在化成箔酸性废水处理中的应用［C］//第四届中国膜科学与技术报告会论文集，2010.

[17] 王刚．扩散渗析-电沉积联合工艺处理强酸性含铜树脂脱附液的应用研究［D］．南京：南京大学，2016.

[18] 刘兆明，张乃芹，刘传林．新型均相系列阴膜在冶金工业中的应用［C］//第二届全国膜技术在冶金中应用研讨会，2006.

[19] 刘艾琼．ZY铅锌冶炼企业循环经济发展模式及竞争优势分析［D］．成都：电子科技大学，2010.

[20] 罗英．国外湿法冶炼车间通风方式探讨［J］．中国有色冶金，2011（3）：31.

[21] 朱北平，林文军，周正华，等．一种富含亚铁的氧化锌酸上清的萃取提铟方法：CN201210589311.7［P］．2012.

[22] 杨少辉．铅锌冶炼污酸体系渣硫固定/稳定化研究［D］．长沙：中南大学，2011.

[23] 李若贵．我国铅锌冶炼工艺现状及发展［J］．中国有色冶金，2010（6）：17.

[24] 王忠实．锌冶炼技术发展现状综述［C］//有色金属工业科技创新——中国有色金属学会第七届学术年会论文集，2008.

第3章 锌电解整体工艺重金属废水智能化源削减成套技术与装备

3.1 阴极出槽挟带液原位刷收技术

（1）技术简介[1]

阴极板在电解工序出槽过程中极板表面大量挟带液是电解车间废水中重金属的最初液相来源。电解槽中阴阳极板间距小，阴极板厚度薄，一次性完成所有出槽阴极板双侧板面挟带液的高效刷收难度大；锌电解液黏度大、沉积的锌粗糙度大，挟带液不易自然滴落或回落时间长，极板持液量大，刷沥负荷高；锌电解出槽挟带液酸度大，普通刷丝材质不能耐受。传统电解车间未对出槽极板挟带液进行刷收处理，大量挟带液洒落在电解槽面和地面，并被带入后序工段，常规处理办法是人工冲洗淋落在地面上的挟带液，并采用高压水枪或泡板槽湿法清洗残留在阴极板上的挟带液，产生了大量清洗废水。阴极出槽挟带液原位刷收技术在阴极板提升过程中，由原位刷从阴极板两侧完成对阴极板的整片刷收，将大部分的挟带液刷收返回至电解槽，大幅削减了极板表面挟带液的量，实现了重金属污染物的源头控制。

（2）选择原则/适用范围

该技术适用于湿法冶金行业电解车间重金属水污染物的源削减。

（3）技术参数

1）基本原理

阴极出槽挟带液原位刷收技术是在提升阴极板的过程中，由原位刷从阴极板两侧完成对阴极板的整片刷沥，利用极板与原位刷之间的相对摩擦，结合极板表面电沉积产品的粗糙度，通过研究阴极板表面物理性状、电解液理化性质、出槽过程阴极板表面挟带的电解液在板面的分布规律，优化刷丝材质及疏密度、刷收装置的结构及安装位置、刷收力度及速度等，将大部分的挟带液刷收返回至电解槽。

2）工艺路线

整个原位刷收过程包含了主体框架下落、提升阴极板、刷子合并、提升过程刷收、刷子打开、转运安全防护装置合拢及移出槽面等多个动作。

3）技术特点

电解锌电解出槽过程中，将阴极板表面所挟带的大部分电解液用疏水、耐酸、抗变形、抗氧化的刷子原位刷收后返回电解槽，削减电解出槽阴极板挟带液 82% 以上，实现了重金属水污染物液相源的源头控制；同时，大幅削减阴极板挟带液也在很大程度上减少了电解液中的氢离子对电解锌产品表面造成的腐蚀和二次污染。

（4）工程实证

该技术已成功应用于湖南省花垣县太丰冶炼有限责任公司，与 10000t 电解锌/a 电解生产线配套使用，成功削减电解锌电解出槽阴极挟带液 82% 以上。原位刷收技术的原理、操作过程及关键部件如图 3-1 所示。

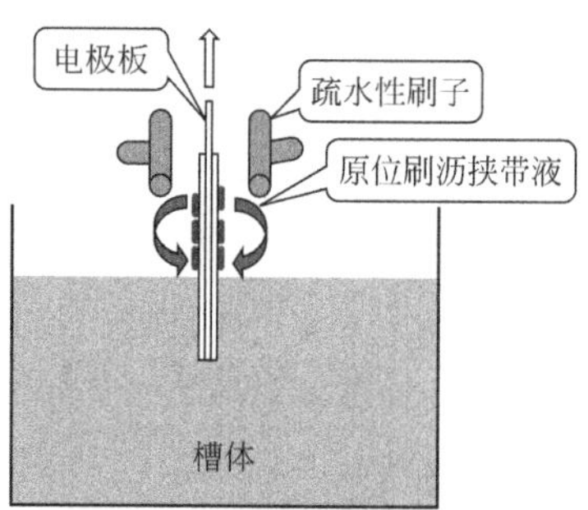

(a) 原理

(b) 操作过程

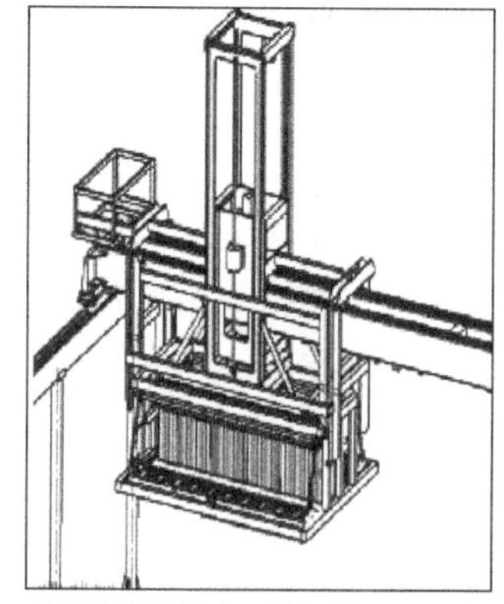

(c) 带刷收组件的出入槽机械手(关键部件)

图 3-1 阴极挟带液原位刷收技术

3.2 硫酸盐智能识别及干法去除技术

（1）技术简介

在电解后道工序，电解过程在阴极板上生成的硫酸盐结晶物是电解车间废水中重金属污染物的固相源。极板上的硫酸盐结晶会影响产品质量和下一轮的正常电解，传统工艺中均采用水洗溶解的方式去除，产生了大量的重金属废水，同时在电解锌行业清洗硫酸盐结晶的过程还引起了锌反溶，反溶量占泡板槽中锌离子总量的87.4%，造成了资源浪费。由于每块极板上硫酸盐结晶带的位置、形状、厚度等各不相同，给硫酸盐结晶的自动去除带来了困难。硫酸盐智能识别及干法去除技术首先利用智能识别系统锁定硫酸锌结晶物的准确位置、形状、厚度等，并输送信号至干法去除工位，该工位具有三维调整滚轮刷的功能，采用主、辅两套驱动刷具精准去除特定区域的硫酸锌结晶，同时达到保护阴极板的功能，技术去除率达 98%以上。从极板上干法去除掉的硫酸盐结晶物被收集到专用容器中，定期回用。

（2）选择原则/适用范围

该技术适用于湿法冶金行业电解车间重金属水污染物的源削减。

（3）技术参数

1）工艺路线

智能识别硫酸盐结晶区域，再利用滚轮刷滚动去除阴极板上的硫酸锌结晶，并将其收集到收集箱，定期回收利用。

2）技术特点

该技术通过全封闭式连续收集，可去除＞98%的硫酸盐结晶物，实现了重金属水污染物的固相源的源头控制，为彻底取消泡板槽奠定了基础。

（4）工程实证

该技术已成功应用于湖南省花垣县太丰冶炼有限责任公司，与 10000t 电解锌/a 电解生产线配套使用。该技术的硫酸盐去除率达 98%以上。设备三维模拟图、硫酸盐结晶带、设备实体内部图及滚轮刷如图 3-2 所示。

工程参数如下。

① 设备尺寸：900mm×1100mm×1220mm。

② 全封闭式连续收集。

③ 工作方式：智能识别并由滚轮刷去除硫酸盐结晶物。

④ 刷子材质性质：疏水、耐酸、抗变形。

⑤ 滚轮刷数量：每侧各 1 组滚轮刷。

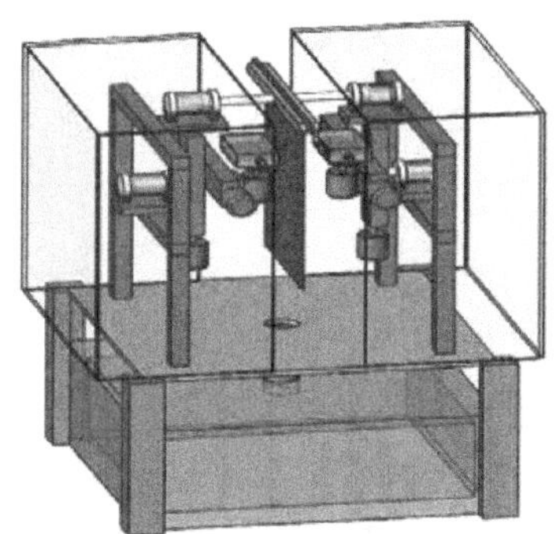

(a) 设备三维模拟图

(b) 硫酸盐结晶带

(c) 设备实体内部图

(d) 滚轮刷

图 3-2　硫酸盐智能识别及干法去除技术

⑥ 设有回收装置，回收装置便于回收和清洗。

⑦ 去除率：>98%。

3.3 阳极板智能刮泥技术

（1）技术简介

传统锌电解车间，采用人工刮板的方式去除阳极板上沉积的阳极泥，由于人工除泥操作粗放，往往导致铅基阳极表面的保护膜也在除泥过程中破损，致使铅基界面不断暴露于电解液中反复发生溶蚀，加速了铅基阳极的溶蚀和铅污染的释放，进一步缩短了铅阳极的使用寿命。

阳极板智能刮泥技术通过精准识别阳极板表面膜泥层，采用机器人完成智能刮泥，实现刮泥不伤膜。阳极板表面黏附的阳极泥厚度、成分、分层结构等各不相同，给智能刮泥带来困扰。通过系统解析阳极与电解液界面上生成的膜层和泥层的多层微观结构，探明阳极膜泥层的化学成分、微观结构的空间分布，实现对阳极板表面膜泥层的精准识别。机器人依靠上述信息实现只刮泥不刮膜。

（2）选择原则/适用范围

该技术适用于湿法冶金行业电解车间阳极板表面阳极泥的精准去除。

（3）技术参数

1）基本原理

基于对阳极板表面膜泥层基础数据的分析，构建了阳极泥表面形貌、膜层界面及刮泥效果的正反馈机制模型，为机器人刮泥提供科学参数。刮泥机器人根据阳极板表面高铅腐蚀膜覆盖层的物化特性，通过精刮、粗刮灵变方式实现阳极板三维板面整体智能刮除，达到无损内层刮除。

2）工艺路线

精准识别阳极板表面膜泥层分层界面信息，并将信息传输给刮泥机器人，机器人根据分层界面信息的情况选择精刮或是粗刮的方式，完成对阳极板表面的智能刮泥。

3）技术特点

实现了对阳极刮板的精准控制，既最大限度地去除了阳极板上的阳极泥，也有效保护了阳极板表面的保护膜不被损坏，达到只刮泥不伤膜的目的，减少铅基阳极铅污染物的产生。

（4）工程实证

该技术应用于甘肃白银有色集团西北铅锌冶炼厂（图3-3），与15000t电解锌/a生产线配套使用，目前示范工程正在建设中。初步试验结果表明，人工刮泥后板面铅含量0.83%～81.04%，而智能刮泥技术刮泥后板面铅含量控制在10%以内，刮泥不伤膜。

(a) 智能刮泥设备关键元器件

(b) 人工刮泥板面铅含量(0.83%～81.04%)

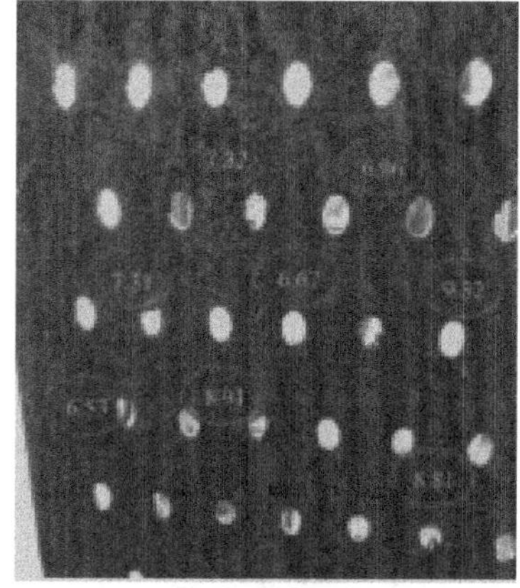

(c) 智能刮泥板面铅含量(＜10%)

图 3-3 阳极板智能刮泥技术

3.4 高效针喷清洗技术

（1）技术简介[1]

阴极板出电解槽时会挟带大量的电解液，传统的清洗方式废水产生量大，不能全部回用于系统，否则将导致系统水膨胀。通过阴极挟带液原位刷收后优化、组合和集成材质、水压、水量、喷射方式、喷嘴结构、喷头布置及其与板面距离等，研发了高效针喷清洗技术，将原位刷收后残留在产品表面凹坑或孔隙中少量的挟带液高效清洗去除，在确保清洗效果的前提下实现了清洗废水总量平均削减 80%以上，从水平衡上解决了工艺废水无法完全回用于主体工艺的问题。

（2）选择原则/适用范围

该技术适用于湿法冶金行业非有机液态污染物的高效清洗。

（3）技术参数

1）基本原理

阴极板经过原位刷沥后表面仍会残留部分电解液，高效针喷清洗技术通过比选喷嘴材质，调整和优化喷头形状、安装方式及角度、喷头数量及布局、出水量及出水压力等各项参数，将原位刷收后残留在产品表面凹坑或孔隙中少量的挟带液高效清洗去除，通过清洗水量的精确控制实现全极板覆盖清洗和水的高效利用。

2）工艺路线

采用多点出水并提高出水压力的方式，通过比选喷嘴材质、喷头的安装布局、出水形状等参数，在确保清洗效果的同时提高清洗效率。高效针喷清洗技术削减清洗工序废水量 80%以上。

3）技术特点

结合阴极出槽挟带液原位刷收技术和硫酸盐智能识别及干法去除技术，从水平衡上解决了电解车间废水全部回用的问题，彻底取消了泡板槽，并避免了电解锌产品在泡板过程中的反溶损失[1]。

（4）工程实证

该技术已成功应用于湖南省花垣县太丰冶炼有限责任公司，与 10000t 电解锌/a 电解生产线配套使用，削减电解车间清洗废水总量 80%以上。

阴极板经硫酸盐智能识别及干法去除技术处理后，进入极板清洗工序，多个针喷喷头采用耐腐蚀材料制成，分布在阴极板两侧，按照 5×10 矩阵排列，用水量为 1L/min，喷头喷射扇形水柱，喷出具有一定压力的水冲洗阴极板上残留的电解液及固体结晶物，实现全极板覆盖清洗和用水量最小化。喷头的角度及喷头与极板之间的距离可调。该技术削减电解锌电解车间清洗工序废水量 80%以上。

高效针喷清洗技术如图 3-4 所示。

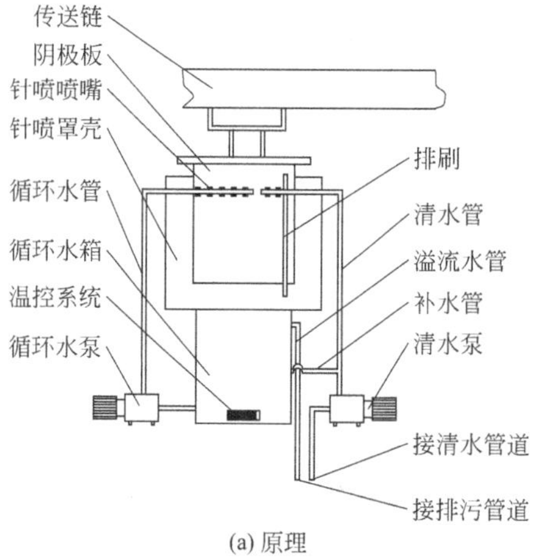

(a) 原理

(b) 三维示意

(c) 设备实体内部图

(d) 针喷喷头

图 3-4 高效针喷清洗技术

工程参数如下。

① 设备尺寸：900mm×1100mm×1220mm。

② 工作方式：针喷喷头冲洗，喷头与极板之间的角度可调。

③ 清洗水可循环使用。

④ 清洗用水量削减率：>80%。

3.5 出入槽精准定位技术

（1）技术简介

精准定位是机械手精准完成出入槽、阴极板的转运及抓取的前提。然而，电解车间粉尘污染严重，且硫酸盐结晶量大；同时还存在大量的硫酸酸雾，对设备有很强的腐蚀作用。该技术以空间坐标的形式在 X、Y、Z 三个方向确定精准的空间位置，且环境适应性强。

（2）选择原则/适用范围

该技术适用于现场存在粉尘、酸雾和结晶物等环境下的精准定位。

（3）技术参数

1）基本原理

结合锌电解车间的特点，分析对比现有成熟的精准定位技术，并将其引入锌电解车间。摄像头定位技术是通过摄像头直接观测实现定位，受现场粉尘及结晶物的影响较小，但是受酸雾影响较大。因此，摄像头精准定位技术可应用于电解锰电解车间，但不适用于电解锌电解车间。绝对坐标定位技术是以空间坐标的形式在 X、Y、Z 三个方向确定精准的空间位置，环境适应性强。

2）工艺路线

由伺服电机、齿轮及导轨共同完成机械手在高浓度酸雾及结晶物的环境下，$X=65$m、$Y=16$m、$Z=1.5$m 范围内的精准定位。

3）技术特点

该技术虽然定位速度较慢，但是其环境适应性强，可实现高浓度酸雾及结晶物的环境下三维空间上的精准定位，定位精度为±1mm。

（4）工程实证

该技术已成功应用于湖南省花垣县太丰冶炼有限责任公司，与10000t 电解锌/a 电解生产线配套使用。绝对坐标定位技术由伺服电机、齿轮及导轨共同完成机械手在高浓度酸雾及结晶物的环境下，实现大跨度（12m）、长距离（65m）运行上精准定位（±1mm），如图 3-5 所示。

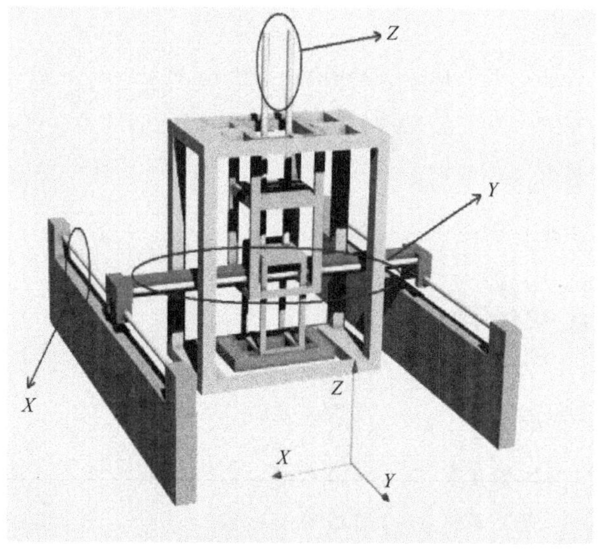

(a) 绝对坐标定位示意

(b) 伺服电机、齿轮/条、导轨

图 3-5 绝对坐标定位技术

3.6 机械手多功能集成技术

(1) 技术简介

完成一个电解周期后，由机械手抓起带锌板，并在提升阴极板的过程中控制阴极挟带液原位刷收装置完成对挟带液的刷收。机械手随后将带锌板转运至下道工序，在对阴极板依次进行硫酸盐智能识别及干法去除、清洗及自动剥板等工序后，机械手移至光板区，将光板移至电解槽面完成精准入槽。

(2) 选择原则/适用范围

该技术适用于湿法冶金行业电解车间电解出入槽等自动化操作。

(3) 技术参数

1) 基本原理

传统锌电解车间粉尘及结晶现象严重、酸雾浓度大、腐蚀性强，激光精准定位技术无法在锌电解车间正常使用。电解槽内各极板间距小，普通机械手无法胜任整槽几十块阴极板的一次性精准入槽，且电解工艺上对阴极板出入槽用时有着严格的要求。通过对多种精准定位技术的比选研究，以及机械手对复杂环保装置的机载技术的研发，将普通机械手扩展为具备精准定位、出槽刷收、入槽导向和系统集成等功能的多功能机械手，集三维嵌入式软件控制系统、功能执行系统、主体执行系统于一体，将原生产流水线上三维空间内孤立零散分布的十几个工序有机集成为一整套大型自动化装备，从而实现对电解车间重金属水污染物源头削减技术装置的控制。

2) 工艺路线

利用机械手实现阴极板的提升、电解液的刷收、硫酸盐智能识别与清除、自动剥板，并精准入槽。具体的过程如图 3-6 所示。

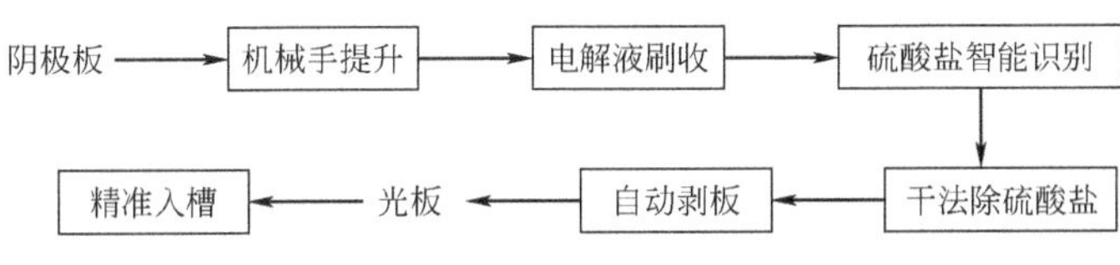

图 3-6 机械手全自动完成阴极板整理工艺流程

3) 技术特点

机械手多功能集成技术实现了自动、精准出入槽，同时实现了车间所有工序的一体化，提高了工作效率。

(4) 工程实证

该技术已成功应用于湖南省花垣县太丰冶炼有限责任公司，与 10000t 电解锌/a 电解生产线配套使用。机械手集精准定位、原位刷收、阴极板入槽导向、转运安全防护、控制系统于一体。出槽时，机械手抓取带锌板从电解槽提出，提升过程完成对带锌板挟带液的原位刷收，然后带锌板被平移至上料架。机械手抓取备好的光板并平移至电解槽，完成精准入槽。机械手多功能集成技术如图 3-7 所示。

工程参数如下。

① 装置尺寸：极板间距 60mm，抓取夹具长度 3.5m。

② 抓取量 31 片阴极板，水平行走距离 65m，横梁跨度 16m，垂直移动距离 1.5m，水平行走最大速率 1.5m/s。

③ 含阴极板入槽导向装置、阴极挟带液原位刷收装置、转运安全防护装置和控制系统。

(a) 出入槽机械手图

(b) 三维运行主体执行系统局部图

(c) 三维运行功能执行系统局部图

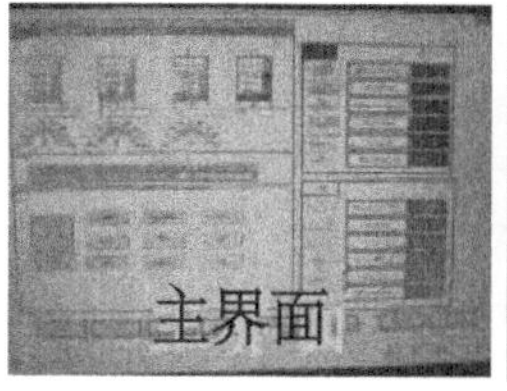

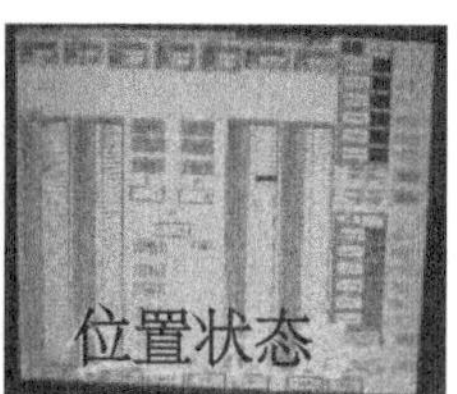

(d) 三维嵌入式软件控制系统局部图

图 3-7 机械手多功能集成技术

3.7 组合式剥板技术

（1）技术简介

针对阴极板与锌皮黏附力强、不易剥离，而传统人工剥板用工多、劳动强度大等问题，利用锌皮与阴极板之间的物理性能差异，研发了组合式剥板技术。该技术分为高频振打、小刀铲口及大刀剥离三个步骤。首先，高频振打技术通过多只气锤高频交替振打带锌极板上部，使锌皮与极板之间结合减弱并产生缝隙，同时设有噪声防控装置来降低噪声；之后由分居极板两侧的小刀从锌皮上部铲入，将锌皮与极板之间间隙加大；最后，在高速气缸推动下铲刀从极板上端快速垂直推下，沿上一工序的铲口将锌皮完全剥离。

（2）选择原则/适用范围

该技术适用于锌电解车间锌皮的自动剥离。

（3）技术参数

1）基本原理

结合锌皮的特点，可分步完成对锌皮的剥离。首先，通过敲打锌皮上部，减弱锌皮与极板之间结合力使之产生缝隙；之后，将产生的缝隙在整个极板宽度上加大；最后，从缝隙处入刀完成对整个锌片的剥离。

2）工艺路线

该技术通过高频振打、小刀铲口、大刀剥离三步完成对锌皮的剥离，剥片效率为 7s/片。

3）技术特点

采用组合式剥板技术取代人工剥板，提高了剥板的效率（人工剥板 16.4s/片，组合式剥板技术 7s/片），减少了脏板及变形板的产生量。

（4）工程实证

该技术已成功应用于湖南省花垣县太丰冶炼有限责任公司，与 10000t 电解锌/a 电解生产线配套使用。在电解锌电解车间通过高频振打、小刀铲口、大刀剥离三步实现了锌皮的自动剥离。

1）高频振打（图 3-8）

通过多只气锤高频、交替振打带锌板上部，使锌皮与极板之间结合力减弱并产生缝隙。

工程参数如下。

① 设备尺寸：840mm×1060mm×1990mm。

② 工作方式：高频振锤。

③ 频率：1000 次/min。

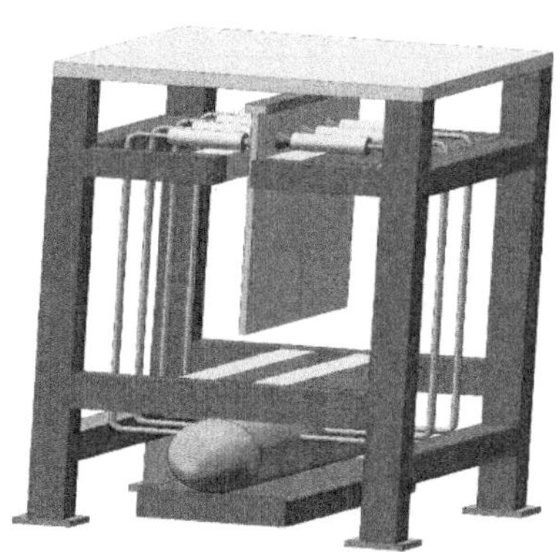

(a) 高频振打三维视图

(b) 高频振打局部图

图 3-8 高频振打

2）小刀铲口（图 3-9）

分居极板两侧的小刀从锌皮上部铲入，将锌皮与极板之间间隙加大。

工程参数如下。

① 设备尺寸：1600mm×1570mm×2655mm。

② 工作方式：伸缩铲刀。

③ 剥片效率：7s/片。

④ 铲刀伸缩距离：100mm。

3）大刀剥离（图 3-10）

在高速气缸推动下，铲刀从极板上端快速垂直推下，沿上一工序的铲口将锌皮完全剥离。

工程参数如下。

① 设备尺寸：1600mm×970mm×2655mm。

② 工作方式：上下伸缩铲刀，从锌皮上端开口处铲下，将锌皮完全剥离。

③ 铲刀伸缩距离：1100mm。

④ 剥片效率：7s/片。

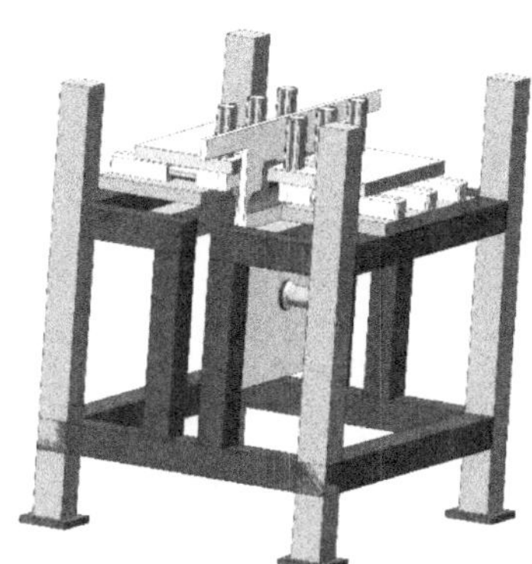

(a) 小刀铲口三维视图

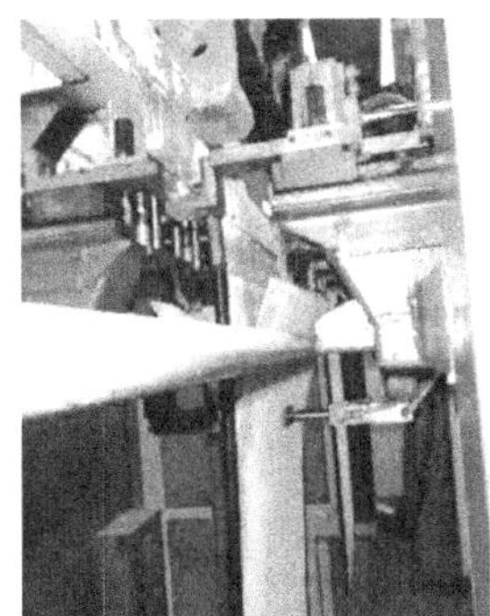

(b) 铲口局部图

图 3-9　小刀铲口

(a) 大刀剥离三维视图

(b) 大刀剥离局部图

图 3-10　大刀剥离

3.8 脏板智能识别技术

(1) 技术简介

完成锌板剥板后，表面残留有少量没有剥掉的锌皮、酸液及其他杂质的阴极板称为脏板。脏板在后期电解的过程中会带来电解异常等问题，因此必须对脏板进行分拣清洗处理。在传统锌电解车间，完全依靠人工目测判定极板是否属于脏板，导致判别标准不规范、不统一，且劳动量大。每块极板表面污渍随机分布、形状各异，准确识别每块极板表面无规律分布的污渍面积是智能识别技术的研发难点。当物体表面没有缺陷时，反射的光在明视场下很强，而在暗视场下的散射光会很弱；如有缺陷，则明视场的光强会减弱，而暗视场的光强会增加（缺陷区域，光线变亮；无缺陷区域，光线变暗）。该技术根据这个原理，通过一系列的特征值的表征来判定脏板的区域，并做出判断，完成脏板的智能化识别。

(2) 选择原则/适用范围

该技术适用于固体平直表面缺陷、污渍区域的智能识别。

(3) 技术参数

1) 基本原理

利用不同材质光学特性的差异，并结合双侧线扫描成像提取技术判定、统计污渍的区域面积，通过与设定值的比较判定其是否属于脏板并将判定结果传送至分拣工序，由分拣装置将脏板自动拣出。

2) 工艺路线

该技术利用非接触光学测量技术检测剥离后的阴极板表面是否残留锌皮或黑斑，可根据缺陷面积大小提供脏板或净板信号。

3) 技术特点

脏板智能识别及分拣技术实现了脏板高效、自动识别及分拣，替代传统粗放的人工拣板模式。识别精度达 5mm×10mm，识别速率达 100ms/片。脏板的标准可根据现场情况调整，图像数据可存储备查。

(4) 工程实证

该技术已成功应用于湖南省花垣县太丰冶炼有限责任公司，与 10000t 电解锌/a 电解生产线配套使用。脏板智能识别及分拣技术如图 3-11 所示。

工程参数如下。

① 工作方式：非接触光学测量。

② 选用光源：绿色面阵光源。

③ 识别精度：5mm×10mm。

④ 识别速率：100ms/片。

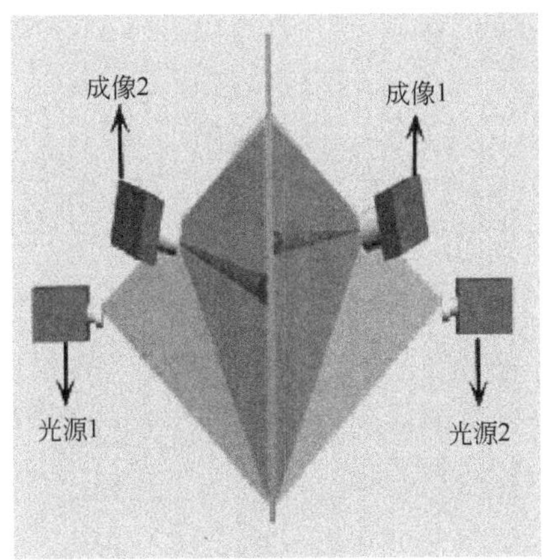

(a) 原理

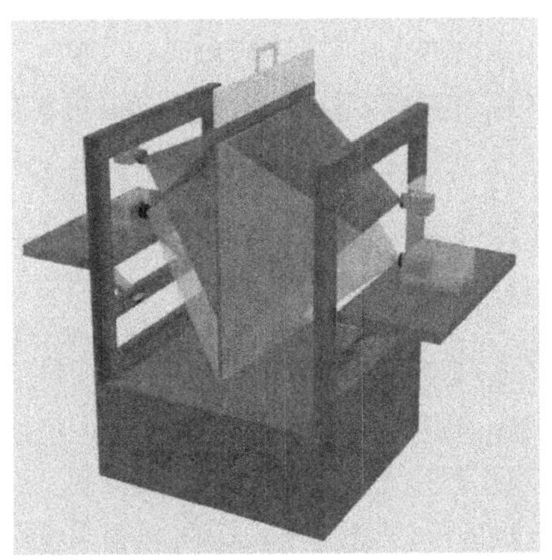

(b) 脏板智能识别示意

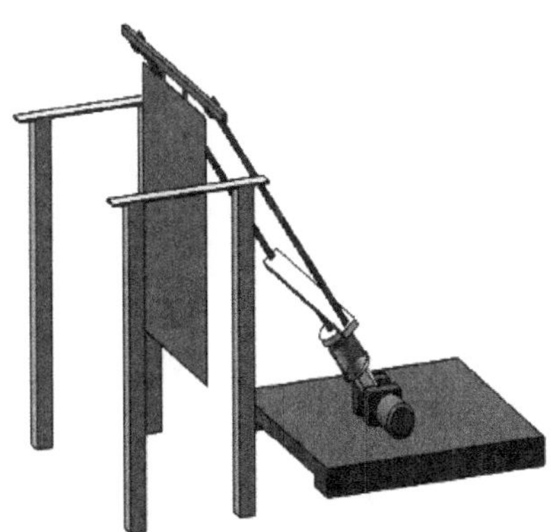

(c) 脏板分拣示意

图 3-11　脏板智能识别及分拣技术

⑤ 传感器：线阵识别相机。

⑥ 传感器数量：两侧各一传感器。

⑦ 脏板分拣率：＞95％。

3.9 变形板灵变识别技术

（1）技术简介

阴极板变形量对电解效率影响极大，且每块光板发生变形的位置、方式、变形量各不相同，很多极板上不止一处发生了变形。准确且高精度地识别这种随机性出现的变形量是该技术的研发难点。变形板灵变识别技术引入非接触光学测量技术，通过一系列手段精准获取阴极板表面不同区域的变形量以供系统识别变形板。

（2）选择原则/适用范围

该技术适用于金属板变形量的智能识别。

（3）技术参数

1）基本原理

利用非接触光学测量技术，通过使用条纹投影手段在阴极板表面投影形成条纹光场，由双摄像机模仿人工视觉从不同角度同时获得被测物的两幅图像，左右摄像机分别对拍摄到的条纹图像进行处理，提取条纹的相位信息，对其进行匹配，并通过双目视觉的三维坐标计算方法[2]精准获取阴极板表面的变形量。测得的变形量与设定值相比较，判定其是否属于变形板并将判定结果传送至分拣工序，由分拣装置将变形板自动拣出，送入整形工序。

2）工艺路线

利用双目视觉成像光学测量技术检测阴极板单面轮廓，根据整体轮廓凸于或凹于基面的高度提供合格与不合格信号给后序分拣系统。分拣系统根据信号将系统认定的变形板从传送装置上取出。

3）技术特点

变形板灵变识别及分拣技术实现了变形板高效自动化分拣，替代传统人工拣板模式。识别精度达±1mm，识别速率达100ms/片。变形板的标准可根据现场情况进行调整。

（4）工程实证

该技术已成功应用于湖南省花垣县太丰冶炼有限责任公司，与10000t电解锌/a电解生产线配套使用。变形板灵变识别及分拣技术如图3-12所示。

工程参数如下。

① 工作方式：非接触光学测量。

② 光源：绿色条纹光场。

③ 识别精度：±1mm。

④ 识别速率：100ms/片。

⑤ 传感器：面阵识别相机。

变度。

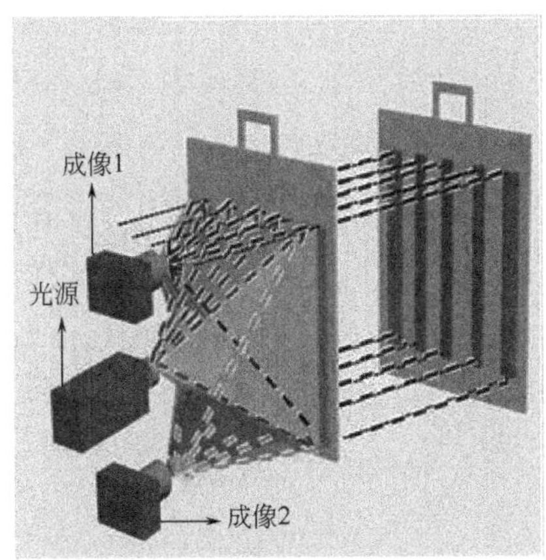

(a) 原理

(b) 变形板灵变识别示意

(c) 变形板分拣装置示意

图 3-12　变形板灵变识别及分拣技术

⑥ 传感器数量：单侧设有 2 个传感器，采用双目视觉成像原理识别极板形变度。

⑦ 变形板分拣率：>95%。

“锌电解整体工艺重金属废水智能化源削减成套技术与装备”[3]是国内首创的

大型成套装备，具有显著的重金属水污染物过程削减功能，且采用绝对坐标定位，更加灵活，精准度高，适用面广，与国外同类产品相比（表 3-1），本套平台装备具有极大的价格优势，打破了国外产品高价格壁垒。国外电解锌自动化相关设备已在较多企业稳定运行多年，其废水收集槽类似于国内的泡板槽，功能仅是将电解槽出槽挟带液异位收集后再集中处理，并未从污染物产生的源头（液相污染源头：电解出槽阴极挟带液。固相污染源头：极板表面硫酸锌结晶）对其实施削减或回用，因此无废水削减功能，且装备价格昂贵，在带锌板锌皮表面检测及分拣、脏板及变形板的识别及分拣等用工较多的传统工序均未实现自动化或智能化，只适用国外的大极板及规格、型号等规整的电解槽，无法满足国内企业对废水削减的迫切需求。

表 3-1 电解锌行业“锌电解整体工艺重金属废水智能化源削减成套技术与装备”技术与国外相似技术的比较

名称	本技术	国外技术
污染减排	(1)电解出槽阴极挟带液削减 82%以上，原位回用于电解槽； (2)清洗工序废水削减 80%以上； (3)无泡板槽	(1)未削减电解出槽阴极挟带液； (2)未削减清洗工序废水； (3)设有废水收集槽(类似于国内泡板槽)
智能技术	(1)实现了硫酸锌智能识别及干法去除； (2)实现了脏板智能识别及分拣； (3)实现了变形板灵变识别及分拣	无智能识别技术
定位方式	(1)绝对坐标定位； (2)定位灵活、精准度高	(1)圆锥定位法； (2)强制定位、不可调
装备组成	含机械手出槽原位刷收阴极挟带液、硫酸锌智能识别及干法去除、高效针喷清洗、组合剥板、脏板智能识别及分拣、变形板灵变识别及分拣、液压整形、抛光等机组	机械手＋剥离机＋洗板机

“锌电解整体工艺重金属废水智能化源削减成套技术与装备”是一套大型成套化装备，该装备具有平台性质，自其研发成功以来已有十余家企业全部或部分仿制这一装备。本套装备平台之所以如此受到关注，主要原因在于它不仅实现了电解锌行业电解出入槽所有工序自动化，节省了大量的人工，而且还具有显著的重金属废水过程削减功能，解决了电解车间严重的重金属水污染问题，同时具有极大的价格优势。此外，该技术与装备可应用于电解锰和电解锌行业，在该技术与装备上增减个别部件或设备即可推广应用于电解铜、电解铅和电解镍等行业，因此具有极大的适用性，目前已在多家企业推广应用。

参 考 文 献

[1] 段宁，降林华，徐夫元．一种锌电解过程重金属水污染物源削减成套技术方法：CN 201510594575.5 [P]．2015.

[2] 李若贵．钢轨表面缺陷自动检测系统应用 [J]．包钢科技，2017，43 (4)：58.

[3] 崔爽．创新电解锌清洁生产技术破解有色行业重金属污染防控难题 [N]．中国环境报，2020-03-05.

第 4 章 污酸及酸性废水污染控制成套技术与装备

4.1 污酸废水化学沉淀法处理技术

4.1.1 高密度泥浆法处理技术

(1) 技术简介

高密度泥浆法（HDS）是通过投加石灰乳与污酸废水进行中和反应，反应后加入絮凝剂，然后在浓密池进行固液分离，上清液回用或排放，部分底泥回流与石灰乳再次进行中和反应，底泥在系统内不断回流诱导沉淀物结晶，提高底泥含固量。该技术显著提高了石灰利用率，相较常规石灰法（LDS），改善了石灰消耗量大、污泥量大等不足，是传统工艺的革新和发展。HDS 工艺对铜和砷的去除率为 96%～98%，对其他重金属的去除率为 95%以上。

(2) 选择原则/适用范围

该技术主要用于去除酸性废水中的铜、铅、镉、锌、砷、氟化物等重金属污染物，也适用于对传统石灰中和工艺的技术提升改造，以及应用于硫化+石灰中和以及石灰+铁盐法工艺中。

(3) 技术参数

该技术水处理能力是常规石灰法的 1～3 倍，对传统石灰中和工艺的技术提升改造简单，改造费用低，污泥含固量可达 20%～30%，设备使用率高，可实现全自动化操作，药剂使用量降低，节省了运行费用。

1) 基本原理[1]

HDS 工艺处理酸性矿山废水的具体机理如下。

① 酸碱中和　电石渣-回流底泥（混合物）与酸性废水在反应池中发生如下中和反应：

$$CaO + H_2O \longrightarrow Ca(OH)_2 \tag{4-1}$$

$$Ca(OH)_2 + H_2SO_4 \longrightarrow CaSO_4 + 2H_2O \tag{4-2}$$

电石渣-回流底泥（混合物）中的有效钙与酸发生反应[1]，产生 $CaSO_4$ 和 H_2O，达到了中和酸性废水的目的。由于充分利用了回流底泥中的有效钙，可大大降低电石渣消耗量。

② 金属离子沉淀　在反应池中随着 pH 值的升高，废水中重金属离子发生沉淀反应，主要反应方程式如下：

$$M^{2+}+2OH^- \longrightarrow M(OH)_2\downarrow \qquad (4-3)$$

通过上述反应使水中的重金属得到去除。其中，生成的 $Fe(OH)_2$ 极不稳定，极易发生氧化反应，其氧化反应过程用以下化学反应过程表示：

$$4Fe(OH)_2+2H_2O+O_2 \longrightarrow 4Fe(OH)_3\downarrow \qquad (4-4)$$

③ 底泥晶体化、粗颗粒化　从扫描电镜图中可以看出，HDS 工艺反应底泥和沉淀底泥是块状物、柱状物和絮状物的混合物，并且比 LDS 工艺反应底泥和沉淀底泥粒径大，密实得多，呈晶体化、粗颗粒化。与 LDS 工艺相比，HDS 工艺加快了污泥沉降和分离的速度，可显著提高废水的处理能力。

④ 晶核诱导作用　HDS 反应底泥、沉淀底泥的 Zeta 电位负值较小，只有 −1.3mV左右，非常有利于像硫酸钙这种带负电位的颗粒接近。具体吸附过程如下：具有较高负值 Zeta 电位的电石渣-回流底泥（混合物）首先与酸性废水进行反应，随着产生的重金属氢氧化物附在上面，Zeta 电位负值变得更小，非常易于带负电位的硫酸钙接近和吸附在上面，这时的 HDS 底泥相当于一个晶核，随着硫酸钙不断地附在上面，不断地扩大，当其回流后又会发生同样的反应，周而复始，晶体不断成长[2-4]。由于大部分的硫酸钙附在底泥上，从而显著减少硫酸钙在反应池、搅拌器和管道上的附着概率和附着量，有效延缓设备和管路的结垢，延长使用寿命[1]。

⑤ 共沉淀作用　由于酸性废水中含有大量的 Al^{3+}、Fe^{3+} 和 Fe^{2+}，中和反应发生后生成大量的 $Fe(OH)_3$ 和 $Al(OH)_3$ 沉淀，可起到较大的絮凝作用，水中各种重金属氢氧化物与之发生共沉淀作用[1]。

2）工艺流程

高密度泥浆法（HDS）工艺流程如图 4-1 所示。

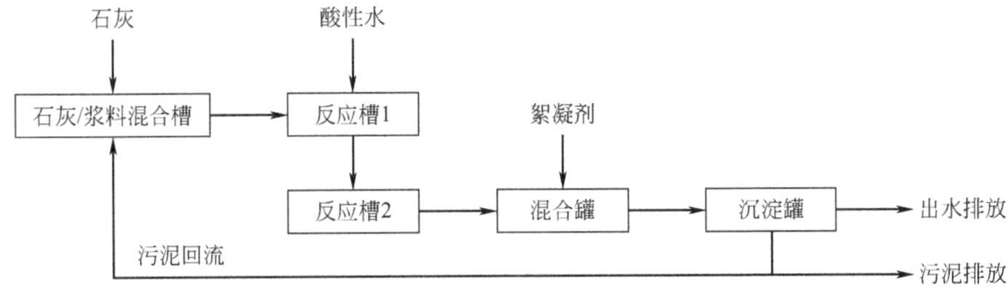

图 4-1　高密度泥浆法（HDS）工艺流程

3）工艺参数

石灰乳、絮凝剂的用量宜根据试验确定，中和反应 pH 值宜控制在 8.0～10.0，石灰乳投加宜采用 pH 自动控制装置；污泥回流比控制在（3～30）∶1，回流底泥浓度宜控制在 20%～30%，污泥与石灰乳混合时间宜控制在 3～10min，中和反应时间宜控制在 15～30min[5]。

中和沉淀宜采用辐流式沉淀池或竖流式沉淀池等，沉淀池的设计参数应根据废水处理试验数据或参照类似废水处理的沉淀池运行资料确定。当没有试验条件和缺乏有关资料时，其设计参数可参考表 4-1。

表 4-1 沉淀池设计参数

池型	表面负荷 /[$m^3/(m^2 \cdot h)$]	沉淀时间 /h	固体通量 /[$kg/(m^2 \cdot d)$]	池深 /m
辐流式	1.1～1.5	2.0～4.0	50～70	3～3.5
斜管式	3～4	1.5～2.5	50～70	>5.5
澄清搅拌池	1.2～1.5	1.5	70～80	>5

重力式污泥浓密池可选用辐流式沉淀池或深锥沉淀池。浓缩时间不宜少于 6h，有效水深不宜小于 4m，浓缩后污泥在无试验资料或类似运行数据可参考时，中和渣含水率可按 95%～98%选用，硫酸钙渣含水率可按 80%选用。

脱水机产率和对污泥含水率的要求应通过试验或根据相同机型、相似污泥脱水运行数据确定。当缺乏有关资料时，对石灰法处理废水，有沉渣回流且脱水前不加絮凝剂，压滤后的滤饼含水率可为 70%～75%，过滤强度可为 6～8kg/($m^2 \cdot h$)（干基）。当沉渣中硫酸钙含量高时，滤饼含水率可取 70%或更小。

4）HDS 工艺特点

① HDS 工艺使石灰得到充分的利用，同常规石灰法比较，处理同体积酸性废水可减少石灰消耗 5%～10%。

② 在原有水处理设施基础上，将常规石灰法改造为 HDS 法，可提高水处理能力至少 50%以上，并且易于对现有的石灰法处理系统改造，改造费用低。

③ HDS 法产生污泥含固率高，通常其含固率可达 20%～30%，同常规石灰法产生含固率 1%左右的污泥比较，污泥体积是其 1/30～1/20，可以节省大量的污泥处置或输送费用。

④ HDS 法能够大大延缓设备、管道的结垢现象。常规石灰法通常 1 个月停产清垢一次，而采用 HDS 法通常 1 年停产清垢一次，节省大量设备维护费用，并能大大提高设备的使用率。

⑤ 常规石灰法通常为手动操作，而 HDS 法为全自动化操作，药剂投加更加合理、科学，可有效降低运行费用[6]。

(4) 工程实证

1) 工程实证 1：某铜冶炼厂酸性废水处理工程

废水处理车间原设计处理能力为 $1.2\times10^4 m^3/d$，采用传统的石灰中和法(LDS) 对萃余液进行中和处理，一共设有 3 套酸碱中和反应装置和 3 套石灰加药装置，常年满负荷运行。该处理系统存在石灰消耗量大（处理每立方米污水消耗石灰量为 21～22kg，石灰成本约 15 万元/d）、无自动控制、工人操作量大等

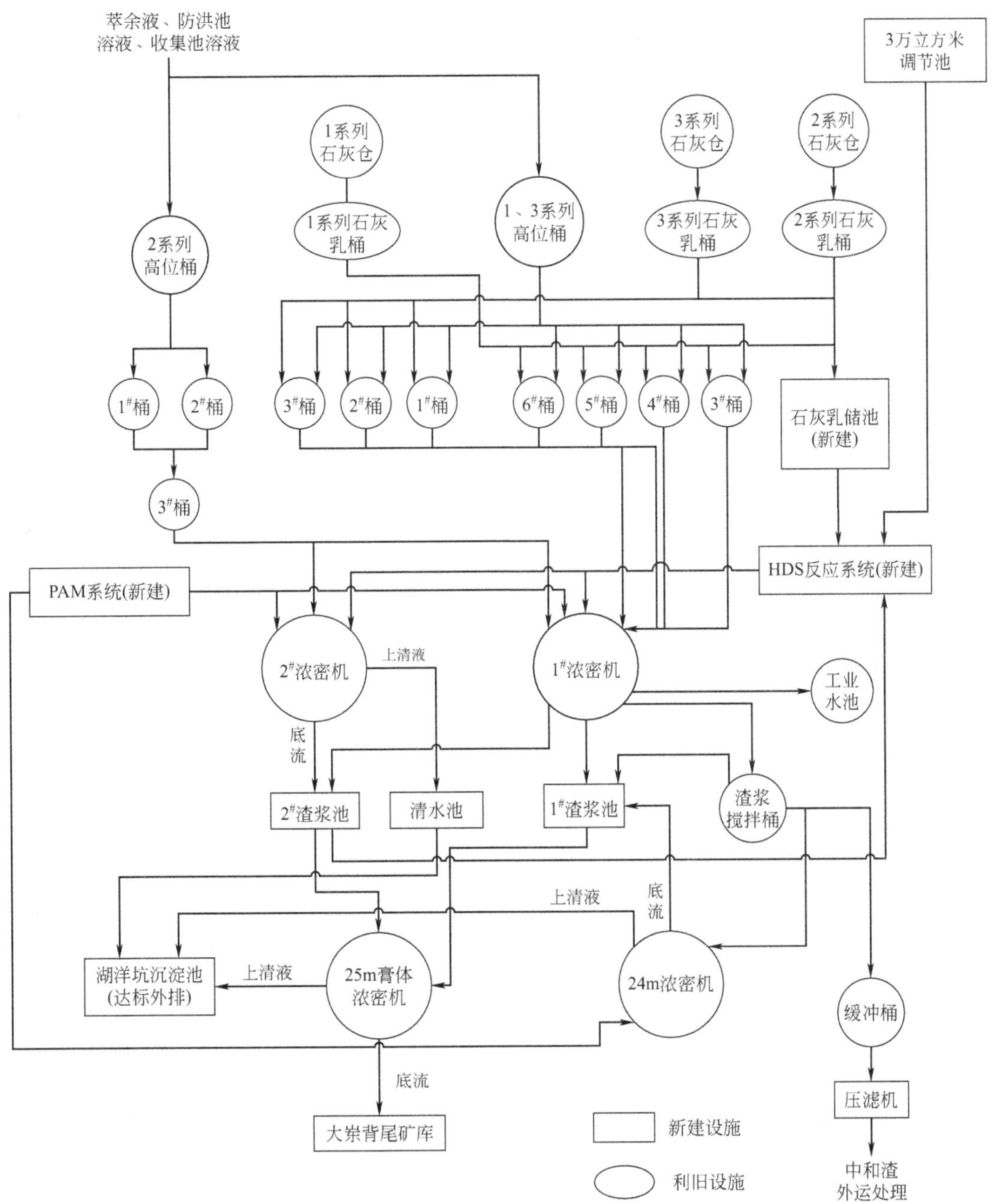

图 4-2　车间污水站改造流程

问题。

企业于2018年采用高浓度泥浆法（HDS）对废水处理车间进行了技术改造。改造后处理能力提升至$2.0\times10^4m^3/d$，石灰利用率从改造前的71.67%提升至83.6%，吨水节省石灰量约5kg，取得了显著效果。车间污水站改造流程如图4-2所示。

具体工艺流程说明如下。

萃余液经收集后通过浮床泵泵至新建的HDS反应系统进行充分中和反应，HDS反应液出水分三股：第一股约$600m^3/h$通过新增溜槽进入絮混槽（利旧），再平均分配至两个18m浓密池沉淀处理，处理清液溢流排放至清水池，出水达到《铅、锌工业污染物排放标准》中的特别排放限值，外排；第二股约$300m^3/h$反应液进入4#渣浆桶，利用现有设备（4#泵）泵至24m浓密池沉淀，出水由现有清水泵及管路外排至排放口；第三股约$200m^3/h$反应液进入3#渣浆桶，利用现有设备及管路（3#泵）直接泵至25m浓密池进行沉淀分离。

1#18m浓密池以及24m浓密池底泥排入1#渣浆池，通过新增污泥回流泵回流，剩余污泥由1#泵泵至25m膏体浓密机；2#18m浓密池底泥排入2#渣浆池，通过5#泵污泥回流，剩余污泥由2#泵泵至25m膏体浓密机，25m膏体浓密机底泥经压滤后外运处置。

石灰配制系统利用现有料仓及配制桶，石灰乳经汇流后进入石灰乳储池，再经石灰乳投加泵精确、自动投加至混合槽。石灰乳配制清水以及PAM配制清水均由清水池清水提供。

2）工程实证2：某锌冶炼厂污酸处理工程

根据公司新建锌冶炼系统制酸工段排放的污酸废水量，设计处理水量为$80m^3/h$，日处理水量近$2000m^3$[7]。

典型的进水指标见表4-2。

表4-2 典型进水指标 单位：mg/L（pH值无量纲）

项目	pH值	Zn	Cd	Pb	Hg	As	Cu	F
原水水质	1.6	269.06	19.26	16.89	2.12	22.2	1.72	124.26

污酸处理工艺流程见图4-3。

具体流程如下。

该工艺流程采用“HDS＋深度处理”工艺。第一段深度处理工艺包括中和反应系统、固液分离系统、加药（电石渣、PAM）系统等；第二段深度处理工艺采用电石渣-铁盐法深度脱除砷及其他重金属，包括反应系统、沉淀系统、药剂（铁盐）配制投加系统和保安过滤系统。两个浓密池底泥泵入集泥池，多余污泥进入压

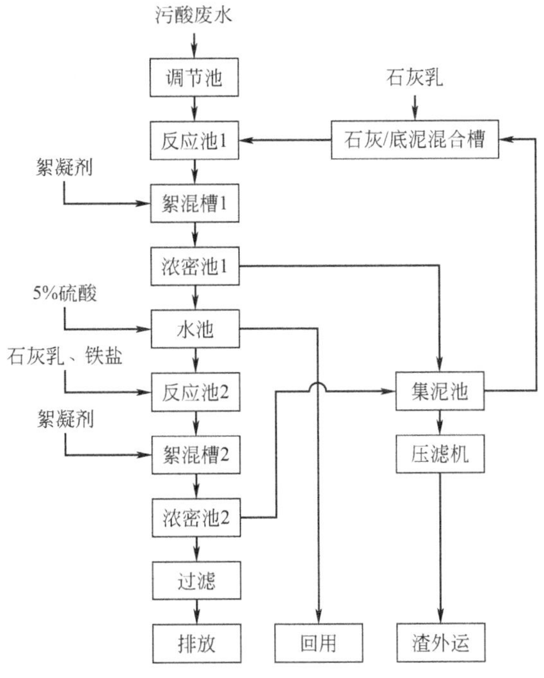

图 4-3　污酸处理工艺流程

滤机压滤后泥饼外运，安全处置。

工艺具体描述：废水进入调节池［HRT(水力停留时间)＝8.0h］均化后，经自吸耐酸泵（$Q=100m^3/h$，$H=20m$）送至（高位）反应池 1（两级串联）。在反应池 1 中，与石灰/底泥混合物（自流来自石灰/底泥混合槽）进行中和反应，自动控制调到 pH＝9～10，反应时间为 30min，反应后自流至絮混槽 1，投加 PAM，搅拌 5min 后自流至浓密池 1。浓密池 1 出水流入回水池经调酸后回用；未回用水进入反应池 2，在反应池 2 中与石灰乳、铁（铝）盐反应并搅拌，反应时间 30min，之后废水流入絮混槽 2，投加 PAM 反应 6min 后流入浓密池 2，出水进入中间池，用泵打入过滤器进行过滤，过滤出水流入清水池达标排放。

1、2 两个浓密池的部分污泥（约 80%）用泵打返到石灰/底泥混合槽，多余污泥进入压滤机脱水后外运。

设置电石渣溶液和铁盐、PAM 溶液的配制系统，电石渣设置专门的储存、破碎、过滤和储液系统，用泵分别计量打入石灰/底泥混合槽和反应池 2。铁盐、PAM 溶液等配制系统由药剂存放、溶解槽和储液槽组成。铁盐溶液用泵计量供给反应池 2，PAM 溶液用泵计量供给絮混槽 1、2[7]。

采用“高密度泥浆法（HDS 法）-除砷”两级处理工艺，处理成本由原来的 10 元/t 降到 4.0 元/t，且水质稳定达标。

4.1.2 石灰-铁盐法处理技术

4.1.2.1 技术简介

向污酸中加入石灰乳进行中和反应，经固液分离、污泥脱水后产生石膏。进一步向废水中加入双氧水、液碱及铁盐，把 As^{3+} 氧化为 As^{5+} 后发生氧化沉砷反应，经固液分离、污泥脱水后产生砷渣。出水与其他废水合并后送污水处理站进一步处理。该技术脱砷率大于 98%，降低了含砷较高的渣的产量，有利于砷的集中综合回收。各种金属离子去除率分别为：Cu 98%～99%，F 80%～99%，其他重金属离子 98%～99%。一般情况下，该技术处理出水可达到《铜、镍、钴工业污染物排放标准》(GB 25467—2010) 表 2 要求。

4.1.2.2 选择原则/适用范围

该技术适用于冶炼含砷离子浓度较高的废水的处理，也可去除废水中的铜、铅、镉和氟化物等。

4.1.2.3 技术参数

(1) 基本原理

反应过程分中和、氧化进行。在中和槽加石灰乳发生中和反应，一次中和反应后进入氧化槽进行氧化，其中的三价砷氧化为五价砷，二价铁氧化为三价铁，这样更利于砷铁共沉。发生下列反应：

$$CuSO_4 + Ca(OH)_2 \longrightarrow Cu(OH)_2 \downarrow + CaSO_4 \downarrow \quad (4\text{-}5)$$

$$ZnSO_4 + Ca(OH)_2 \longrightarrow Zn(OH)_2 \downarrow + CaSO_4 \downarrow \quad (4\text{-}6)$$

$$2HF + Ca(OH)_2 \longrightarrow CaF_2 \downarrow + 2H_2O \quad (4\text{-}7)$$

$$FeSO_4 + Ca(OH)_2 \longrightarrow Fe(OH)_2 + CaSO_4 \downarrow \quad (4\text{-}8)$$

$$Fe^{3+} + AsO_3^{3-} \longrightarrow FeAsO_3 \downarrow \quad (4\text{-}9)$$

$$Fe^{3+} + AsO_4^{3-} \longrightarrow FeAsO_4 \downarrow \quad (4\text{-}10)$$

除铁离子与砷生成砷酸铁外，氢氧化铁可作为载体与砷酸根离子和砷酸铁共同沉淀。

$$m_1 Fe(OH)_3 + n_1 H_3AsO_4 \longrightarrow [m_1 Fe(OH)_3] n_1 AsO_4^{3-} \downarrow + 3n_1 H^+ \quad (4\text{-}11)$$

$$m_2 Fe(OH)_3 + n_2 FeAsO_4 \longrightarrow [m_2 Fe(OH)_3] n_2 FeAsO_4 \downarrow \text{[8]} \quad (4\text{-}12)$$

为了加速中和反应沉淀物的沉降速度，在中和反应后液中加入聚丙烯酰胺絮凝剂，再通过浓密机沉降，底流通过离心机分离出石膏渣。上清液进入石膏后液槽，加入铁盐，进行氧化，废水中的三价砷氧化为五价砷，二价铁氧化为三价铁，这样更利于砷铁共沉，底流通过离心机分离出砷渣，上清液进澄清池进一步澄清后排放。

（2）工艺流程

典型工艺流程：采用“中和-硫酸亚铁-氧化-中和-硫酸亚铁-氧化”工艺对污酸进行处理，在一段中和槽内加入 $FeSO_4$ 脱除砷等重金属离子，加石灰乳调整体系 pH 值后进入一段曝气槽，在一段曝气槽内鼓空气将 Fe^{2+} 氧化为 Fe^{3+}、As^{3+} 氧化为 As^{5+}，然后进入二段中和槽进行二段处理，最后完成污酸的处理。处理后净化水能基本达到国家排放标准[9]，但处理效果不稳定。

石灰-铁盐法处理污酸废水工艺流程如图 4-4 所示。

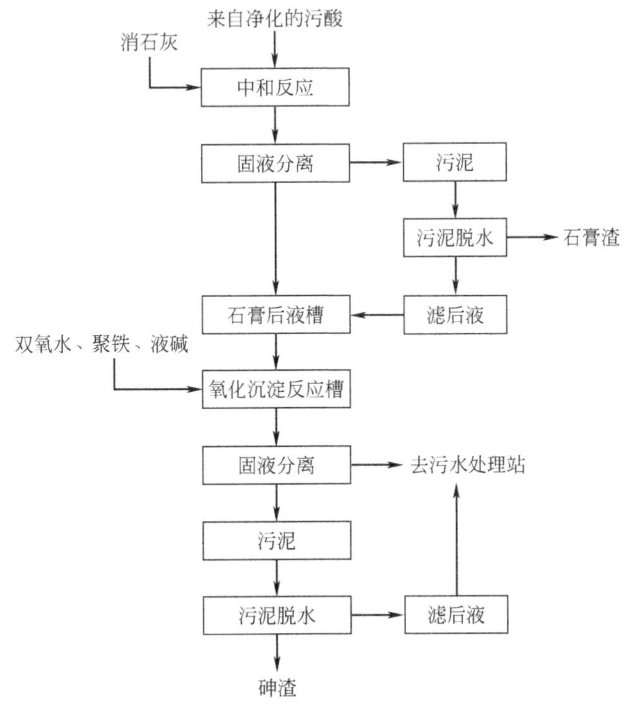

图 4-4　石灰-铁盐法处理污酸废水工艺流程

（3）技术设计参数[10]

① 石灰-铁盐法处理污酸时，宜采用二段处理，每段石灰-铁盐法对砷的去除率宜按 98%～99%计。第一段 Fe/As 值宜大于 2，第二段 Fe/As 值宜大于 10，pH 值宜控制在 8～9。

② 废水中的三价砷宜先氧化成五价砷，氧化剂可采用氧气、双氧水、漂白粉、次氯酸钠和高锰酸钾等。当出水回用时不宜采用含氯氧化剂。

③ 石灰-铁盐法宜采用污泥回流技术。最佳回流比根据试验资料经技术经济比较后确定，无试验资料时污泥回流比可选用 3～4。

④ 中和反应时间宜根据试验确定，并不宜小于 30min。

⑤ 沉淀宜采用辐流式沉淀池或竖流式沉淀池等，沉淀池的设计参数应根据废

水处理试验数据或参照类似废水处理的沉淀池运行资料确定。当没有试验条件和缺乏有关资料时，其设计参数可参考表 4-1。

(4) 技术特点

技术优点是砷、镉、六价铬脱除效果好，工艺流程、设备简单易操作。技术缺点是沉渣颗粒小，不易过滤。该方法一般适用于含砷、氟的污酸废水，也可去除铜、锌、镉、铅等。

4.1.2.4 工程实证

(1) 工程实证 1：某铜冶炼厂 1 污酸处理工程

企业的生产污水主要包括污酸污水、生产废水、循环冷却水。处理方式如下。

1) 污酸污水

污酸污水进污酸污水处理站处理，处理规模为 $600m^3/d$。工艺流程如下：由硫酸净化系统产生的废酸，先经浓密机重力沉降，使循环酸中的以铅为主要成分的不溶性杂质先进入铅滤饼，脱铅后进入脱吸塔，脱除液体中溶解的 SO_2，脱除液送中和反应槽并在此添加预先配制好的石灰石浆液，中和污酸中大部分酸，中和后液在硫化反应槽中添加硫化钠溶液，去除 Cu、As 等重金属，硫化后液送污水处理站处理。其工艺流程如图 4-5 所示。

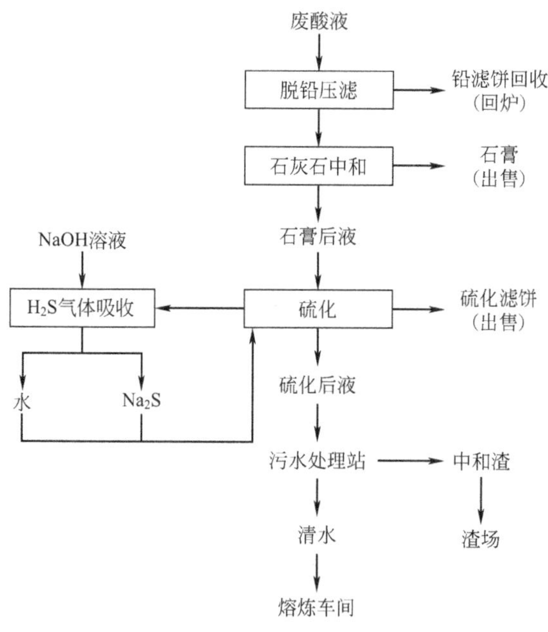

图 4-5 污酸处理工艺流程

2) 生产废水

主要来源于电解车间地面冲洗水、化学水站排放的酸碱污水、硫酸及酸库区域地面冲洗水，这些污水与污酸处理后的上清液通过地上管道或沟渠运送到污水生产废水处理站处理，采用两段电石渣乳液中和＋亚铁盐除砷工艺处理，出水水质满足《铜、镍、钴工业污染物排放标准》要求。工艺流程参见图 4-6。

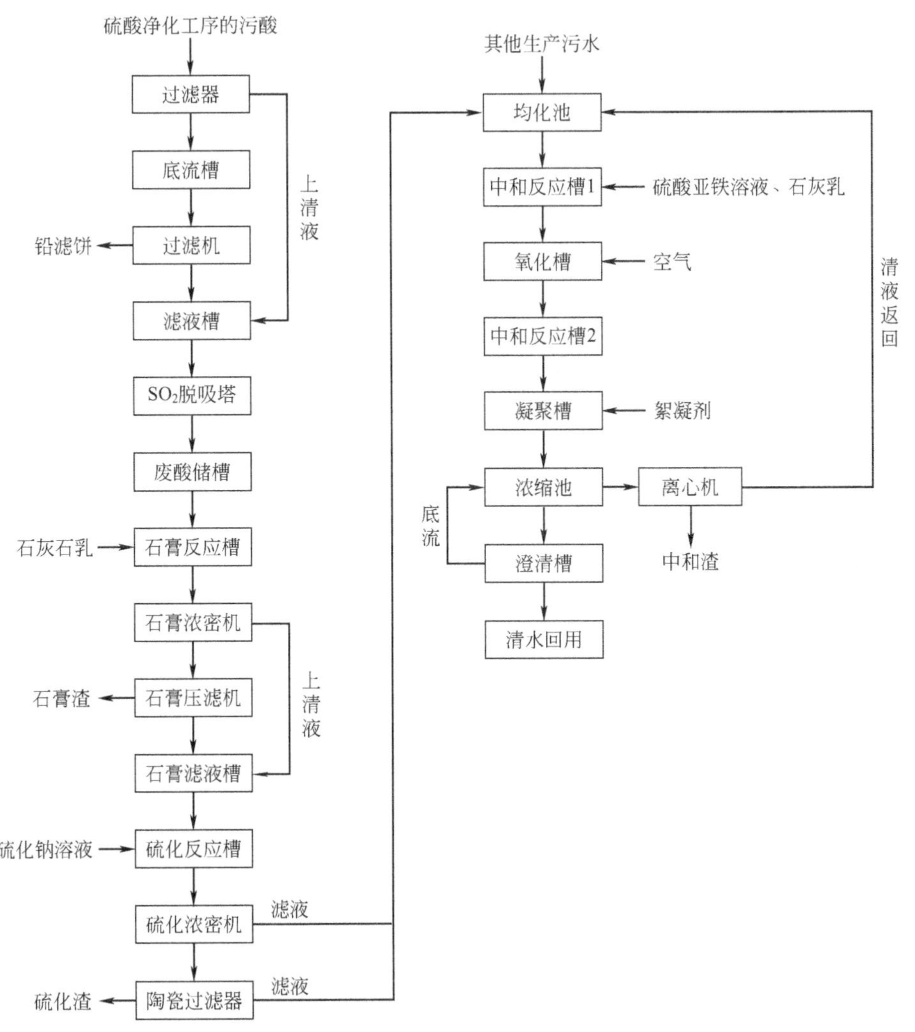

图 4-6　污水处理工艺流程

(2) 工程实证 2：某铜冶炼厂 2 污酸处理工程

1) 基本情况

净水车间是对硫酸车间产生的污酸进行处理，污酸处理包括一段硫化工段和二段中和工段，处理后的污酸水送污水处理站进一步处理后出水回用。

主要设备：石膏离心机、硫化压滤机、铁矾渣压滤机、原液储槽等。

2) 工艺流程

污酸处理工艺采用二段处理法。废水经一段硫化除 As 后进入二段石灰石中和，将污酸 pH 值中和至 2～3，再进行污水处理。

① 一段硫化工段。由硫酸车间净化工序排出的废酸直接用输送泵送入碱液吸

收塔喷淋，吸收部分硫化氢气体后进入硫化反应槽，在硫化反应槽内投加硫化钠溶液，废酸中的 Cu^{2+}、As^{3+} 等重金属离子在硫化反应槽内与硫化钠发生反应，为了提高浆液的沉降速度，在反应槽内投加聚丙烯酰胺，反应后的溶液自流进入浓密机进行沉降分离，浓密机上清液溢流进入下一段处理，底流进硫化段压滤机，经压滤后的滤液进下一段处理，滤饼（含砷废渣）外送安全处置。此段工艺流程见图 4-7。

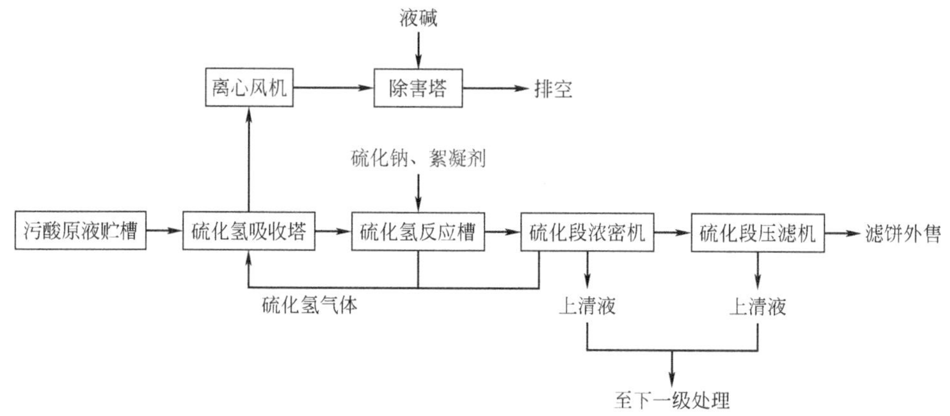

图 4-7　一段硫化处理工艺流程

② 二段中和工段。由上一段处理来的废酸进入污酸储槽收集，用泵输送入中和槽，在中和槽内投加石灰石浆液，进行中和处理，处理至 pH 值约为 2～3，反应后的溶液自流进入浓密机进行沉降分离，浓密机上清液溢流进入下一级污水处理，底流进离心机处理，离心后的滤液和下一级污水处理压滤机滤后液一起进行收集，收集后用泵输送入中和槽作为晶种处理，重新进入污酸浓密机分离，离心出的石膏渣可以外售。此段工艺流程见图 4-8。

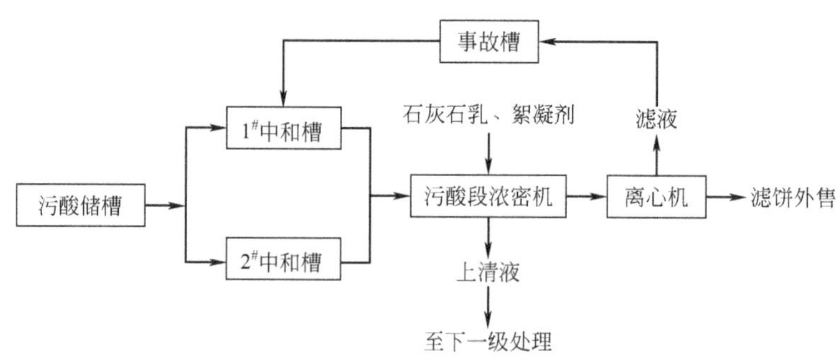

图 4-8　二段中和处理工艺流程

③ 污水处理工段。污水处理采用二段石灰-铁盐法。用石灰乳中和酸，pH 值中和至 7～9，投入絮凝剂沉淀除去悬浮物及其他杂质。污水处理的具体工艺如下：酸性污水调节池中的酸性污水用污水提升泵送至一级中和槽，在槽内加石灰乳进一步中和，控制 pH 值在 7 左右，并在槽内加硫酸亚铁后自流入氧化槽；氧化槽内加

压缩空气，使二价铁氧化成三价铁，三价砷氧化成五价砷，再自流至二级中和槽；在中和槽内加石灰乳中和控制 pH 值在 9 左右[11]，加入适量絮凝剂，加速沉淀。液体溢流入浓密机，底流一部分用污泥泵送至压滤机，经压滤机脱水后，产出的铁矾渣返回工艺配料工段，滤液和离心机滤液一起收集进入事故槽，返回上一级处理；另一部分作为回流污泥用泵送至石灰石高位槽，与石灰石液混合后自流至上级污酸段中和槽作为“晶种”。浓密机上清液进入回水池，净化水回用于配料厂房和渣缓冷工段。

当出水水质不达标时，将一、二级中和槽及氧化槽的处理液通过排污阀返回污酸浓密机，经沉降后上清液重新进行污水处理。

污水处理工艺流程见图 4-9。

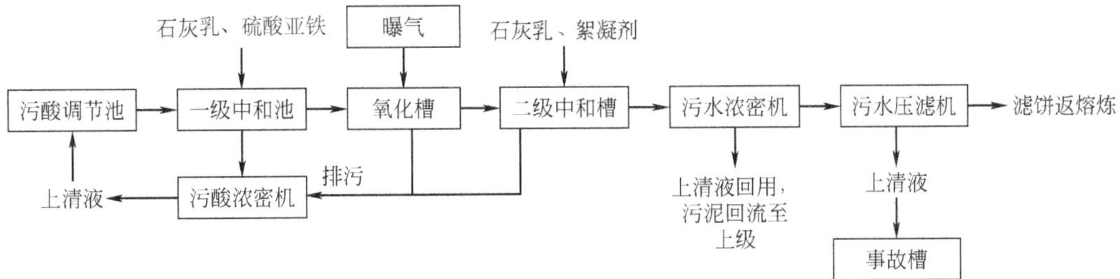

图 4-9　污水处理工艺流程

(3) 工程实证 3：某铜冶炼厂 3 污酸处理工程

污酸废水经污酸废水处理站处理后全部用于吹炼炉水淬冲渣。污酸废水处理站设计处理能力 $260m^3/d$。

污酸废水处理站采用均化、石灰中和沉淀、加铁盐曝气沉淀、膜过滤器过滤的成熟工艺。

1) 均化

将制酸车间净化工序产生的污酸废水及制酸车间地面冲洗水在均化池内混匀、均化。

2) 石灰中和沉淀

在石灰中和池内投加石灰乳，调整 pH 值，使石灰乳中的 Ca^{2+} 与亚砷酸根和砷酸根反应生成难溶的亚砷酸钙和砷酸钙，使 Pb^{2+}、Cd^{2+}、Hg^{2+} 与 OH^- 反应生成难溶的金属氢氧化物沉淀，从而予以分离。

$$3Ca^{2+} + 2AsO_3^{3-} \longrightarrow Ca_3(AsO_3)_2 \downarrow \tag{4-13}$$

$$3Cd^{2+} + 2AsO_4^{3-} \longrightarrow Cd_3(AsO_4)_2 \downarrow \tag{4-14}$$

设 M^{n+} 表示 Pb^{2+}、Cd^{2+}、Hg^{2+} 等金属离子，则：

$$M^{n+} + nOH^- \longrightarrow M(OH)_n \downarrow \tag{4-15}$$

3) 加铁盐曝气沉淀

为进一步处理废水中的重金属离子，经石灰中和沉淀处理后的废水进入加铁盐（$FeSO_4$或 $FeCl_3$）曝气沉淀池。利用在弱碱性条件下亚砷酸盐、砷酸盐能与 Fe、Al 等金属离子形成稳定的络合物的性质，并为 Fe、Al 等金属的氢氧化物吸附共沉的特点，进一步去除废水中的砷离子。

$$2FeCl_3 + 3Ca(OH)_2 \longrightarrow 2Fe(OH)_3 \downarrow + 3CaCl_2 \quad (4\text{-}16)$$

$$AsO_3^{3-} + Fe(OH)_3 \longrightarrow FeAsO_3 + 3OH^- \quad (4\text{-}17)$$

$$AsO_4^{3-} + Fe(OH)_3 \longrightarrow FeAsO_4 + 3OH^- \quad (4\text{-}18)$$

加铁盐曝气沉淀池鼓入空气搅动废水，使加入的铁盐能充分与废水中的重金属离子接触，减少铁盐投入量，提高处理效率。

4）膜过滤器过滤

膜过滤器采用吸附原理，对废水中的重金属离子进行进一步去除，同时去除加铁盐曝气沉淀工序中形成的颗粒小而轻、较难沉淀的重金属氢氧化物及络合物。污酸处理工艺流程见图 4-10。

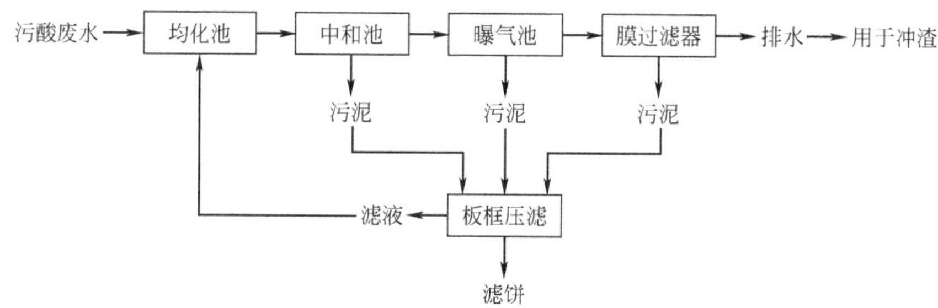

图 4-10　污酸处理工艺流程

该工艺广泛应用于国内冶炼企业中。根据公司多年的运行效果，该工艺具有经济合理、运行稳定、治理效果可靠的特点，可以确保本项目污酸废水稳定达标。评价认为利用该工艺处理制酸车间的污酸废水，措施可行。

4.1.3　硫化中和法处理技术

（1）技术简介

硫化中和法主要包括氢氧化物沉淀法和硫化物沉淀法。通过投加碱中和剂和硫化物，使废水中的重金属离子形成硫化物沉淀而去除。

（2）选择原则/适用范围

该技术适用于含砷、汞、铜离子浓度较高的冶炼污酸及酸性废水的处理，可用于去除含镉、砷、锑、铜、锌、汞、银、镍等重金属离子的污水。

（3）技术参数

1）技术原理

硫化法是指向水中投加硫化剂，与重金属离子反应生成难溶的金属硫化物沉淀。硫化渣中砷、镉等含量大大提高，在去除污酸中有毒重金属的同时实现了重金属的资源化[12,13]。硫化剂包括硫化钠、硫氢化钠、硫化亚铁等[14]。

硫化法脱除重金属离子的机理如下所示：

$$Me^{n+}+S^{2-}\longrightarrow MeS_{n/2}\downarrow \tag{4-19}$$

$$3Na_2S+As_2O_3+3H_2O\longrightarrow As_2S_3\downarrow+6NaOH \tag{4-20}$$

$$2H_3AsO_3+Ca(OH)_2\longrightarrow Ca(AsO_2)_2\downarrow+4H_2O \tag{4-21}$$

2）典型工艺流程

采用“硫化-中和-硫酸亚铁-氧化-中和-硫酸亚铁-氧化”工艺对污酸进行处理，污酸加入硫化钠脱砷后再采用石灰铁盐法进一步处理。

3）技术优缺点分析

硫化法＋石灰-铁盐法处理污酸具有适应pH值范围大的优点，甚至可在酸性条件下把许多重金属离子和砷沉淀去除；此外，泥渣中金属品位高，便于回收利用。但是，硫化钠价格高，处理过程中产生的硫化氢气体易造成二次污染；处理后的水中硫离子含量超过排放标准，还需做进一步处理。另外，硫化沉淀颗粒细小，不易沉降。该方法可提高重金属的净化效果，但是渣量大以及砷的污染控制仍然难以解决。

（4）工程实证：安徽某铜冶炼厂重金属废水中和处理工程

该冶炼厂废水处理站采用硫化-两段中和加铁盐除砷的处理工艺。经过硫化工序和石膏工序处理后的污酸后液与全厂主要工艺污水和受污染的场面水汇合成混合废水，按铁/砷＝10的比例加入硫酸亚铁以强化除砷效果。中和工序按一次中和、氧化、二次中和三步进行。在一次中和槽加电石渣浆液，并控制pH＝7。一次中和反应后液溢流至一组敞开的三联槽，在pH＝7的条件下用空气曝气氧化，其中的三价砷氧化为五价砷，二价铁氧化为三价铁，这样更利于砷铁共沉。最后，控制pH＝9～11，加入电石渣浆液进行二次中和。为了加速中和反应沉淀物的沉降速度，在二次中和反应后液中加入聚丙烯酰胺絮凝剂，再通过浓密机沉降，底流送真空过滤机和中和压滤机过滤，上清液进入澄清池进一步澄清后通过狼尾湖排放口与硫酸循环水、电化学处理出水一起排放。

4.2　酸性高砷废水还原-共沉淀协同除砷技术

（1）技术简介

针对酸性高砷废水砷浓度高、不同形态砷共存、强酸性的特点，传统处理技术很难满足要求，以硫化亚铁与硫化钠为硫源，在酸性条件下将As(Ⅴ)还原为As(Ⅲ)并进一步快速生成As_2S_3共沉淀，然后通过压力式旋流多相分离器实现固液分离，从而实现高砷废水砷的高效脱除。在进水砷浓度为1500～2500mg/L的前提下，出水砷浓度可稳定在100mg/L以下，含砷废渣中砷品位20%以上。

（2）选择原则/适用范围

本技术适用于冶金、硫精矿制酸、磷化工、半导体等涉砷行业含砷废水处理以及电镀、线路板等行业重金属废水处理与资源化等领域。

（3）技术参数

1）基本原理

以As(Ⅲ）和As(Ⅴ）形态转化过程为依据，通过复合还原共沉淀剂（硫化亚铁和硫化钠）在旋流多相反应器中实现砷价态与形态的转化，从而实现颗粒态砷（As_2S_3）的沉淀析出，进一步通过旋流多相固液分离器实现颗粒态砷（As_2S_3）从水中的去除。

含砷原水与复合还原共沉淀剂硫化钠和硫化亚铁在多相反应器中充分接触反应5～8min，反应完成后进入旋流多相固液分离器进行固液分离，分离完成后脱砷上清液排放或回用。具体工艺流程如图4-11所示。

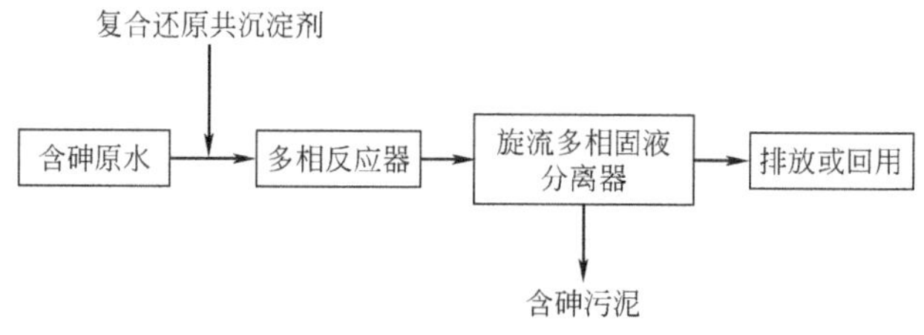

图4-11　工艺流程

2）技术特点

① 脱砷效果较好，出水砷浓度较低。在进水砷浓度为1500～2500mg/L前提下砷去除率＞96%，出水砷浓度稳定在0.5～100mg/L，可直接回用或排放。

② 处理成本较低，经济性较好。药剂成本11.2元/m^3，综合处理成本低于15元/m^3，与传统石灰、石灰-铁盐等除砷技术对比投药量降低40%。

③ 含砷污泥少，渣中砷含量高。与传统石灰、石灰-铁盐等除砷技术对比含砷污泥量减少70%，污泥含砷品位高（20%以上）。

3）关键设备

该技术的关键设备有多相反应器、旋流多相固液分离器。

4）主要工艺运行控制参数

多相反应器停留时间为5～8min，上升流速为30～40m/h，排泥周期为4～8h。

（4）工程实证：云南个旧某硫精制酸化工厂

云南个旧某硫精制酸化工厂，处理水量为80m^3/d，进水砷浓度平均为1200mg/L，酸度为0.3mol/L（以H^+计）。

技术经济指标：出水砷指标＜50mg/L，污泥含砷量为24%，废水处理平均药剂成本为15.67元/m^3。

性能效果：出水砷浓度稳定<50mg/L，SS 浓度<70mg/L。

支撑的核心设备如下。

① 多相反应器。规格 $D \times H = 0.8\text{m} \times 3.0\text{m}$，上升流速 6～7m/h，静态式混合，内置多个反应球混合元件。

② 旋流多相固液分离器。规格 $D \times H = 1.2\text{m} \times 3.6\text{m}$，滤速 2～3m/h，罐体工作压力 0.01～0.25MPa。进水 SS 浓度为 8000mg/L，出水 SS 浓度为 10～70mg/L，污泥含水率为 90%～94%。

4.3 铅冶炼污酸中铅、砷重金属和氟氯离子高效脱除新技术

（1）技术简介

针对铅、锌、铜等冶炼过程所产生的含有稀硫酸、矿尘、氟、氯和砷等有害杂质的污酸废水[15]，常规废水处理往往采用石灰中和、铁盐沉淀、硫化法等多种工艺的集成优化方式才达到理想的污酸处理效果，还存在整个污酸净化过程难以有效控制其反应过程，且处理过程产出的水溶液不能返回使用的缺点，开发了铅冶炼污酸中铅、砷重金属以及氟、氯高效脱除的新技术，目前该研究成果已获专利授权。该技术主要优势在于：采用系统内循环利用的治理方法，即以铅冶炼过程产出的含铅烟灰为原料，在催化剂和控电位技术的条件下实现污酸中有害成分的脱除，使处理后的水全部返回使用，产出的沉淀物返回铅冶炼配料过程，实现了污酸中硫和重金属离子的循环利用。

（2）选择原则/适用范围

本技术适用于铅、锌、铜等冶炼过程所产生的含有稀硫酸、矿尘、氟、氯和砷等有害杂质的污酸废水处理与资源化领域。

（3）技术参数

1）基本原理

利用含铅氧化物脱除污酸中废酸，其原理是利用氧化铅与硫酸反应生成硫酸铅和水，其反应方程式如下：

$$PbO + H_2SO_4 \longrightarrow PbSO_4 + H_2O \tag{4-22}$$

用氧化铅处理含有 F^-、Cl^- 和 SO_4^{2-} 的溶液，以 HAc 作转化剂，在 Pb^{2+}-SO_4^{2-}-Cl^-—F^--Ac^- 体系中，存在的平衡固相为 $PbCl_2$、$PbSO_4$、PbClF、PbF_2 以及 $Pb(OH)_2$ 等，控制一定的条件优先析出氟氯化铅沉淀达到脱除氟氯的效果。通过鼓入空气或加入其他氧化剂将三价砷氧化成五价砷；再用铅来沉降五价砷生成砷酸盐沉淀；最后通过固液分离实现污染物的去除。

2）技术特点

① 处理成本低。本技术采用含铅氧化物净化处理污酸，使净化后的污酸返回

使用，净化产出的净化渣可返回冶炼过程，实现了铅冶炼制酸系统的自净化与循环利用。

② 污染物去除效果好。污酸中硫酸的脱除率达到99%以上，重金属的沉淀率都达到95%以上。

③ 不产生二次污染物，减少污染物排放。污酸的回用量达到90%以上，石膏渣量减少80%。

④ 该方法在铅冶炼的污酸治理方面有重要的推广价值，也提升了我国铅冶炼行业的整体治理水平。

3）主要工艺运行控制参数

电铅灰中和污酸的工艺参数为：反应时间为1h，搅拌速率为300r/min。电铅灰沉淀污酸中氟氯的工艺参数为：反应温度为室温，搅拌速率为300r/min，转化剂乙酸浓度为0.01mol/L。

（4）工程实证

该技术处于实验室研究阶段。

4.4 污酸及酸性废水资源化处理成套技术

4.4.1 污酸中稀散金属选择性吸附回收技术

（1）技术简介

根据污酸废水的特性和铼的存在特性，通过功能基团对铼与砷、氯、氟离子结合能力的差异性，筛选出最优的吸附官能团，通过亲核取代反应接枝相关功能基团，合成功能化离子交换材料，将新合成的高效吸附材料应用于污酸中铼的回收，实现污酸中铼的选择性吸附与富集。

（2）选择原则/适用范围

本技术适用于含铼有色金属冶炼、含铼二次资源回收等行业的含铼废水资源化利用领域。

（3）技术参数

1）基本原理

选择性吸附技术利用特征的吸附材料对污酸中的铼、硒等稀散金属进行选择性吸附，而不会吸附污酸中的砷、铜、铅、锌等重金属离子，实现了铼、硒与污酸中其他重金属的分离。

具体工艺流程如图4-12所示。

2）技术特点

① 铼综合回收率高，全程综合回收率＞90%。

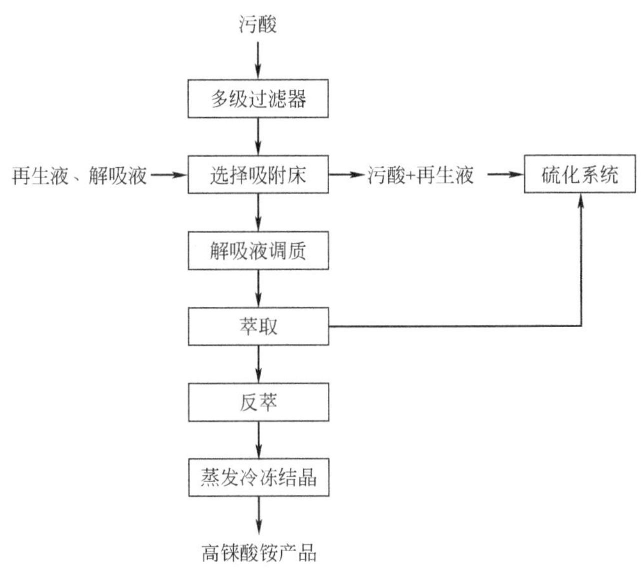

图 4-12　污酸中稀散金属选择性吸附回收基本工艺流程

② 选择性吸附不引入杂质成分，不影响污酸水质，实现污酸中砷、铜等含量高的重金属与铼的分离。

③ 回收成本低，回收 1t 铼酸铵的成本约为 200 万～300 万元。

3）关键设备

① 多级吸附床。规格 $D \times H = 1.0\text{m} \times 3.0\text{m}$，污酸流速 8～10$\text{m}^3$/h，多级吸附床铼吸附率>95%。

② 连续逆流萃取槽。规格 $W \times H \times D = 0.15\text{m} \times 0.2\text{m} \times 0.4\text{m}$，水相流速 15～30L/h，有机相流速 10～20L/h，搅拌速率 500～2000r/min，多级萃取率>97%，多级反萃率>98%。

（4）工程实证

该技术为有色冶炼领域污酸资源化处理关键新技术，已在山东、福建、吉林等省份多家冶炼企业进行了中试研究。新技术可实现污酸中铼资源的回收，回收率 90%以上。产品铼酸铵价值约 600 万元，具有广泛应用前景。

4.4.2　废酸梯级硫化回收有价金属

（1）技术简介

高浓度的含砷污酸多采用硫化钠硫化法在酸性条件下进行预处理，通过电位值控制往含砷废水中添加 Na_2S 溶液，使废水中的铜、砷等离子经硫化反应生成 CuS 和 As_2S_3 等沉淀物，通过沉降和固液分离后以滤饼形式回收[16]。硫化渣的砷品位约为 35%，该技术对砷的去除率达到 90%以上，对重金属的脱除率也可达 80%以上，是处理污酸的主要方法之一。

（2）选择原则/适用范围

该技术适用于处理含重金属浓度较高的冶炼烟气制酸系统产生的废酸。

（3）技术参数

1）基本原理

采用硫化钠或者硫氢化钠作为硫化剂在酸性条件下对污酸进行多级硫化，通过电位值控制往含砷废水中添加硫化剂溶液，使废水中的铜、砷等离子经硫化反应生成难溶的硫化物沉淀，通过多级沉降和固液分离后以滤饼形式回收其中的重金属，并实现砷的分离。

硫化钠梯级硫化治理技术基本工艺流程如图4-13所示。

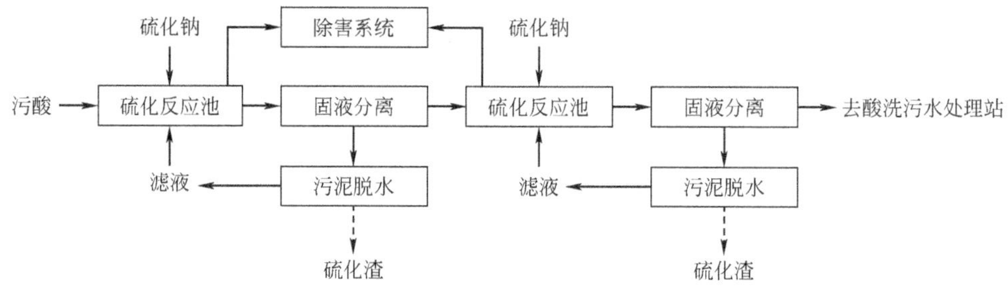

图4-13 硫化钠梯级硫化治理技术基本工艺流程

污酸与硫化钠在硫化反应池中进行反应，污酸中的砷和重金属经过硫化作用变成硫化渣沉淀，经压滤作用固液分离，并脱水处理，变成硫化渣固体，硫化后液排放到污水处理站进行后续处理，脱水得到的滤液返回硫化反应池进行硫化反应。硫化过程会有一定的硫化氢气体产生，该气体有剧毒，需排入碱液吸收塔进行处理，避免产生二次污染。

2）技术特点

该技术重金属去除率高，沉渣量少，便于回收有价金属，但硫化钠费用高，反应过程中会产生硫化氢气体，有剧毒，对密闭性要求高，一旦气体泄漏易对人体造成危害。硫化氢的泄漏会造成环境的二次污染。

3）关键设备

该技术关键设备是硫化反应槽，带搅拌浆，配套电机等。主体设备大小与处理水量直接相关，单槽处理规模50～400m^3/d。

（4）工程实证

该技术应用于中铝东南铜业有限公司冶炼烟气制酸净化污酸分段脱铜脱砷技术改造等多个项目。

① 性能效果：在硫化反应池内，硫化钠和污酸经过一段时间反应，对砷可进行有效脱除，脱除率达90%以上；对其他重金属也有一定的脱除效果，脱除率可达85%。

② 经济指标：药剂成本与水质有关，脱除 1kg 砷等重金属需要 3.0～4.0kg 硫化钠，药剂成本约为 9.0～12.0 元/kg 重金属。其他成本如电费成本综合约为 1.5～2.5 元/m³。

③ 主要药剂：硫化钠、氢氧化钠。

4.4.3　废酸硫化氢气液强化硫化技术

（1）技术简介

针对酸性高砷废水砷浓度高、强酸性的特点，传统硫化除砷处理技术很难满足要求，以硫氢化钠与硫化钠为硫源，在气体发生器中产生硫化氢气体，然后通过气液强化硫化反应装置实现高砷废水砷的高效脱除。在进水砷浓度为 500～15000mg/L 的前提下，出水砷浓度可稳定在 5mg/L 以下，含砷废渣中砷品位在 40%以上。

（2）选择原则/适用范围

本技术适用于冶金、硫精矿制酸、磷化工、半导体等涉砷行业含砷废水处理以及电镀、线路板等行业重金属废水处理与资源化等领域。

（3）技术参数

1）基本原理

硫化氢气液强化硫化技术是采用硫化氢替代硫化钠对污酸中重金属离子和砷实现梯级硫化反应。硫化氢可采用硫化剂与硫酸反应产生，硫化氢通入特制密闭的气液强化反应器，一段硫化沉铜固液分离后得到富铜渣，二段硫化沉砷后产生富砷渣，可将废水中铜、砷有效分离，实现铜的回收利用以及砷的开路。

该技术基本工艺流程如图 4-14 所示。

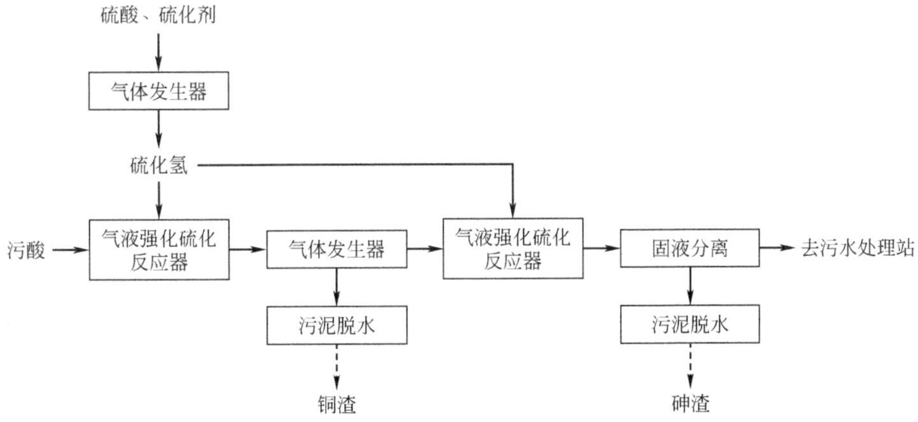

图 4-14　硫化氢气液强化硫化技术基本工艺流程

2）技术特点

① 气液强化，反应高效。通过研发的气液强化高效反应器，对于污酸废水中

高浓度的重金属离子，能够在10min内实现重金属离子的高效富集分离，抗冲击负荷强，净化高效。

② 过程可控，实现有价元素的富集和有害元素的分离。通过对反应过程电位、pH值和投加硫化剂量的控制，可以很好地实现污酸中铜、锌、铅、镉的分类富集分离，富集的渣中有价元素含量在50%以上的，便于资源化。有害元素砷富集的砷渣中含量50%以上的实现单独开路。

③ 处理技术经济，成本低。与传统的硫化技术相比，新技术工艺过程硫元素充分循环利用，降低了硫化剂的消耗，且无二次污染。新技术综合处理成本比传统技术低30%以上。

3）关键设备

气体发生器：有效容积10～15m^3，带搅拌设备，配套电机。

气液强化硫化反应器：采用钢制设备内衬聚四氟乙烯，有效容积为10～15m^3，内设气液强化接触反应装置。循环泵采用塑料泵或者衬四氟泵。

（4）工程实证

福建某铜冶炼厂，处理水量480m^3/d，进水砷浓度为5～30g/L，酸度为4%～10%（以硫酸计）。

① 技术经济指标：药剂成本与水质有关，脱除1kg砷等重金属需要1.5～2.0kg硫化钠，药剂成本约为4.5～6.0元/kg重金属。其他成本如电费成本综合约为1.0～1.5元/m^3。

② 性能效果：效益主要体现在减少硫化药剂用量、减少废渣产生量和有价金属回收等方面。本技术与常规硫化钠硫化相比，减少药剂费和减少废渣产生量均>30%，可回收90%以上的铜资源。

支撑的核心设备如下。

① 气体发生器装置。规格$DN2000\times3000$，$V=10m^3$，主体材质采用Q245R，设备外带夹套。反应装置全密闭，搅拌采用磁力驱动类型。

② 气液强化硫化设备。规格$DN2400\times4000$，$V=18m^3$，材质采用钢衬四氟，在其内部设有2个高效的气液强化反应器，通过循环泵驱动，硫化氢可自吸入反应器中。其处理能力按480m^3/d设计，数量2台。

4.4.4 废酸电浓缩分离回收技术

（1）技术简介

针对经气液强化硫化系统处理后的废酸，废酸中含有较大量的硫酸、氟氯和少量重金属离子。选择性电渗析系统主要实现废酸废水中酸浓缩和水的淡化，并使大部分氟氯离子进入浓缩酸，淡液中的氟氯含量较低，处理后氟氯符合企业回用要求。浓缩液可以进一步进入蒸发吹脱系统。

（2）选择原则/适用范围

本技术适用于冶金、硫精矿制酸、磷化工、半导体等涉酸行业低浓度含酸废水处理以及电镀、线路板等行业含酸废水处理与资源化等领域。

（3）技术参数

1）基本原理

利用选择性电渗析系统在直流电场作用下，阴、阳离子交换膜对溶液中离子的选择透过性，实现废酸中硫酸的浓缩（10%～15%）和氟氯离子的分离。主要用于废酸中酸的浓缩和水的淡化，使大部分硫酸和氟氯离子进入浓缩酸中，处理后淡液符合相关回用要求。

该技术工艺流程如图 4-15 所示。

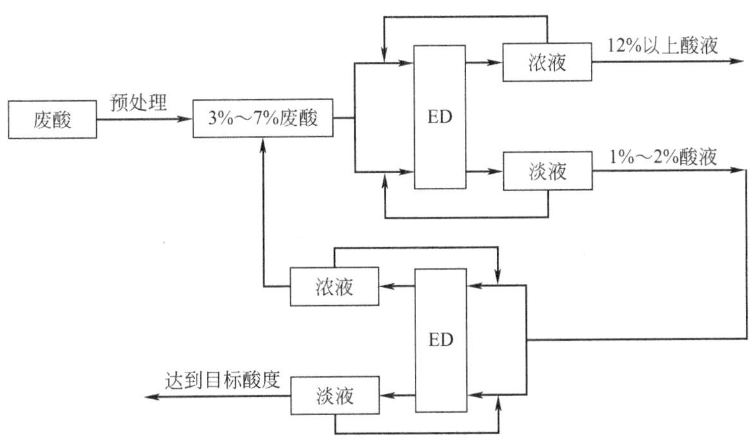

图 4-15　选择性电渗析工艺流程

2）技术特点

① 酸高效分离浓缩，污酸无需中和，渣量小。通过对双极膜进行优化组合集成，采用选择性电渗析技术，实现污酸中酸与重金属的分离，同时对酸进行浓缩回用。污酸处理无需中和，产生的渣量不到传统工艺的 5%。

② 工艺控制简单，便于全自动化控制。新技术参数控制简单，参数控制条件宽松。可通过压力控制、电位酸度控制、流量控制、在线自动检测等手段集成，实现污酸处理全过程自动化控制，大大降低劳动强度。

（4）工程实证

湖南衡阳某冶炼厂，处理水量为 576m^3/d，进水酸度为 2%～5%（以硫酸计）。

技术经济指标：酸回收率>90%，回收酸浓度为 10%～15%，淡液 pH 值为 1～2。适用于酸度小于 8%经硫化除重金属后的污酸处理。运行成本主要为电费，电费约为 3.0～6.0 元/m^3。

支撑的核心设备：电渗析膜组器，单台膜面积为 200m^2，每小时迁移酸量约为 20kg。

4.4.5 废酸热浓缩分离回收技术

（1）技术简介

利用蒸汽作为热源进行加热，使污酸中的部分水分挥发，溶质浓度增大，从而实现废酸的浓缩。通过蒸发浓缩后，浓缩后的馏出液可回用于生产，硫酸浓度经浓缩后质量分数达 30%～50%。采用多效蒸发设备，将前效的二次蒸汽作为下一效加热蒸汽的串联蒸发操作，提高了浓缩效率，减少了蒸汽用量，克服了单效蒸发蒸汽消耗量大、浓缩效率低的弊端。

（2）选择原则/适用范围

本技术适用于冶金、硫精矿制酸、磷化工、半导体等涉酸行业含酸废水处理以及电镀、线路板等行业含酸废水处理与资源化等领域。

（3）技术参数

1）基本原理

利用真空泵调节蒸发系统各级的负压，降低酸液的沸点。在多效蒸发器内，一效蒸发器采用生蒸汽为加热热源，一效分离室内产生的二次蒸汽作为二效蒸发器的加热热源，二效分离室内产生的二次蒸汽作为三效蒸发器的加热热源[17]，逐级回收利用系统内的热量，并利用生蒸汽和二次蒸汽的冷凝液对进入蒸发装置的原料污酸溶液进行一级、二级、三级预热，充分利用蒸发所引出的生蒸汽的热量降低系统能耗。

2）工艺路线

蒸发浓缩装置采取逆流蒸发的方式。开启真空泵，控制末效蒸发器在－0.080MPa真空度状态下。开启原料液进料泵，使物料经预热器通过液位自动控制系统（LIC）进入第一效分离室。第一效分离室内物料液位升高的同时，第一效分离室内部分物料在负压的作用下通过液位自动控制系统分别进入第二效、第三效等多级蒸发分离室。

当第二效和第三效分离室内物料达到用户所需的浓度时，控制系统自动开启出料泵进行出料。各效因出料与水分蒸发而液位降低，通过进料泵自行补充各效分离室内的物料，从而达到自动控制蒸发器各效液位的目的。

3）技术特点

蒸发浓缩技术实现了污酸中酸的浓缩，并通过浓液和馏出液分别实现了硫酸和水的分离回收及回用，降低了企业的酸耗和水耗，相比于传统法，不但回收了有用资源，而且大大减少了中和剂的消耗，避免了大量中和渣的产出，在实现污酸资源化的同时有效降低了生产成本。

4）关键设备

该技术的关键设备为蒸发器，一般设置多个蒸发器串联，设备材质为石墨。配套流量计、温度计、压力表和循环泵等设施。

（4）工程实证

湖南省衡阳市某冶炼厂，处理水量为180m³/d，进水酸度为10%～14%（以硫酸计），进水氟氯离子浓度总量为4000～5000mg/L。

① 技术经济指标：馏出液氟氯离子浓度＜500mg/L，浓缩酸浓度为25%～40%，废水处理平均运行成本约为110元/m³。

② 性能效果：馏出液氟氯离子浓度＜200mg/L，浓缩酸浓度为25%～40%。

③ 支撑的核心设备：一效、二效、三效分离室。尺寸：$D \times H = \phi 1000\text{mm} \times 4000\text{mm}$，3.2m³。结构：碳钢衬四氟（罐顶设置除雾器）。

4.4.6　废酸中硫酸与氟、氯分离技术

（1）技术简介

多效蒸发浓液进入催化吹脱系统，实现酸和氟氯离子的分离。三效蒸发浓液经过催化吹脱系统后分离出的氟氯混酸可用于生产，硫酸浓度质量分数达70%以上。

（2）选择原则/适用范围

本技术适用于冶金、硫精矿制酸、磷化工、半导体等涉酸行业中含酸废水的氟氯分离处理以及电镀、线路板等行业含酸废水处理与资源化等领域。

（3）技术参数

1）基本原理

在一定的酸度下，氟、氯与氢离子结合转化成氟化氢与氯化氢，在通过热空气的吹脱作用使之相互充分接触，使硫酸中氟氯离子以氟化氢、氯化氢的方式穿过气液界面，向气相转移，从而达到从硫酸中脱除氟氯离子的目的；同时提高硫酸的浓度，使得酸达到回用的要求。

2）工艺路线

经过三效蒸发处理后的污酸中硫酸浓度为20%～40%，通过泵送进入吹脱塔顶部，与从塔底从下而上的空气逆流接触进行物料和热量的传递，硫酸中大部分的水、盐酸和氢氟酸进入气相中而实现硫酸的进一步浓缩与分离净化。

从吹脱塔底部出来的达到设计指标的硫酸进入结晶釜内结晶，结晶液通过过滤回收盐分，滤液则送入沉降槽内进一步固液分离，成品硫酸溶液进入硫酸储罐储存，并可返回生产系统回收利用。

从吹脱塔顶部出来的尾气中含有一定量的水分、盐酸和氢氟酸，送入二级吸收

塔进行除害处理，一级吸收获得氟氯混酸，并经碳酸钠吸收后进行压滤，将氟盐送吸收液中分离出来，钠盐废水送蒸盐系统。末级用氢氧化钠碱液吸收尾气中残留的氯化氢和氟化氢，气体达标外排。

3）技术特点

吹脱技术实现了污酸中氟氯的高效开路及酸的浓缩，并通过浓酸和氟氯混酸分别实现了硫酸和氟氯离子的高效分离回收及回用，降低了企业的酸耗和水耗，相比于传统法，不但回收了有用资源，而且大大减少了中和剂的消耗，避免了大量中和渣的产出，在实现污酸资源化的同时有效减低了生产成本。

（4）工程实证

湖南省衡阳市某冶炼厂，处理水量为 $50m^3/d$，进水酸度为 25%～40%（以硫酸计），进水氟氯离子浓度总量为 8000～10000mg/L。

① 技术经济指标：浓缩酸浓度>70%，氟氯混酸浓度为 5%～8%。废水处理平均运行成本约为 230 元/m^3。

② 性能效果：浓缩酸浓度>70%，氟氯混酸浓度为 5%～8%。

③ 支撑的核心设备：膜吹脱塔。外形尺寸为 $D\times H=\phi760mm\times4880mm$。换热面积为 $20m^2$。使用介质：35%～75%的硫酸含 1～5g/L 的 F^- 与 1～5g/L 的 Cl^-。壳程：0.3～0.4mPa 饱和水蒸气。

4.4.7 污酸蒸发浓缩-硫化资源化处理技术

（1）选择原则/适用范围

对于酸度高且重金属离子浓度低的酸性废液，可采用先热浓缩吹脱氟氯再硫化脱重金属工艺。

（2）技术简介

该技术是用热风将污酸蒸发浓缩产出 55%的浓缩酸，同时脱除污酸中的氟和氯。浓缩酸用硫化法除去杂质铜、铅、砷后，过滤得到纯净的浓缩酸，返到硫酸生产系统或其他生产系统使用。不产生石膏，不会造成二次污染；脱除总氟氯效果可达到 98%以上；废水的金属离子和砷脱除效果可达到 80%以上。

污酸蒸发浓缩-硫化资源化处理基本工艺流程如图 4-16 所示。

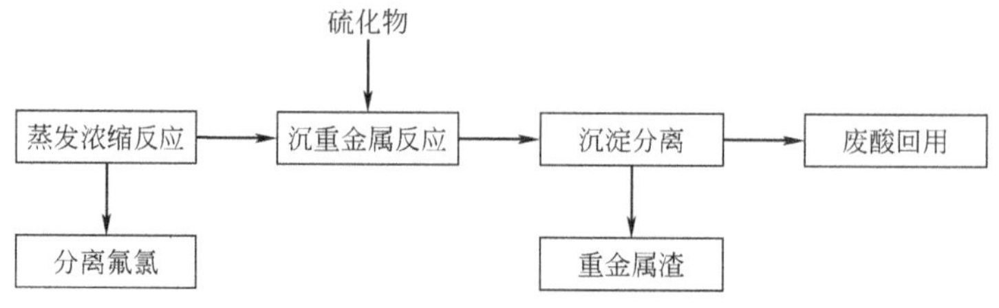

图 4-16 污酸蒸发浓缩-硫化资源化处理基本工艺流程

4.4.8 冶炼污酸资源化处理示范工程

湖南省某锌冶炼企业，生产规模为 30×10^4 t/a，废酸处理设计规模为 576m³/d，采用"废酸气液强化硫化除砷及重金属＋酸电-热浓缩＋热吹脱-氟氯分离"工艺进行资源化处理。

（1）工艺流程

具体的工艺流程如图 4-17 所示。

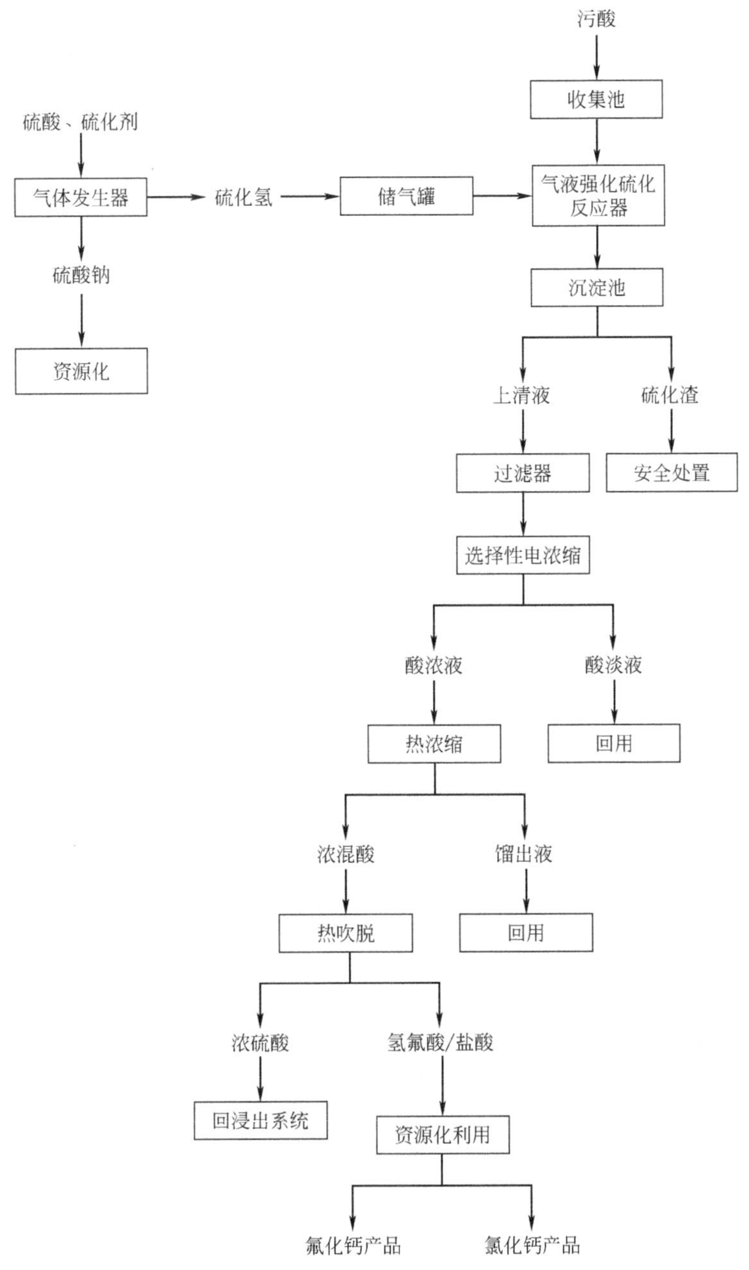

图 4-17　湖南省某锌冶炼企业污酸资源化处理工艺流程

污酸酸度波动范围为3%～15%。当污酸中的酸浓度<8%时，采用选择性电渗析分离浓缩处理后，浓缩后的酸酸度>12%，酸回收率>98%，同时分离出的淡液（pH值约为3）可直接返回系统回收。当污酸中的酸浓度>8%时，可直接进入热浓缩系统进行热浓缩，热浓缩后的酸度达到30%～40%，热浓缩过程中产生的馏出液可直接返回系统。热浓缩采用多效蒸发降低能耗；浓酸进一步通过热风吹脱，氟、氯以氢氟酸和盐酸从硫酸中逸出而实现分离，通过吸收后形成氢氟酸和盐酸，实现资源化利用。氟氯分离后的硫酸可直接回用于浸出车间。

（2）水质情况

各工序进出水水质情况如表4-3所列。

表4-3 湖南省某锌冶炼集团污酸处理项目各工序进出水水质情况

单位：mg/L

污染物	酸度	As	Pb	F	Cl	Zn	Fe
进水	3%～15%	≤1000	10.3	≤3000	≤3000	≤500	≤100
硫化系统处理后							
出水	3%～15%	≤1.0	≤1.0	≤3000	≤3000	≤500	≤100
电浓缩工序							
浓水	12%～15%	≤3.0	≤3.0	≥5000	≥5000	700～1500	300～500
淡水	pH 2～3	≤0.3	≤0.5	≤100	≤100	≤50	≤10
热浓缩工序							
浓混酸	30%～40%	≤10	≤10	≥15000	≥15000	2000～4500	900～1500
热吹脱-氟氯分离工序							
浓硫酸	≥70%	≤20	≤20	≤200	≤200	≤10000	≤5000

（3）工程现场照片

冶炼污酸资源化处理示范工程现场如图4-18所示。

(a) 气液强化硫化工序

(b) 电浓缩工序

(c) 热浓缩工序

(d) 热吹脱-氟氯分离工序

图 4-18　湖南省某锌冶炼集团污酸资源化处理示范工程现场

(4) 环境效益、经济效益和社会效益

1) 环境效益

硫化出水砷浓度＜5mg/L，电渗析处理后淡液 pH 值为 2～4、氟氯浓度＜200mg/L，回收酸浓度＞65%、氟氯浓度＜200mg/L、其他离子杂质优于《工业硫酸》（GB/T 534—2014）规定的合格品标准要求，副产物硫酸盐、氟氯盐可达到出售产品质量要求。

2）经济效益

污酸资源化处理关键技术的经济效益主要体现在废渣减少、资源回收和硫化药剂减少等方面。

① 新技术应用为企业减少硫化渣处置费。新技术砷渣减少量约为 310t/a，以砷渣处置费 2500 元/t 计，砷渣处理费可减少约为 77 万元/年；每年可减少中和渣约 3.3 万吨，以处理成本 700 元/t 计算，可节约处理成本 2310 万元/年。共计可节约成本约为 2387 万元/年。

② 回收资源的经济效益。新技术的实施，净化水可大部分返回系统使用，可以大大减少工业用新水量。回收的硫酸可返回冶炼系统，减少冶炼系统用酸量。回收硫酸量约为 1.3×10^4t/a，价值 268 万元，回用水量约 14.2×10^4t/a，价值 28.4 万元。共计回收资源价值为 296.4 万元/年。

③ 新技术应用降低企业处理废酸药剂费。每年处理废酸约 19 万吨，与传统硫化法相比较，硫化药剂费用可减少约 380 万元/年。

3）社会效益

污酸资源化处理技术已在国内十多家大型有色、钢铁冶炼企业工业化应用，为有色冶炼烟气洗涤污酸废水治理与资源化行业治理技术提供先进处理技术示范，改善了企业周边居民生存环境，为有色重金属冶炼企业可持续发展提供保障，同时大大提升企业的整体竞争力，促进排污企业的可持续发展。

新技术突破了行业污酸资源化技术瓶颈，实现污酸规模化回用与危废的大幅削减，推动了行业绿色变革与绿色发展，为改善流域的生态环境提供重要保障，社会效益十分显著。

参 考 文 献

[1] 杨晓松，邵立南，刘峰彪，等．高浓度泥浆法处理矿山酸性废水机理［J］．中国有色金属学报，2012，22（4）：1177-1183.

[2] 贾乙东．HDS工艺处理高酸高污染负荷型重金属废水［J］．有色矿冶，2007，23（5）：57-59.

[3] 李小生．德兴铜矿废水处理系统的 HDS 工艺改造［J］．金属矿山，2010（2）：179-181.

[4] 刘伟东．高密度泥浆法处理矿区污水的应用与实践［J］．有色金属：选矿部分，2008（3）：32-35.

[5] HJ 2057—2018.

[6] 邹鹤群．浅淡 HDS 法处理酸性废水的优点［J］．城市建设理论研究（电子版），2013，000（019）：1-4.

[7] 林伟．高浓度泥浆法处理污酸水在锌冶炼烟气制酸系统中的应用［D］．沈阳：东北大学，2010.

[8] 柴立元，王庆伟，李青竹，等．重金属污酸废水资源化回收装置：CN201320656399.X［P］．2013.

[9] 王庆伟．铅锌冶炼烟气洗涤含汞污酸生物制剂法处理新工艺研究［D］．长沙：中南大学，2011.

[10] HJ 2059—2018.

[11] 张全喜，张林雷．铅冶炼过程中的污酸污水处理及中水回用系统：CN201920149472.1 [P]. 2019.

[12] 黎明．中和铁盐污染处理高砷污酸废水 [J]. 有色冶炼，2000，29（3）：24-26.

[13] 柳建设，夏海波，王兆慧．硫化沉淀-混凝法处理氧化钴生产废水 [J]. 中南大学学报（自然科学版），2004，35（6）：942-944.

[14] 李亚林，黄羽，杜冬云．利用硫化亚铁从污酸废水中回收砷 [J]. 化工学报，2008，59（5）：1294-1298.

[15] 杨天足，刘伟锋，陈霖．一种重金属冶炼烟气制酸系统污酸的净化方法：CN201310181601.2 [P]. 2013.

[16] 李辉. 高砷酸性废水治理工艺研究 [J]. 山东工业技术，2016（24）：52.

[17] 孙慧梅．有色冶金污酸资源化回用工艺方案设计 [D]. 烟台：烟台大学，2017.

第5章 综合废水处理与回用成套技术与工程实例

5.1 重金属废水电化学处理技术

(1) 技术简介

针对锌冶炼废水、锌板洗涤废水和堆渣场渗滤液的水质特点，研发了以电化学为核心的复合重金属污染废水处理技术；突破了高效敏化剂的制备、防钝化复合重金属电絮凝装置研制以及电还原-膜组合工艺关键技术3项；研发了新型中和剂、新型离子去除剂、阻垢缓蚀剂、高效敏化剂等辅助制剂；采用重金属去除效率高的电絮凝技术，减少了石灰乳投加量，使工艺产渣量降低，在出水重金属达标的前提下降低了运行成本和出水硬度。针对含砷、镉冶炼废水酸性高、重金属种类多、浓度高的特点，开发了电絮凝技术，解决了多金属复合污染问题。

(2) 选择原则/适用范围

该技术适用于有色冶炼重金属废水的深度处理。

(3) 技术参数

1) 基本原理

电化学水处理技术[1]是指在外加电场的作用下，在特定的电化学反应器内，通过一系列设计的化学反应、电化学过程或物理过程产生大量的自由基，进而利用自由基的强氧化性对废水中的污染物进行降解的技术过程。

2) 技术特点

该技术具有能耗低、防钝化、适用水质范围宽等特点。

3) 关键设备、药剂、材料

① 关键设备：防钝化复合重金属电絮凝装置。

② 关键药剂和材料：石灰、PAM、PAC。

4) 主要工艺运行控制参数

电化学反应pH值控制在8～11，停留时间为60～170s，PAC投加量为100mg/L，PAM投加量为4mg/L，电流密度为3.5～10mA/cm^2。

（4）工程实证

1）工程实证1：四厂综合废水处理改造示范工程

水口山有色金属有限责任公司与北京大学等单位合作，依托国家“十一五”水专项相关课题，将研发的电絮凝技术推广应用到湖南某有色金属有限责任公司第四冶炼厂（简称“四厂”）废水电絮凝深度处理工程，处理规模为4200m^3/d（图5-1）。该工程于2008年10月全面完工后，经过2个月的调试和试运行，电絮凝系统运行稳定，水口山有色金属有限责任公司安环部环境监测站于2009年1月17～22日对该工程进行了运行监测，监测结果显示工程处理效果能满足验收要求。该研发技术在此工程中的成功应用，实现了如下减排目标：Zn 4.30t/a，Cd 0.68t/a，Pb 0.11t/a。

(a) 处理站全貌

(b) 污泥压滤

图5-1 四厂综合废水处理改造示范工程现场

2）工程实证2：松柏渣场渗滤液收集及处理示范工程

松柏渣场是水口山有色金属集团的工艺废渣堆放集中地，从新中国成立前开始堆积矿渣，由于历史原因，渣场没有防渗漏设施，且露天堆放，经多年雨水淋浸，造成大量Zn、Cd、As、Pb等重金属元素通过溶出污染土壤与地下水，同时每天产生大量的渗滤液。据湖南省环境保护科学研究院的监测，松柏渣场渗滤液产生量约为100～200t/d，渗滤液主要重金属Zn、Cd、Pb浓度分别为189mg/L、0.83mg/L、

0.25mg/L，其中 Zn、Cd 浓度分别超过排放标准 90 倍、8.3 倍。

建设了 $100m^3/d$ 松柏渣场渗滤液处理示范工程（图 5-2）。采用适用于工业渣场渗滤液处理的复合电絮凝处理工艺。该工艺主要处理单元包括：原水—调节—沉降—电絮凝—气浮—絮凝沉淀—出水。工艺出水 Zn、Pb、Cd、As、Cu 等重金属离子指标符合《污水综合排放标准》(GB 8978—1996) 一级标准。

(a) 控制系统

(b) 电絮凝机

图 5-2　松柏渣场渗滤液收集及处理示范工程现场

技术经济指标：处理示范工程于 2010 年 8 月开工建设，于 2011 年 2 月底完成了主体工艺单元的建设，2011 年 3 月开始调试运行。2011 年 11 月底完成了处理示范工程的全部建设工作。处理工程正常运转，每年可向湘江流域减排 18.4t Zn，每年可回收 Zn 10.8t。出水可用作工艺冷却水和厂区清洗水，年回用量可达 $28800m^3$，节约水费 86400 元。

5.2 重金属废水生物制剂深度处理技术

(1) 技术简介

中南大学环境工程研究所基于多基团高效协同捕获复杂多金属离子的新机制，率先将菌群代谢产物与酯基、巯基等功能基团实现嫁接，发明了富含多功能基团的复合配位体水处理剂（生物制剂）。并开发了“生物制剂配合-水解-脱钙-絮凝分离”

一体化新工艺和相应设备[2]，冶炼重金属废水通过生物制剂多基团的协同配合，形成稳定的重金属配合物，用碱调节 pH 值，并协同脱钙。由于生物制剂同时兼有高效絮凝作用，当重金属配合物水解形成颗粒后很快絮凝形成胶团，实现重金属离子（铜、铅、锌、镉、砷、汞等）和钙离子的同时高效净化，净化水中各重金属离子浓度远低于《铅、锌工业污染物排放标准》《铜、镍、钴工业污染物排放标准》等行业标准要求，可全面回用于冶炼企业。

（2）选择原则/适用范围

该技术适用于有色重金属冶炼废水、有色金属压延加工废水、矿山酸性重金属废水及电镀和化工等行业重金属废水的处理。

（3）技术参数

1）工艺路线

重金属废水“生物制剂配合-水解-脱钙-絮凝分离”处理的具体工艺流程如图 5-3所示。

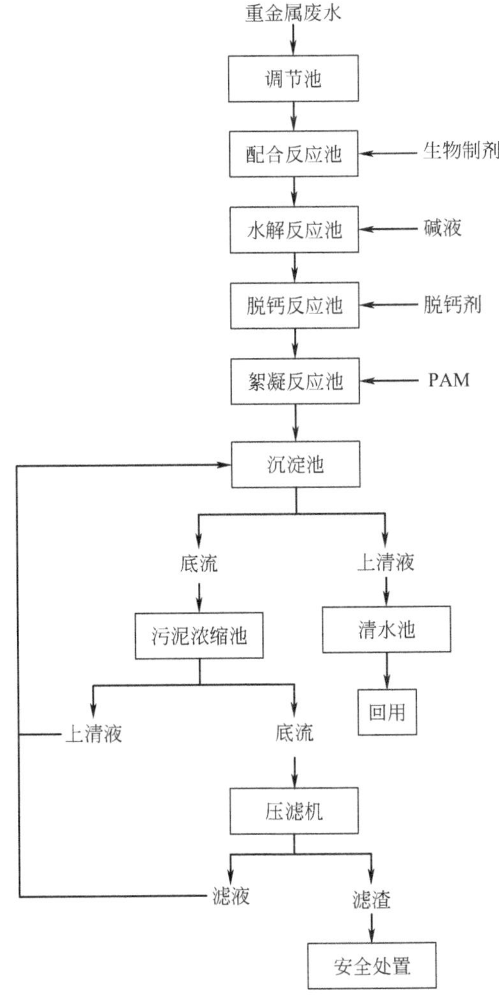

图 5-3　重金属废水生物制剂处理工艺流程

重金属废水进入均化池进行水质、水量调节，生物制剂通过计量泵加入水泵出水的管道反应器中，通过管道反应器使生物制剂迅速与废水中的重金属离子反应，生成生物制剂与重金属的配离子，进入多级溢流反应系统，在斜板前的一级反应池内投加石灰乳或液碱，使生物制剂与重金属离子配合水解长大，实现重金属离子的深度脱除；在三级反应池中投加脱钙剂脱除钙镁离子，在进斜板沉淀池前投加少量的PAM协助沉降，斜板沉降的上清液可以直接回用于企业的生产车间。

该技术解决了传统化学药剂无法同时深度净化多种金属离子的缺陷，净化后出水重金属离子浓度可达到《地表水环境质量标准》（GB 3838—2002）中的Ⅲ类标准限值，废水回用率由传统石灰中和法的50%左右提高到90%以上。

生物制剂技术已广泛应用于有色、化工、电镀等行业的含重金属废水的深度处理，成为有色行业综合废水治理的主要技术，也是当前膜法水处理的最优预处理技术。

2）技术特点

① 可同时深度处理多种重金属离子，抗冲击负荷强，净化高效，运行稳定，对于浓度波动很大且无规律的废水，经处理后净化水中重金属含量低于或接近《生活饮用水水源水质标准》（CJ 3020—1993）的要求；

② 废水中钙离子可控脱除，效果明显，可以控制到50mg/L以下，净化水回用率95%以上；

③ 渣水分离效果好，出水清澈，水质稳定，水解渣量比中和法少，重金属含量高，利于资源化；

④ 处理设施均为常规设施，占地面积小，投资建设成本低，工艺成熟；

⑤ 运行成本低廉。

3）关键设备、药剂

① 关键设备：生物制剂射流混合装备、多级溢流反应器、生物制剂一体化加药装置、碱一体化加药装置、脱钙剂一体化加药装置、絮凝剂一体化加药装置。

② 关键药剂

A. 新型生物制剂：液体，密度为1.40kg/L；投加量为（0.3～0.7）×总金属离子浓度（mg/L）。

B. 液碱：浓度约为10%；投加量取决于废水的pH值和重金属离子浓度。

C. 脱钙剂：投加量与脱除的钙离子浓度有关，以摩尔比为1∶1投加。

D. 絮凝剂：浓度约为0.1%；投加量为2～4g/m^3 废水。

4）主要工艺运行控制参数

① 反应时间与pH值控制　配合反应时间为20～30min；水解反应时间为15～20min；脱钙反应时间为15～20min；絮凝反应时间为10～15min；斜管/板沉淀池

表面负荷为0.5～1.0$m^3/(m^2 \cdot h)$；pH值控制范围为9.5～10.5。

② 生物制剂投加量与重金属含量关系 生物制剂投加量与重金属含量的关系如表5-1所列。

表5-1 生物制剂投加量与重金属含量的关系 单位：L/m^3废水

废水流量/m^3	Me^{n+}/(mg/L)									
	100	150	200	250	300	350	400	500	600	700
200	0.10	0.15	0.2	0.25	0.3	0.35	0.4	0.5	0.6	0.7
300	0.15	0.23	0.3	0.375	0.45	0.525	0.6	0.75	0.9	1.05
400	0.20	0.3	0.4	0.50	0.60	0.70	0.8	1.0	1.2	1.4
500	0.25	0.38	0.5	0.63	0.75	0.875	1.0	1.25	1.5	1.75
600	0.30	0.45	0.6	0.75	0.90	1.05	1.2	1.5	1.8	2.1
700	0.35	0.53	0.7	0.88	1.05	1.225	1.4	1.75	2.1	2.45
800	0.40	0.6	0.8	1.0	1.2	1.4	1.6	2.0	2.4	2.8

A. 采用两段处理时，生物制剂投加比例为：第一段∶第二段=3∶2。

B. 采用三段处理时，生物制剂投加比例为：第一段∶第二段∶第三段=3∶2∶1。

③ 多段处理工艺控制参数

A. 采用两段处理时，第一段pH值宜控制在7～8之间；第二段pH值宜控制在9.5～10.5之间。

B. 采用三段处理时，第一段pH值宜控制在7～8；第二段pH值宜控制在8～9；第三段pH值宜控制在9.5～10.5。

④ 生物制剂法污泥产量计算 生物制剂法污泥产量与废水的pH值、重金属离子类型及浓度、投加药剂的类型及有效成分、其他离子类型及浓度有关，污泥产量如无试验资料或类似污水处理运行数据可参考，污泥产率系数$Y=0.5 \sim 1.8$kg污泥/kg生物制剂。其中污泥含水率按照70%考虑，生物制剂有效质量分数为30%。

(4) 工程实证

某铅冶炼企业总废水，处理规模为7000m^3/d，来源主要包括污酸、渣场渗滤液、还原炉冷却水、冲渣水、厂区初期雨水、厂区地面冲洗水及银冶炼二期废水等。进水主要特征污染参数及污染物为pH 3～7，Pb<5mg/L、Cd<1.0mg/L、As 5.0～600mg/L、Zn<30mg/L、Cu≤10mg/L，采用“生物制剂、氧化剂协同-水解-絮凝”两段深度处理工艺，净化后出水As<0.01mg/L，达到《铅、锌工业污染物排放标准》(GB 25466—2010)要求，出水通过膜系统处理和蒸发系统实现全厂废水“零排放”。

重金属废水生物制剂深度处理技术的具体工艺流程如图5-4所示。

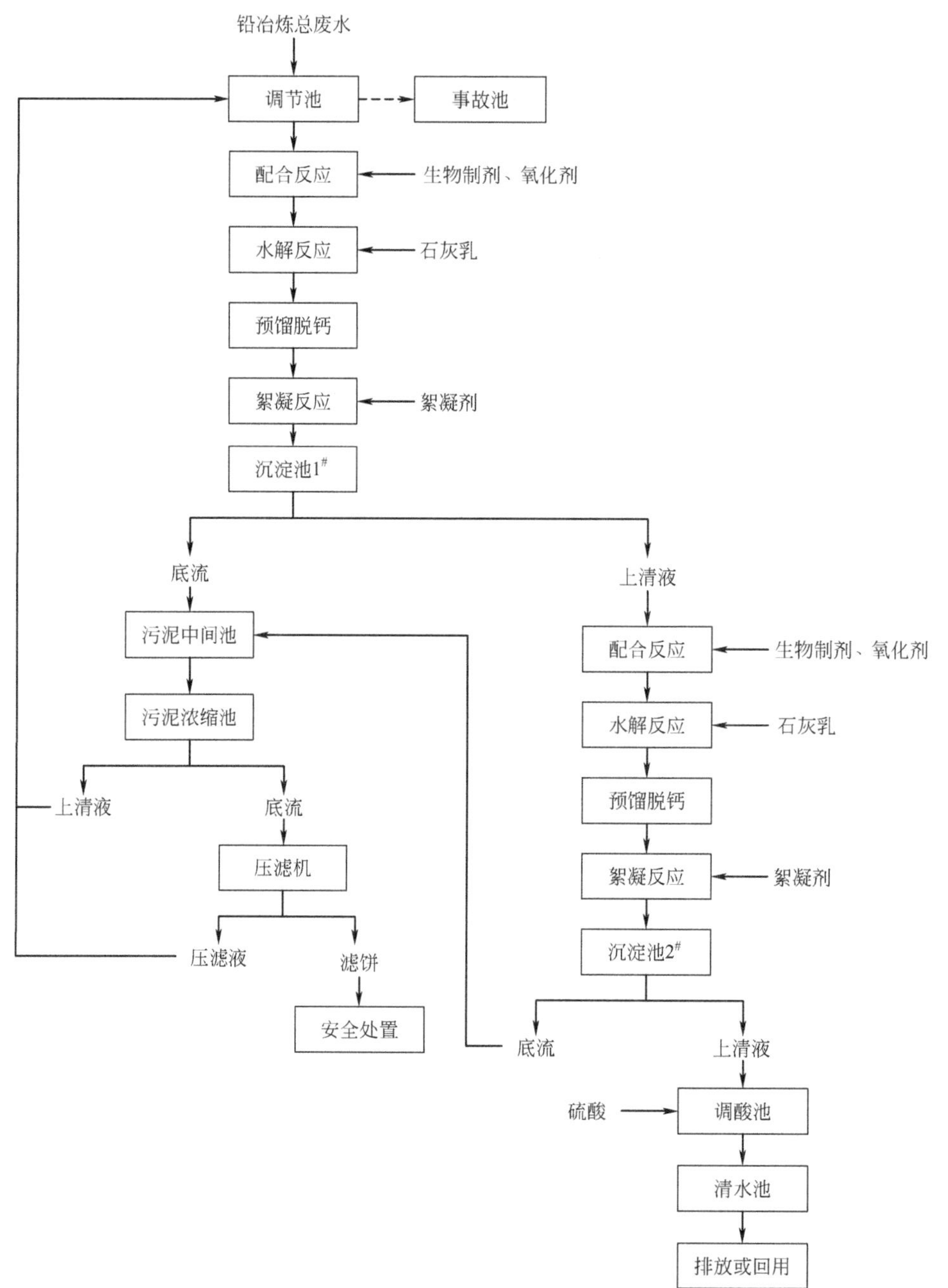

图 5-4 铅冶炼废水生物制剂深度处理技术工艺流程

生产废水和雨水分别经收集进入调节池、雨水收集池进行水质、水量调节，调节后废水与雨水收集池各自经提升泵进入废水处理系统缓冲池，缓冲池废水自流至配合反应池，在配合反应池中加入生物制剂、氧化剂与废水中的重金属离子发生配合氧化反应，生成重金属配合物，实现重金属离子的深度脱除；在水解反应池中加入石灰乳调节体系 pH 值，在絮凝反应池中加入 PAM 絮凝后进入沉淀池实现固液分离，上清液进入二段反应沉淀系统进一步处理（步骤同一段），二段沉淀池上清液经硫酸调节 pH 值至 6～9 后进入清水池。沉淀池底泥经污泥中间池临时储存后泵至污泥浓缩池，再经污泥中转槽进入压滤机进行压滤，泥饼进行安全处置。污泥浓缩池上清液和压滤液自流至调节池。

总废水经两段生物制剂深度处理后，水质指标可达到《铅、锌工业污染物排放标准》（GB 25466—2010）的要求，可直接外排或回用。示范工程现场如图 5-5 所示。

(a) 处理站全貌

(b) 反应系统

(c) 污泥系统

图 5-5

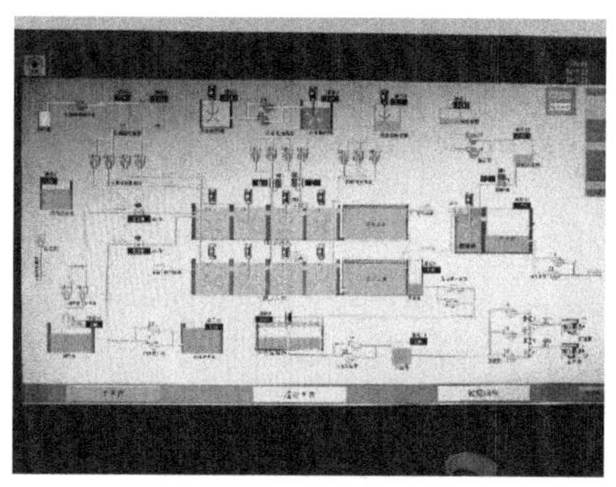

(d) 中控室

图 5-5 某铅冶炼企业总废水生物制剂深度处理工程现场

技术性能指标：总废水深度处理工程，处理规模为 7000m^3/d。该工程于 2018 年 9 月全面完工，并通过验收。已连续稳定运行至今，总废水经两段生物制剂深度处理后，达到《铅、锌工业污染物排放标准》(GB 25466—2010)，可直接外排或回用。年削减 Pb 68.1t、Cd 22.9t、Cu 68.1t、Zn 65.8t，As≤2771t，减少重金属等污染物的排放及对周边区域环境的影响，具有良好的经济效益、环境效益和社会效益。相比传统处理工艺，该技术抗冲击负荷能力强、工艺可靠、运行稳定、处理效果稳定高效、技术先进，是有色冶炼行业废水处理的理想技术之一。

5.2.1 铅锌冶炼总废水生物制剂深度处理工程

2012 年年底在江西省某铅锌金属有限公司新建设施的基础上新增生物制剂投加系统，2013 年 3 月正式完成工业调试，运行情况良好。净化水中重金属离子残余浓度全面达到《铅、锌工业污染物排放标准》(GB 25466—2010)。工艺流程、工程现场如图 5-6、图 5-7 所示。

5.2.2 铜冶炼酸性废水生物制剂深度处理工程

福建省某铜冶炼厂是中国主要的矿产铜生产企业。铜冶炼厂区废水治理项目处理规模为 8000m^3/d，采用“生物制剂深度处理工艺”对废水进行处理，净化水中铅、锌、铜、镉和砷等重金属离子均稳定达到《铜、镍、钴工业污染物排放标准》(GB 25467—2010) 要求，工艺净化重金属高效，抗冲击负荷强，效果稳定。工艺流程、示范工程现场如图 5-8、图 5-9 所示。

5.2.3 铜冶炼总废水生物制剂深度处理工程

湖北省某铜冶炼企业始建于 1953 年，是我国大型的铜冶炼企业之一。企业总废水来源主要包括污酸处理后液、初期雨水及其他废水，主要污染物指标为砷离子，

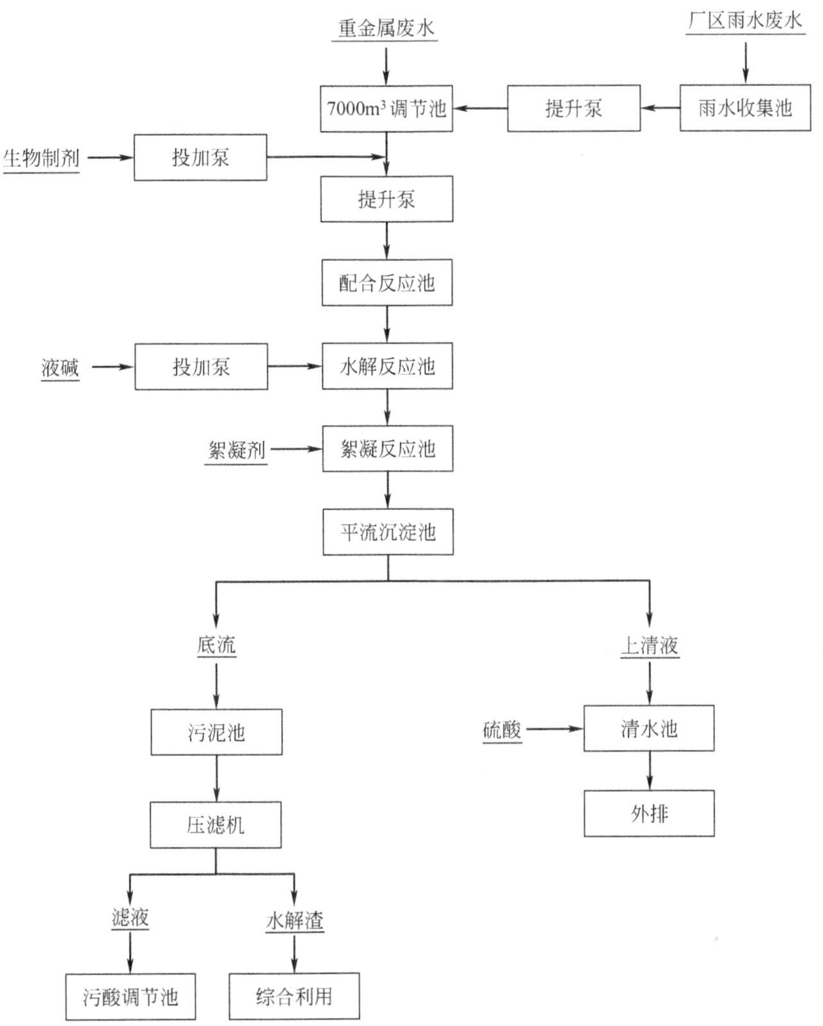

图 5-6　铅锌冶炼总废水生物制剂深度处理工艺流程

(a) 调节池

图 5-7

(b) 药剂储槽

(c) 水解反应池

(d) 沉淀池

图 5-7　铅锌冶炼总废水生物制剂深度处理示范工程现场

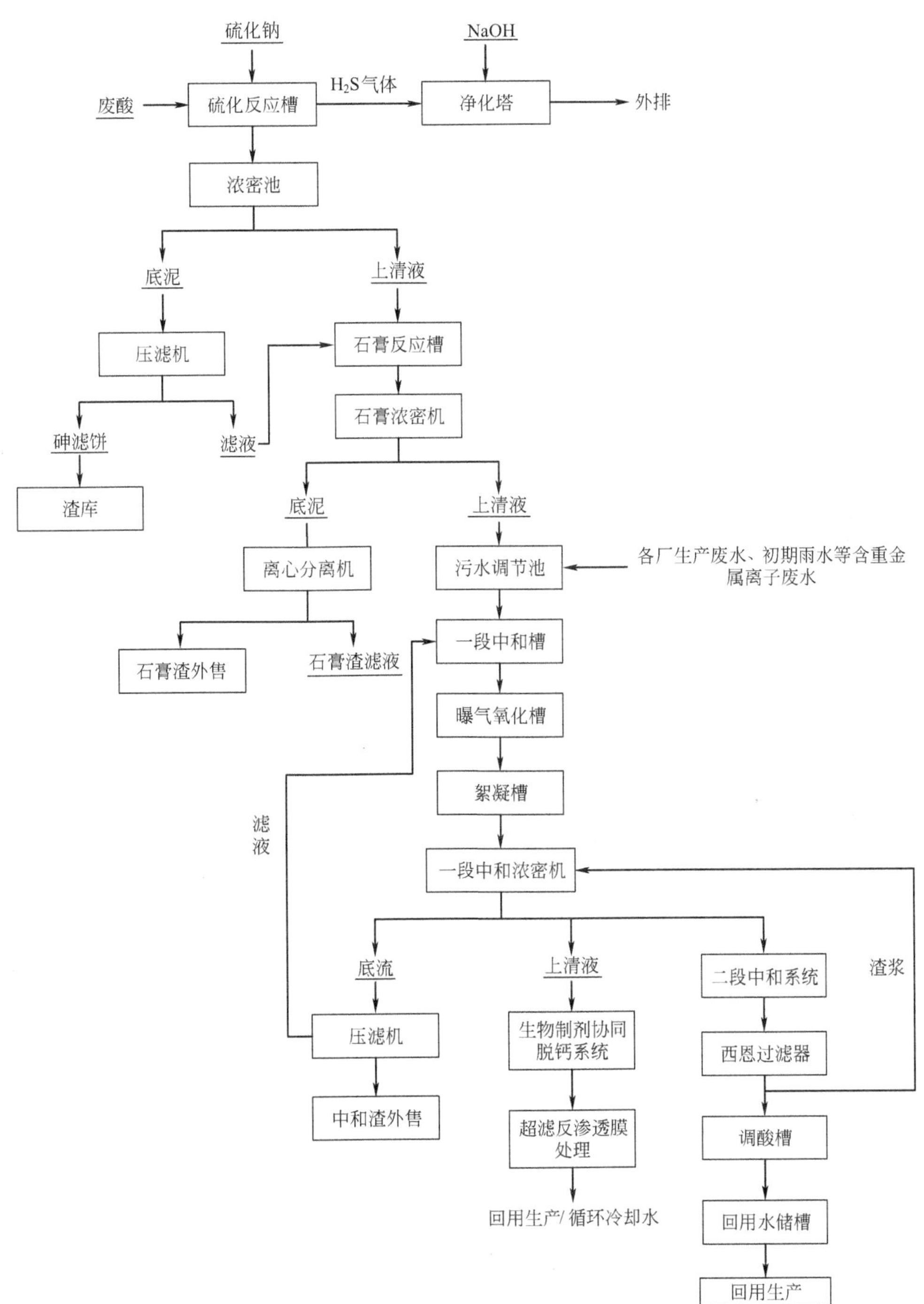

图 5-8　铜冶炼酸性废水生物制剂深度处理系统工艺流程

(a) 反应系统全貌

(b) 反应池

(c) 反应搅拌

(d) 污泥浓缩池

图 5-9　铜冶炼酸性废水生物制剂深度处理示范工程现场

总废水处理规模为 5000m^3/d，采用“生物制剂深度处理”新工艺对废水进行处理，净化水中砷等重金属离子浓度均稳定满足《铜、镍、钴工业污染物排放标准》

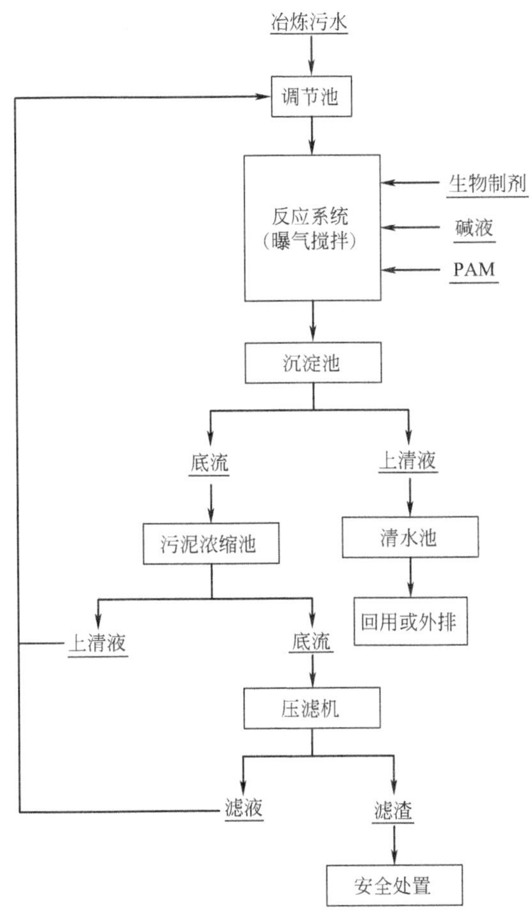

图 5-10　铜冶炼总废水生物制剂深度处理工艺流程

（GB 25467—2010）要求，工艺运行良好，砷脱除效果稳定，消除了砷等重金属污染的隐患，保障了企业的正常生产。铜冶炼总废水生物制剂深度处理工艺流程、深度处理工程现场如图 5-10、图 5-11 所示。

(a) 反应系统

(b) 废水收集渠

(c) 沉淀系统

图 5-11 铜冶炼总废水生物制剂深度处理示范工程现场

5.2.4　铅锌矿山废水深度处理工程

西藏自治区某铅锌多金属矿山矿井涌水处理项目设计规模为 15000m^3/d，采用“生物制剂深度处理”新工艺对废水进行处理，矿井涌水中主要含有砷、铅、铜、锌、镉、铬、汞等多种重金属离子，经处理后净化水中各重金属离子指标均达到《铅、锌工业污染物排放标准》(GB 25466—2010) 要求。生物制剂深度处理工艺可同时深度脱除多种重金属离子，效果稳定，消除重金属污染隐患，保障企业的合法正常生产。

废水处理工艺流程、示范工程现场如图 5-12、图 5-13 所示。

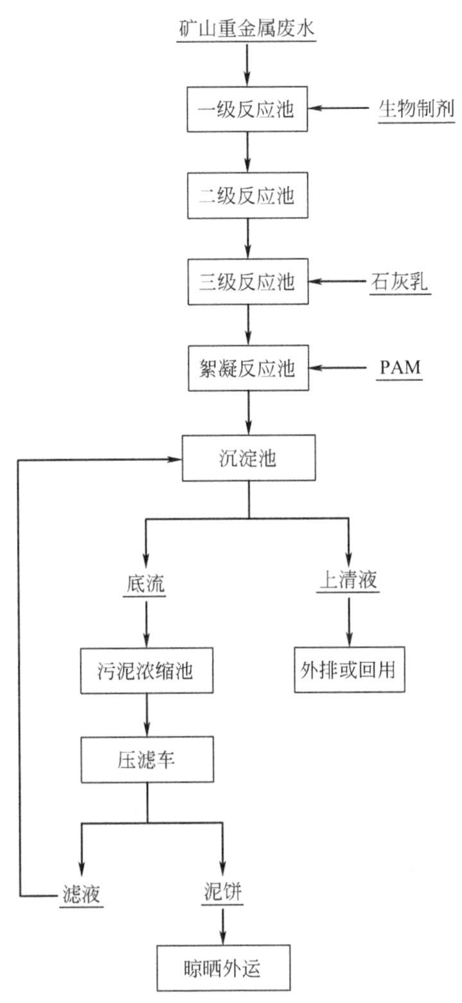

图 5-12　某铅锌矿山废水生物制剂深度处理工艺流程

(a) 污泥浓缩系统

(b) 处理设施现场及环境

(c) 处理站局部

图 5-13 某铅锌矿山废水生物制剂处理示范工程现场

5.3 重金属冶炼废水生物-物化组合处理与回用技术

（1）技术简介

重金属废水采用“生物制剂多基团配合-水解-脱钙-膜分离技术”深度净化新工艺。在生物制剂深度脱除重金属的基础上，采用膜分离技术对废水中的硫酸钠、氯化钠等盐分进行分离，膜处理产生的淡水可作为循环水高质回用，避免净化水长期闭路循环回用盐分结晶析出影响企业生产。分离的盐分通过浓缩后产出固体盐。废水的回用率达 98%以上。

（2）选择原则/适用范围

该技术适用于有色冶炼重金属废水的深度处理与回用，对环境和规模无特殊要求。

（3）技术参数

1）工艺流程

重金属冶炼废水生物-物化组合处理与回用工艺流程如图 5-14 所示。

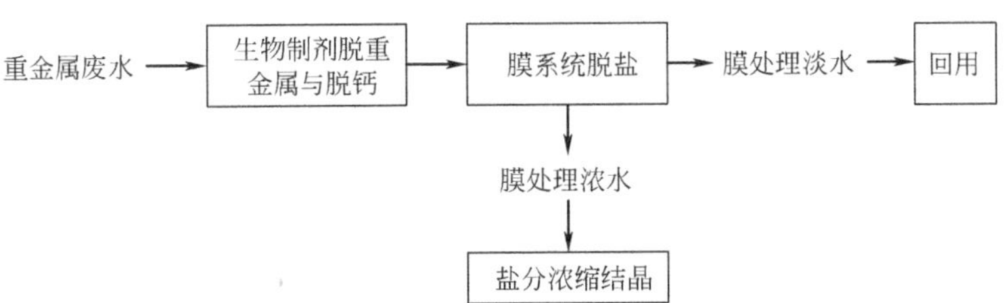

图 5-14　重金属冶炼废水生物-物化组合处理与回用工艺流程

2）技术特点

① 抗冲击负荷强，净化高效，连续稳定运行，经处理后净化水中重金属浓度低于或接近《生活饮用水水源水质标准》（CJ 3020—93）。净化水中各重金属离子浓度远低于相关标准要求，全面回用于企业。

② 仅通过一段反应沉淀系统可以同时实现重金属离子及总硬度的脱除，降低投资成本。

③ 净化水中的钙离子稳定脱除到含量在 50mg/L 以下，保证膜处理的长期稳定运行。

④ 脱钙过程脱钙剂的投加量少（常规碳酸钠脱钙工艺一般需过量 3～5 倍，脱钙成本高），降低膜系统进水的电导率。

⑤ 生物制剂能够作为脱钙过程中的晶核，降低出水的 SS 浓度，出水清澈；处理后净化水中碳酸盐的残留较少，无缓冲，pH 值调节容易，处理后废水可回用，回用率达 95%以上。

⑥ 处理流程短，操作简单，占地面积小，建设投资少，运行成本低。

⑦ 该技术已经在有色冶炼企业得到了广泛应用，处理系统运行稳定，出水水质可稳定实现达标。采用的工艺和设备已经得到大规模的使用，其运行稳定性高和设备返修率低，并且关键设备采用的是国内外技术领先厂家的设备，其精确度和运行控制具有国内领先技术水平。

3）关键设备、药剂、材料

① 关键设备：生物制剂一体化加药系统、生物制剂射流混合装备、多级溢流反应器、膜处理设备等。

② 关键药剂和材料：新型生物制剂、超滤膜系统材料、反渗透系统材料。

4）主要工艺运行控制参数

生物制剂工艺的控制参数可参考 5.2 部分相关内容；膜系统的选型与控制参数可参考 5.5 部分相关内容。

5.3.1 锌冶炼废水深度处理与回用工程

所属课题：湘江水环境重金属污染整治关键技术研究与综合示范课题（2009ZX07212-001）

所属流域：湘江流域

示范工程承担单位：中南大学

示范工程地方配套单位：湖南省株洲冶炼集团股份有限公司

课题承担单位：北京大学

重金属冶炼废水生物-物化组合处理与回用技术应用于世界上最大的锌冶炼企业——株洲冶炼集团股份有限公司（以下简称株冶）。

工艺流程及示范工程现场如图 5-15、图 5-16 所示。

处理后废水通过生物制剂-物化工艺深度处理后净化水中汞、镉、砷、铜、铅、锌等重金属达到《生活饮用水水源水质标准》（CJ 3020—93），回用水中 Ca^{2+} 浓度 <50mg/L，废水回用率 >95%，废水中金属回收率达 99%以上，净化水可全面回用，年减排重金属近 30t，减排重金属废水 400 多万立方米，按 1.2 元/t 计算，每年可节约新水费用近 500 万元。

技术应用效果分析：废水膜系统设计处理能力为 $200m^3/h$。图 5-17 给出基于株冶总废水经生物制剂预处理系统，连续运行 40 天的株冶重金属废水处理数据统计。

如图 5-17 所示，经生物制剂预处理后，废水水质得到进一步提高。其中锌离子浓度保持在 0.5mg/L 以下，铜离子浓度在 0.05mg/L 以下，铅离子浓度在 0.02mg/L 以下及镉离子浓度在 0.02mg/L 以下，远低于《铅、锌工业污染物排放标准》（GB 25466—2010）要求。其中铜离子、铅离子及镉离子，采用生物制剂处理净化水质与膜处理一次淡水水质相差不大，表明采用生物制剂预处理有优异的重金属废

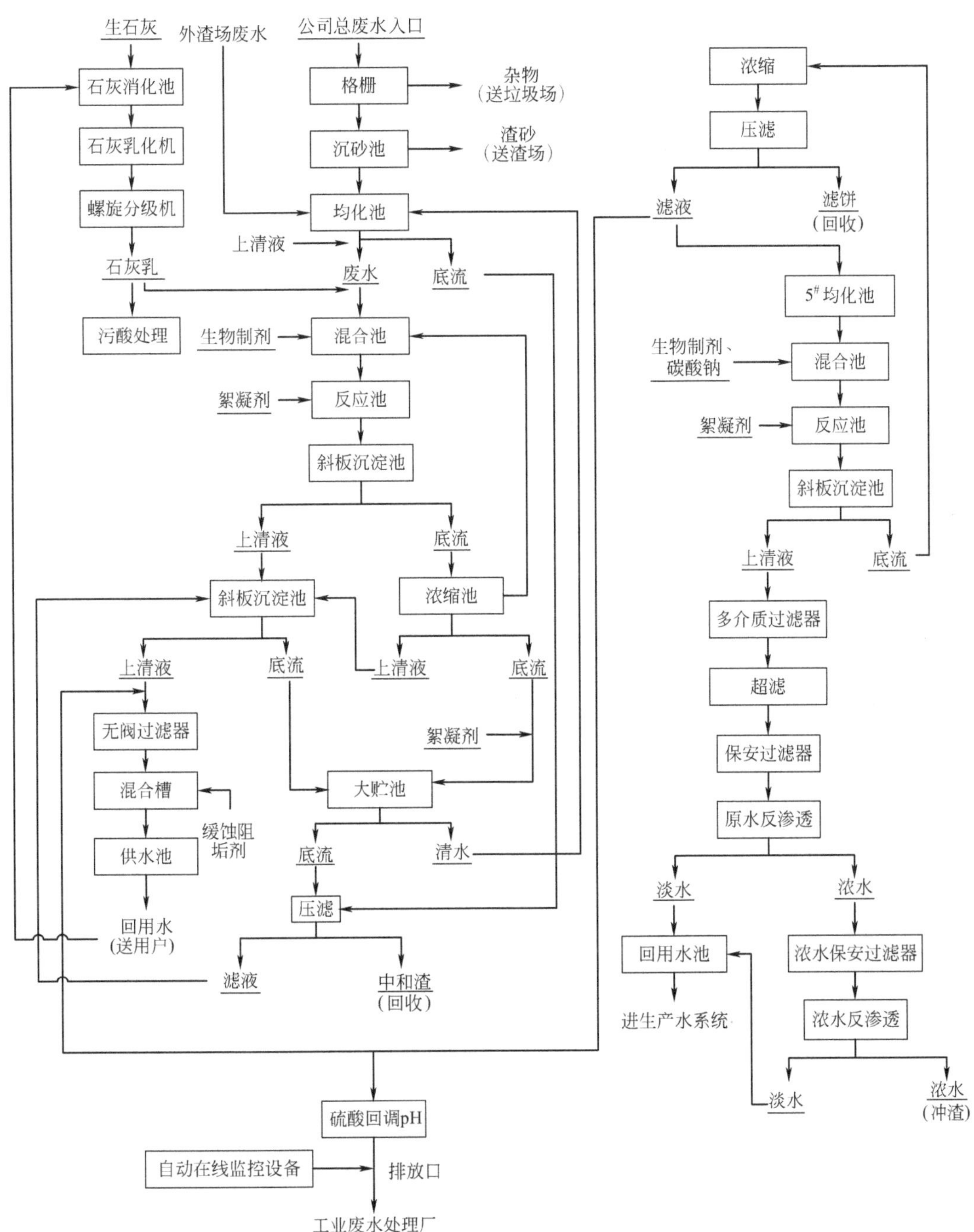

图 5-15　锌冶炼废水深度处理工艺流程

(a) 反应沉淀系统全貌

(b) 反应池局部

(c) 斜板沉淀池

(d) 药剂配料槽

图 5-16 株冶重金属废水深度处理与回用工程现场图片

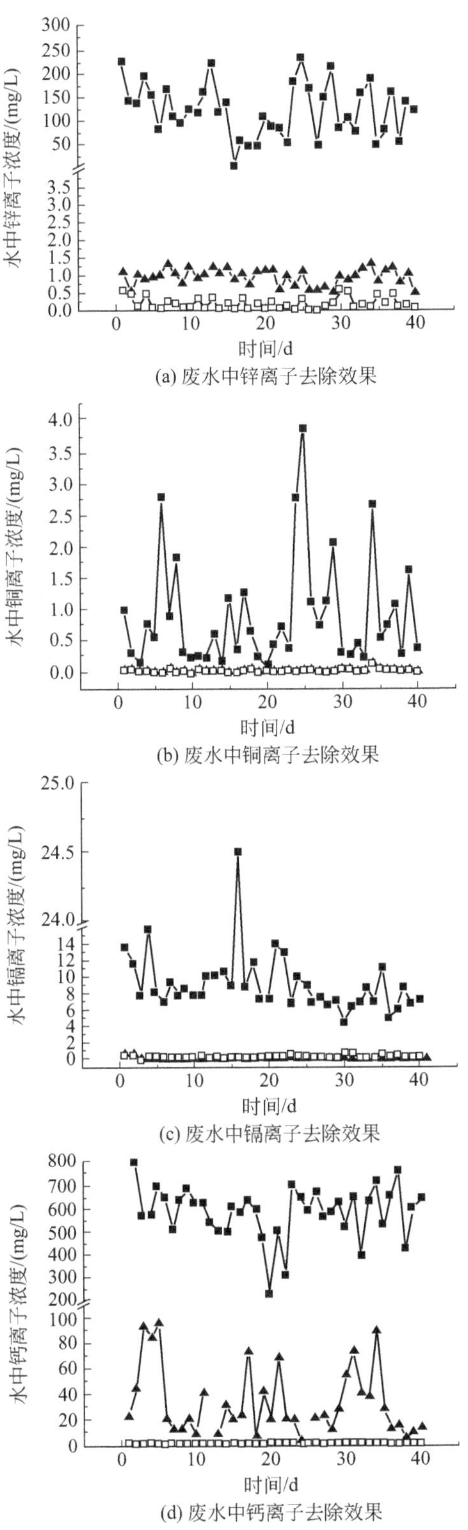

图 5-17　废水生物制剂-膜处理效果

(■ 废水；▲ 生物制剂处理净化水；□ 膜处理一次淡水)

水处理效果。钙离子浓度控制在 1mg/L 以下，从而可有效避免净化水回用至生产系统的结垢问题。

5.3.2　铅冶炼废水深度处理与回用工程

重金属废水生物制剂深度处理与回用技术应用于世界上最大的铅冶炼企业——河南省某铅冶炼集团，处理规模 200m^3/h。在原石灰-铁盐水处理工艺的基础上改造为生物制剂深度处理工艺，将原需要 3 段处理工艺调整为 1 段生物制剂处理工艺，处理流程大幅缩短，占地面积为原工艺的 1/3，工艺过程简单，产生的渣量小，生物制剂处理后的净化水中硬度控制在 50mg/L 以下，各项指标能够满足膜处理进水的要求，减少膜处理负荷，降低膜处理风险，保障膜系统的顺利运行。净化水中各重金属离子浓度远低于《铅、锌工业污染物排放标准》限值，膜处理淡水全部回用于企业生产车间。工艺流程、示范工程现场如图 5-18、图 5-19 所示。

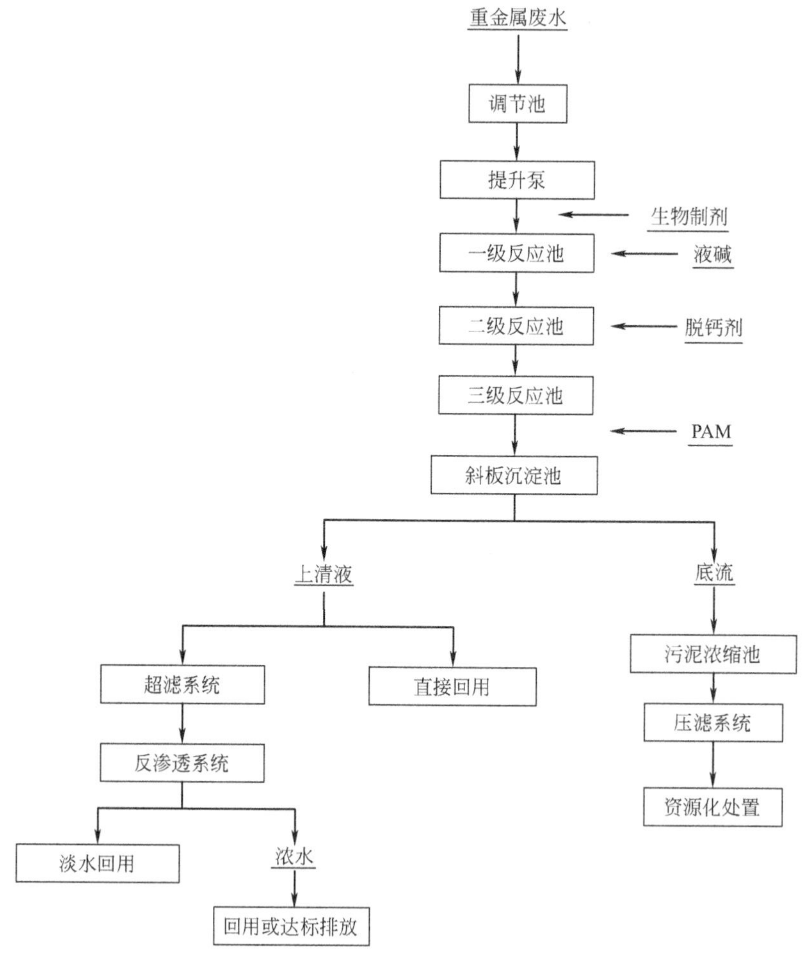

图 5-18　河南省某铅冶炼总废水深度处理与回用工艺流程

(a) 斜板沉淀池

(b) 污泥浓缩池

(c) 反应池

(d) 生物制剂储槽

图 5-19　河南省某铅冶炼总废水深度处理与回用示范工程现场

采用“生物制剂配合-水解-深度脱钙”技术解决了废水采用石灰-铁盐工艺处理硬度高，不满足进膜深度处理的难题，生物制剂处理过程产生的部分低钙净化水直接回用，剩余部分进入膜系统脱盐，膜系统产生的淡水返回企业循环水系统回用，浓水利用生物制剂工艺处理后达标回用于冲渣系统，或达标排放。

5.3.3 铅锌冶炼ISP工艺废水“零排放”处理工程

广东省某铅锌冶炼厂是国内采用ISP工艺铅锌冶炼企业，总废水处理规模4800m^3/d，采用“生物制剂协同脱钙-超滤-纳滤-反渗透-蒸发”工艺，在原有石灰-铁盐处理设施的基础上进行了生物制剂协同脱钙处理工艺的改造，2011年初完成工业调试，运行情况良好。净化水中重金属离子残余浓度全面达到《铅、锌工业污染物排放标准》（GB 25466—2010）要求。净化水中钙离子浓度控制在50mg/L以

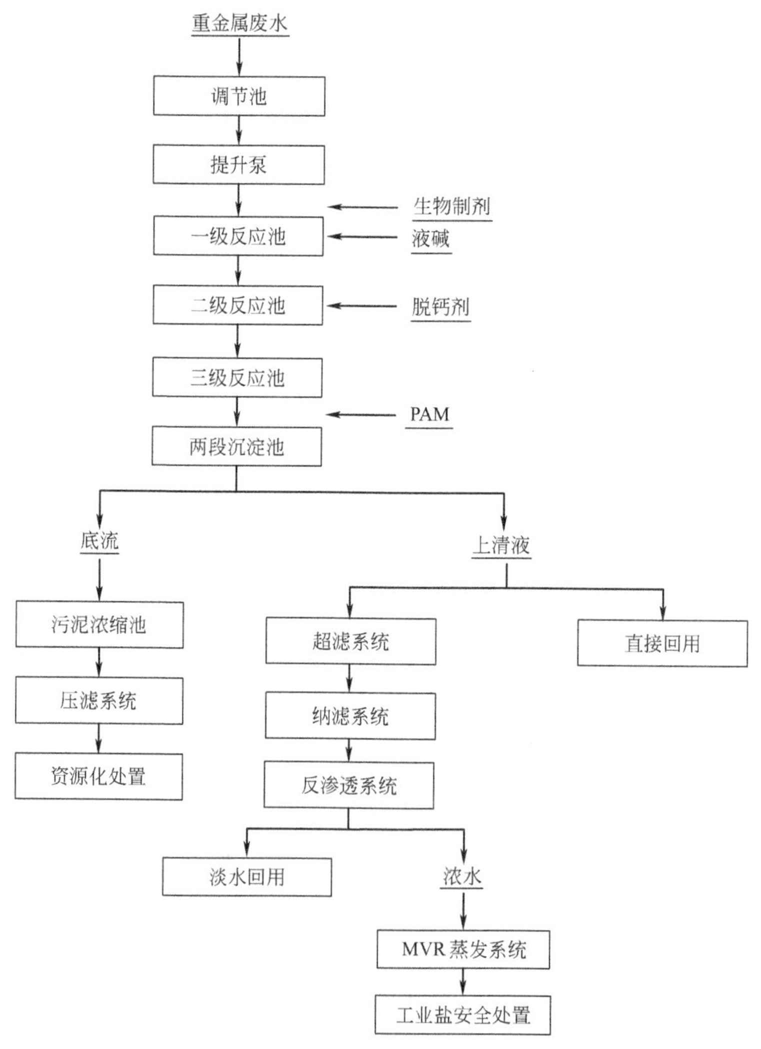

图5-20 广东省某铅锌冶炼厂废水“零排放”工艺流程

内，净化水各项指标满足膜处理进水要求，为膜处理系统的长期稳定运行创造了条件，反渗透的浓水进入蒸发系统，产出结晶盐，实现了废水的“零排放”要求，产水替代新水全面回用于各生产车间。企业自 2012 年至今无工业废水的排放。工艺流程及示范工程现场分别如图 5-20、图 5-21 所示。

(a) 反应池

(b) 沉淀池

(c) 超滤

(d) 纳滤

图 5-21

(e) 反渗透

(f) MVR

图 5-21 广东省某铅锌冶炼厂废水站深度处理示范工程现场

5.3.4 铜冶炼废水深度处理与回用工程

黑龙江省某铜业有限公司在生产过程中产生的总废水（1680m^3/d）主要来源于污酸处理后液，以及脱硫、熔炼、硫酸、净液、电解、酸雾等区域排出的含重金属场面水，总废水中主要含有 Cu、Zn、As、F、Fe、Bi、Sb、Cd 等污染因子，各离子浓度相对同行业铜冶炼企业较高。该铜业有限公司采用“生物制剂深度处理＋CO_2脱钙＋膜过滤”处理工艺，净化水中重金属离子达到《铜、镍、钴工业污染物排放标准》（GB 25467—2010）表 2 标准，深度脱除废水硬度，产水满足企业回用水处理要求。

工艺流程及示范工程现场如图 5-22、图 5-23 所示。

5.3.5 钼冶炼酸性废水“零排放”工程

陕西省某钼冶炼企业硫酸工业污水来源于烟气净化洗涤水，针对废水中的主要污染物 COD 以及 TDS，采用“生物制剂协同氧化及协同脱钙＋超滤＋反渗透”工艺进行处理，设计处理规模为 300m^3/d，处理后产水达到《工业循环冷却水处理设计规范》（GB/T 50050—2017）标准后回用。工艺流程、示范工程现场如图 5-24、图 5-25 所示。

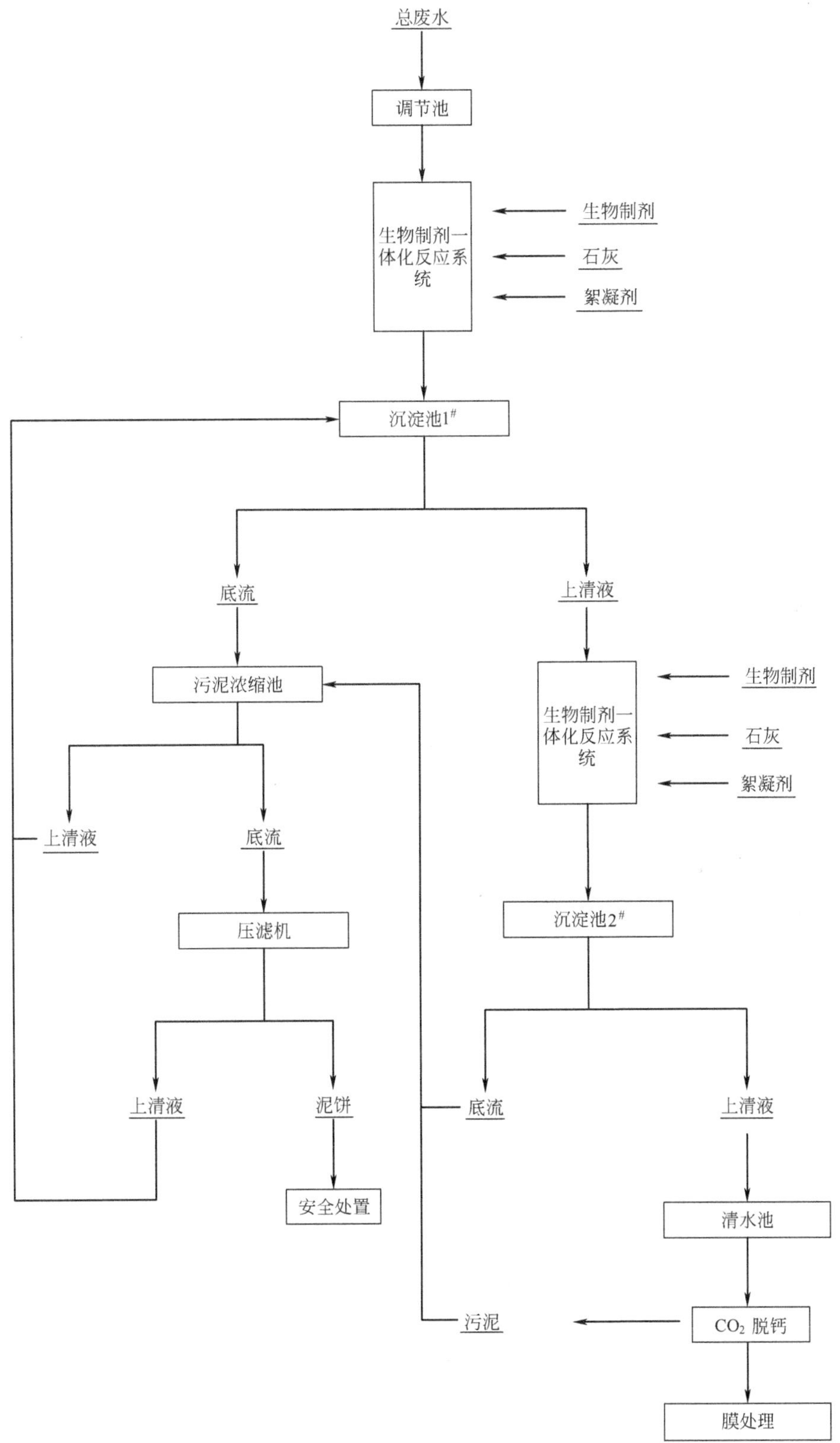

图 5-22　黑龙江省某铜冶炼厂废水深度处理与回用工程工艺流程

(a) 生物制剂一级组合池

(b) 生物制剂二级组合池

(c) 立式压滤机

(d) 硫酸回调系统

(e) 生物制剂储罐

(f) 现场处理效果

图 5-23　黑龙江省某铜冶炼厂废水深度处理与回用示范工程现场

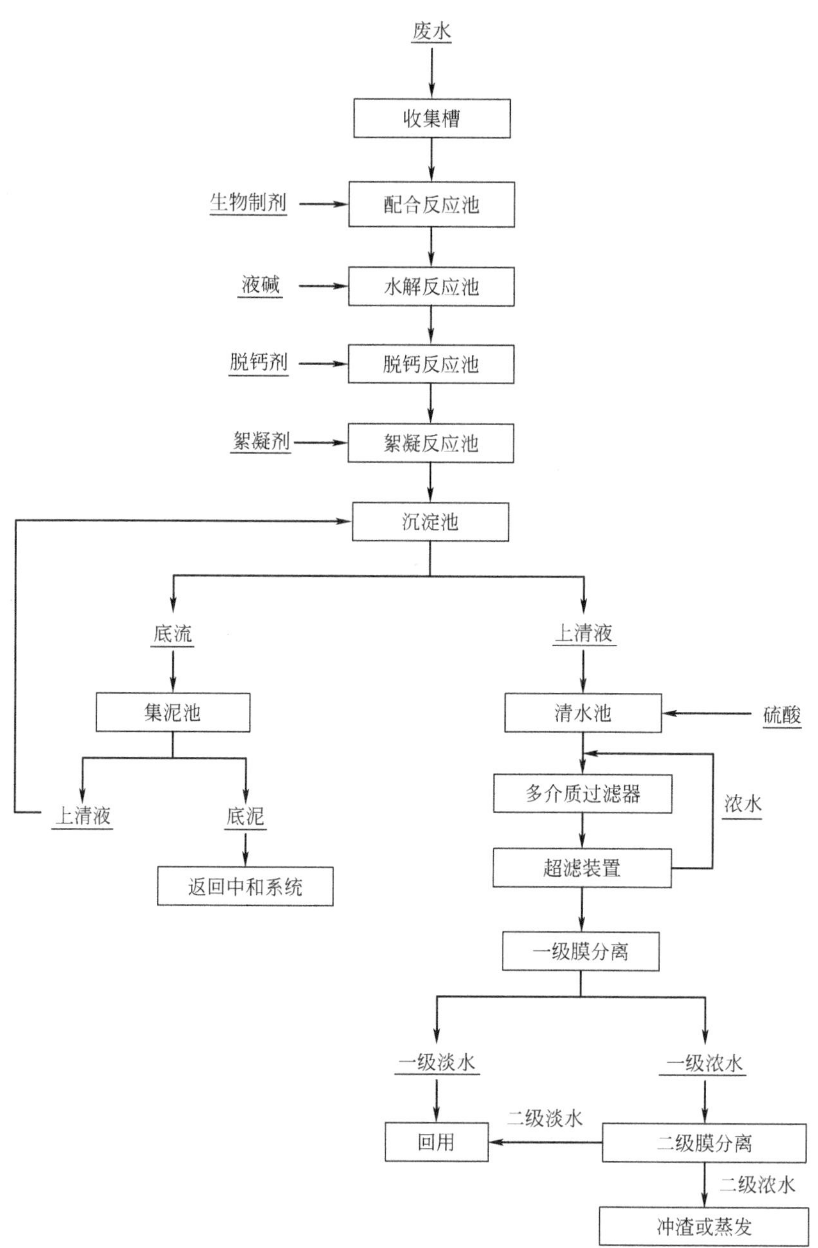

图 5-24 陕西省某钼冶炼厂酸性废水“零排放”工程工艺流程

(a) 处理站局部

(b) 反应池

(c) 斜管沉淀池

图 5-25

(d) 污泥浓缩池

(e) 药剂储槽

(f) 反渗透

图 5-25 陕西省某钼冶炼厂硫酸工业废水回用示范工程现场

5.4 含铊废水深度处理技术

铊在地壳中的含量极低，有强烈的亲硫性，以微量元素形式进入方铅矿、闪锌矿、黄铜矿、黄铁矿、辉锑矿中，在有色高温冶炼过程中易挥发进入烟气，在烟气净化过程中进入污酸废液，是有色冶炼工业的特征污染物。铊及其化合物的毒性很强，对哺乳动物的毒性仅次于甲基汞，但远大于 Hg、Pb 和 As 等，毒性是氧化砷的 3 倍多，我国《生活饮用水卫生标准》(GB 5749—2006) 中对铊的要求为 0.0001mg/L。因为铊在地壳中含量非常低，长期以来没有引起人们对铊污染问题的关注。2010 年以来，随着铊污染事件的不断出现，铊污染治理逐渐被人们重视。

含铊废水处理难度大，传统的氯化物沉淀法难以实现铊的深度脱除，吸附法吸附容量有限，处理操作复杂，难以推广应用于实际大水量的工业生产过程。中南大学环境工程研究所针对含铊的重金属废水的特征，调整生物制剂的基团结构和嫁接新的基团，开发出含铊废水处理高巯基化生物制剂，该系列生物制剂能够有效地调整废水中铊的形态，并利用其功能基团与铊形成稳定的配合物，实现铊的深度脱除。

开发了“稳定剂调整-生物制剂配合-水解-絮凝分离”一体化新工艺和相应设备，重金属废水用碱调节 pH 值至目标值，根据废水中铊的含量加入稳定剂，调整废水中铊的形态，对铊进行初步脱除，再根据铊和其他重金属离子浓度加入高巯基化生物制剂进行配位深度脱除，最后加入絮凝剂进行固液分离，实现多种重金属离子（铊、砷、镉、铬、铅、汞、铜、锌等）同时高效净化。净化水中的铊离子浓度小于 0.0005mg/L，其他重金属离子浓度低于国家《铅、锌工业污染物排放标准》(GB 25466—2010) 限值要求。

(1) 工程实证 1：广东某铅锌冶炼企业含铊污酸废水深度处理

该技术应用于广东省某铅锌冶炼企业污酸废水的脱铊处理，应用的工艺流程、示范工程现场如图 5-26、图 5-27 所示。

该工程 2010 年完成建设并正式投入运行，工业化生产现场运行的数据如表 5-2、表 5-3 所列。

表 5-2　污酸中铊及重金属离子浓度　单位：mg/L（pH 值无量纲）

试样名称	Tl	Pb	Zn	Cd	Hg	As	pH 值	总硬度
污酸原水 1	75.4	57.03	602.52	1239.36	5.80	114.99	2.03	2203.32
污酸原水 2	61.33	37.50	337.41	984.04	6.70	78.32	5.91	13240.17
污酸原水 3	44.62	17.42	402.51	900.00	0.81	179.98	5.97	14655.15

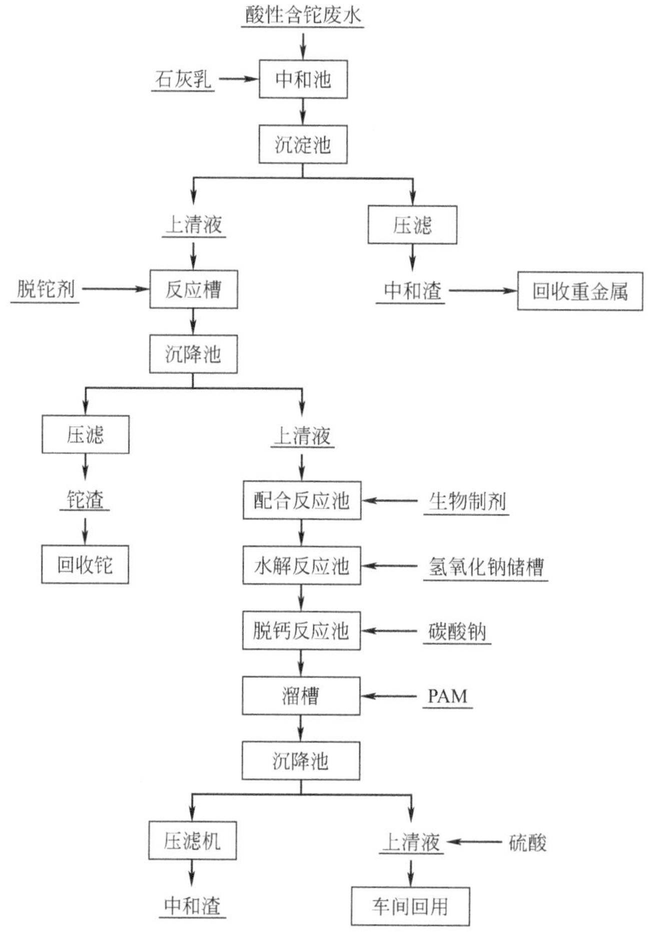

图 5-26 广东省某铅锌冶炼企业污酸废水深度除铊处理工艺流程

(a) 现场示意牌

(b) 处理站局部

(c) 压滤车间

(d) 药剂间

图 5-27　广东省某铅锌冶炼企业含铊污酸生物制剂深度处理示范工程现场

表 5-3　净化水中铊及重金属离子浓度　　单位：mg/L

试样名称	Tl	Pb	Zn	Cd	Hg	As	总硬度
净化水 1	<0.0005	0.16	0.19	0.019	0.0005	0.05	165.75
净化水 2	<0.0005	0.23	0.16	0.015	0.001	0.07	54.58
净化水 3	<0.0005	0.20	0.18	0.013	0.0006	0.06	86.92

（2）工程实证 2：江西省某锌冶炼厂含铊等重金属废水生物制剂深度处理工程

该冶炼厂处理的原水中主要污染物为锌（Zn）、铅（Pb）、镉（Cd）以及重点控制的铊（Tl），该 4 种重金属类污染物的主要特点是浓度波动较大，其中 Pb 浓度在 1～400mg/L 之间波动，Cd 浓度在 0.1～10mg/L 之间波动，Tl 浓度在 0.02～4mg/L 之间波动。调节池废水经过提升泵打入第一混合池，在第一混合池加入石灰乳调节 pH 值至目标值，废水自流进入第二混合池，在第二混合池根据水质、水量加入稳定剂，调整废水中铊的形态，对铊进行初步脱除；然后再根据铊和其他重金属离子浓度在反应池中加入适量生物制剂进行深度脱除；最后加入絮凝剂后进入斜板沉淀池进行固液分离。上清液直接进入二段反应系统，二段反应系统四级反应池依次分别加入石灰乳、稳定剂、生物制剂和絮凝剂，其中一级反应池石灰乳量以控制 pH 值至适当值为宜，生物制剂和稳定剂投加量根据水质、水量确定，絮凝剂用量进行固定投加。絮凝反应池出水进入斜板沉淀池进行固液分离，上清液达标排放或者回用，两段沉淀池底流经浓缩压滤后产生的滤渣妥善处理，滤液返回调节池。Tl 脱除水平可以根据不同要求通过控制药剂量来实现，指标可以控制在 0.1μg/L 以下，远优于 5μg/L 的标准限值。同时 Pb、Cd、Cu、Hg 等指标能够稳定满足国家《铅、锌工业污染物排放标准》（GB 25466—2010）规定的要求。

目前该技术已在全国 40 多家大型有色企业应用，净化水中铊及各重金属离子浓度可稳定达到国家或者地方相关排放标准要求。该技术也成功参与处置广东省韶关北江铊污染、广西省贺江铊污染等重大环境污染事件。

5.5 综合废水深度处理与回用技术

5.5.1 纳滤膜分离技术

（1）技术简介

纳滤膜分离技术是采用纳滤膜为膜材料的膜法废水深度处理技术，纳滤膜是一种介于反渗透膜和超滤膜之间的压力驱动膜，孔径约为 1nm，能够截留分子量在 100～1000 之间的物质。因其独特的纳米筛分作用及 Donnan 效应，纳滤膜分离技术表现出较好的离子选择性[3]，从而截留分离废水中的钙等二价、三价离子。

（2）选择原则/适用范围

该技术适用于废水处理站废水的深度处理和循环水的软化除钙等二价、三价离子。

（3）技术参数

1）基本原理

目前对纳滤分离机理尚无定论，一般根据溶液性质的不同可分为两种：一种是电中性溶液中的传质分离过程；另一种是电解质溶液中的传质分离过程。纳滤分离的实际传质过程不能简单地用单机理进行解释。近年来，基于 Nernst-Planck 扩展方程的纳滤传质机理研究成效显著[4]。

2）工艺路线

纳滤膜分离技术典型工艺路线见图 5-28。

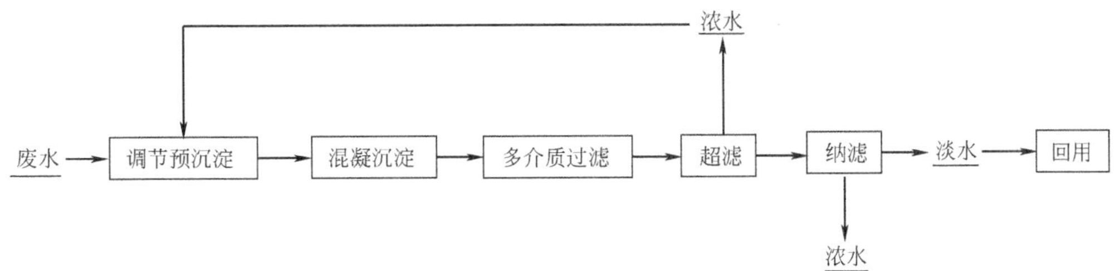

图 5-28 纳滤膜分离技术典型工艺路线

3）技术设计参数[5]

① 膜分离系统产水总回收率根据进水水质和处理要求确定，一级膜处理水回收率一般不宜大于 75%；

② 膜元件选择应根据进水水质和处理要求参考膜厂家设计导则，必要时进行试验筛选和验证；

③ 预处理方法应根据进水特点及膜组件的性能特点确定，必要时根据试验确定；

④ 各工艺装置宜设置自控系统，监控项目包括流量、压力、电导率及 pH 值等；

⑤ 膜系统宜设置在线加药系统，投加药剂种类及投加量应根据进水水质计算，并根据试验确定；

⑥ 膜系统应设置化学清洗装置，化学清洗程序和药剂宜参考产品说明书，必要时需进行试验验证后确定；

⑦ 膜分离化学清洗水应收集、处理；

⑧ 膜分离系统反冲洗水应收集并回用。

4）技术特点

① 纳滤膜表面带负电，基于附加的电性作用，截留水中杂质选择性强，在较低压力下仍有较高脱盐性能，纳滤装置可以有效脱除水中大部分硬度和部分盐分，保持整个产水系统的稳定性。

② 纳滤膜工艺操作压力一般为 0.35～1.5MPa，相关配套设备所需压力相应较低。相比反渗透，在原水水质相同条件下，给水压力约为反渗透的 1/2；系统回收率较反渗透高，且大大降低了电耗量，仅为反渗透的 1/3。

③ “纳滤＋反渗透系统”相较两级反渗透系统，产水水质合理，性价比高。纳滤前置＋反渗透系统的产水率高于两级反渗透系统，两级反渗透系统虽然产水水质

更好，但运行成本高，系统压力较大。纳滤+反渗透系统的产水电导率能达到200μS/cm以下，可以满足一般工业纯水的标准，性价比高；同时部分纳滤产水可以达到回用要求，减小反渗透系统的规模。

④ 纳滤膜钙分离技术具有无相变、能耗小、设备简单、占地面积小、操作方便，且可连续生产、便于自动控制等突出特点，被广泛应用在废水的深度处理、水的软化和纯化等领域中[6]。

（4）工程实证：某冶炼企业纳滤脱钙处理工程

某冶炼企业废水处理站采用纳滤膜分离除钙法对中和后废水进行深度处理，该废水pH值为6～7，钙离子浓度为928～950mg/L，电导率约为6070μS/cm。采用DK2540纳滤膜作为膜芯进行钙分离处理，进膜压力为1.9MPa，温度为25℃，膜浓缩液中钙离子浓度约为1700mg/L，淡水中钙离子浓度为230mg/L，平均膜通量约为1.244L/(min·m^2)，出水可回用于系统补水。

5.5.2 反渗透膜盐分离技术

（1）技术简介

反渗透膜盐分离技术是指采用反渗透膜作为膜材料对废水中盐分进行分离的处理技术。利用反渗透膜只能透过溶剂（通常是水）而截留盐类物质的选择透过性，依靠膜两侧压力差驱动做物理筛分，从而在膜高压侧得到处理浓缩液。

（2）选择原则/适用范围

该技术适用于废水处理站废水的深度脱盐处理。

（3）技术参数

1）基本原理

反渗透（RO）的工作原理是施加足够压力（比自然渗透压更高），使溶液中的溶剂（如水）通过反渗透膜而分离出来，因为它和自然渗透方法相反，故称反渗透。对膜一侧的料液施加压力，当压力超过它的渗透压时溶剂会逆着自然渗透的方向做反向渗透，从而在膜的低压侧得到透过的溶剂，即渗透液，高压侧得到浓缩的溶液即浓缩液。反渗透时，溶剂的渗透速率即液流能量N为：

$$N=K_{h}(\Delta p-\Delta\pi)$$

式中，K_{h}为水力渗透系数，它随温度升高稍有增大；Δp为膜两侧的静压差；$\Delta\pi$为膜两侧溶液的渗透压差。

稀溶液的渗透压π为：

$$\pi=iCRT$$

式中，i为溶质分子电离生成的离子数；C为溶质的物质的量浓度；R为摩尔气体常数；T为热力学温度。

反渗透通常使用非对称膜和复合膜。反渗透所用的设备，主要是中空纤维式或卷式的膜分离设备。反渗透膜能截留水中的各种无机离子、胶体物质和大分子溶质，从而取得净制的水；也可用于大分子有机物溶液的预浓缩[7]。

2）工艺路线

废水反渗透膜盐分离工艺路线见图 5-29。

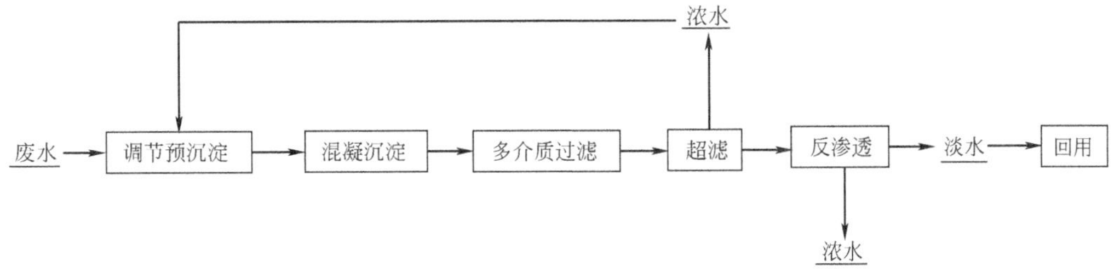

图 5-29　废水反渗透膜盐分离工艺路线

3）技术设计参数[5]

① 膜分离系统产水总回收率根据进水水质和处理要求确定，一级膜处理一般不宜大于 75%；

② 膜元件选择应根据进水水质和处理要求参考膜厂家设计导则，必要时进行试验筛选和验证；

③ 预处理方法应根据进水特点及膜组件的性能特点选择，必要时根据试验确定，中空纤维膜一般要求进水 SDI（污泥密度指数）<3，卷式膜要求进水 SDI<5；

④ 各工艺装置宜设置自控系统，监控项目包括流量、压力、电导率及 pH 值等；

⑤ 膜系统宜设置在线加药系统，投加药剂种类及投加量应根据进水水质计算，并根据试验确定；

⑥ 膜系统应设置化学清洗装置，化学清洗程序和药剂宜参考产品说明书，必要时需进行试验验证后确定；

⑦ 膜分离化学清洗水应收集、处理；

⑧ 膜分离系统反冲洗水应收集并回用。

4）技术特点

反渗透技术具有以下特点：

① 处理能力强，占地面积小，适应大规模连续供水的水深度处理系统。

② 对水中阴、阳离子具有很高的脱盐率，而且能有效地去除有机物和 SiO_2 胶体。

③ 水的回收率比电渗析等技术高，一般为 75%～80%。反渗透法是一个错流的过程，在连续脱盐的同时不断排放浓水，其浓水含盐量随水回收率的增加而增大，在标准回收率 75%下浓水的含盐量大约是原水的 4 倍，一般均符合排放标准。不需要耗用酸和碱，因此不会产生二次污染，有利于环境保护[8]。

（4）工程实证

1）工程实证 1：某铜冶炼企业反渗透脱盐处理工程

某铜冶炼企业为了提高废水回用率，同时减少外排废水，投资建成了一套应用回用处理废水的反渗透工艺，主要采用原达标外排的铜冶炼废水作为原水，经处理后产水回用于循环水系统补水，浓水回用于渣缓冷系统作为工艺补充水，不外排。该项目运行后，既节约水资源又保护水环境，经济效益和社会效益良好。

反渗透处理工艺主要处理企业现有达标的各类废水，包括经达标处理的废酸处理后液、循环系统排污水等，其处理水量为 $700m^3/d$，系统回收率为 70%，产水量为 $490m^3/d$，浓水量为 $210m^3/d$。

反渗透膜盐分离工艺流程如图 5-30 所示。

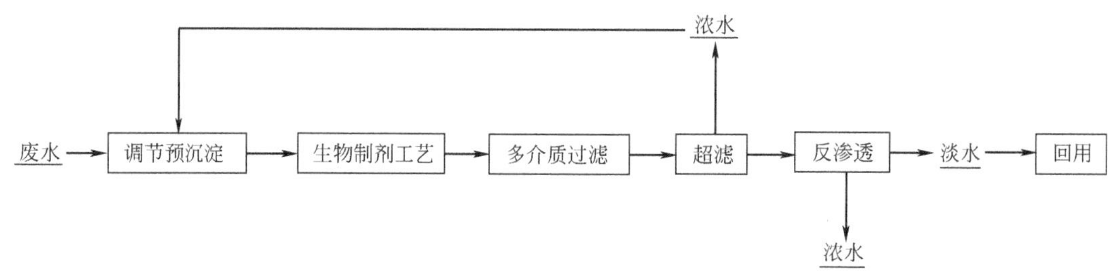

图 5-30 反渗透膜盐分离工艺流程

① 工艺流程说明

A. 预处理工艺：采用“生物制剂协同脱钙软化＋多介质过滤器＋超滤”预处理工艺，脱除废水硬度、胶体、SS 等污染物。

各类废水先进入调节池混合均匀后由泵提升至生物制剂配合反应池，在 pH 调节池内加入 NaOH 将废水 pH 值调至 10～10.5，同时加入 Na_2CO_3 与废水中 Ca^{2+} 生成 $CaCO_3$ 沉淀，之后排入絮凝反应池并投加 PAM 进行絮凝反应，反应生成的絮体在斜板沉淀池进行固液分离，其中上清液依次进入多介质过滤器进行过滤处理，斜板沉淀池底流通过泵加压输送至废酸处理站作为石灰石乳使用。

膜前预处理产水进入多介质过滤器，主要去除大分子杂质、有机物和胶体。在多介质过滤器进水前依次投加盐酸及杀菌剂，将废水 pH 值控制在 6.5～7 之间。超滤系统采用 20 支 8in（1in＝0.0254m）外置式中空纤维膜。

B. 反渗透系统：废水进入反渗透系统前投加高分子阻垢剂，防止系统中结垢型离子（Ca^{2+} 等）结垢引起膜堵塞，有效抑制结垢发生，确保系统稳定运行。

反渗透系统进水前设置保安过滤器作为最后控制进水浊度的手段，防止药剂杂质或者其他操作可能对反渗透造成的损害[9]。

反渗透系统共采用 36 支 DOW8040 型抗污染型反渗透膜元件，压力容器数为 6 个，每个压力容器内置串联 6 个膜元件。

② 工艺运行情况分析

A. 预处理工艺。生物制剂协同脱钙后，产水中 Ca^{2+} 浓度稳定控制在 100mg/L 以下，出水稳定达到反渗透进水水质要求。

超滤工艺进水压力随运行时间的推移，膜污染程度及温度、水质情况发生变化，但基本稳定在 50～80kPa，清洗周期约为 15～20d，系统跨膜压差上升缓慢，系统保持良好的运行状态。

B. 反渗透系统。系统运行 1 年来，进水压力基本在 13bar（$1bar=10^5Pa$），平均脱盐率均为 96%～97%，各项指标均达到设计水质要求。系统运行 1 年，跨膜压差（温度校正后）上升率仅在 15%左右，说明反渗透系统运行稳定。

③ 工艺经济分析 项目达产，单位直接成本平均为 5.25 元/t（以废水处理量计），另外该项目废水深度处理产生的淡水（490m^3/d）可替代生产新水作为循环水补充水使用，每年可减少企业生产新水支出 48.51 万元。

2）工程实证 2：某铅锌冶炼企业反渗透脱盐处理工程

该厂的一般工业污水深度处理系统设计处理量为 2600m^3/d，采用絮凝沉淀＋过滤＋活性炭＋超滤＋反渗透工艺[10]。

① 工艺流程 该厂区生产废水汇集进入调节池，经水泵提升进入全自动净水器，在其内加入混凝剂 PAC、高分子絮凝剂 PAM 和杀菌剂；全自动净水器出水自流进入滤后水池，经滤后水泵提升进入多介质过滤装置；多介质过滤出水进入超滤装置，超滤出水进入超滤产水池，经过超滤产水泵提升进入活性炭吸附装置，活性炭产水进入反渗透装置，反渗透产出软水进入回用水池，经回用水泵提升至回用水管网回用。反渗透浓水排至浓水池，经泵送至电渗析系统进行浓缩处理，其余部分送至炉前冲渣[10]。

② 水质及运行情况 该系统水质及运行情况如表 5-4 所列。

表 5-4 该系统水质及运行情况

项目	pH 值	浊度/NTU	电导率/(μS/cm)	日均处理量/(m^3/d)	回收率/%
污水	7.5～8.5	6～10	3000～4000	1100	约 67
回水	6～9	≤1	≤200	730	

3）工程实证 3：云南某铜业有限公司铜冶炼废水膜法处理工程

该企业于 2016 年 10 月投资建成了一套应用回用处理废水的反渗透工艺，主要采用原达标外排的铜冶炼废水作为原水，经处理后产水用于厂区循环水系统的补充水，浓水回用于渣缓冷系统作为工艺补充水，不外排。本项目采用“纯碱软化＋絮凝沉淀＋多介质过滤器＋超滤”预处理工艺。系统运行一年来，系统进水压力基本在 11～13bar（$1bar=10^5Pa$），平均脱盐率均在 96%～97%，各项指标均达到设计水质要求，系统连续稳定运行。

5.5.3 吸附法/离子交换法重金属深度处理技术

（1）技术简介

吸附法是利用多孔性固体物质作为吸附剂，使废水中的一种或多种污染物吸附在固体表面而被脱除的方法，特别是采用其他方法很难得到去除的难降解和剧毒的污染物，在经过其处理后的出水水质好且稳定。此方法一般用作深度处理过程，适用于重金属浓度不高的废水[11]。

离子交换技术是一种液相组分分离技术，具有优异的分离选择性与很高的浓缩倍数，操作方便，效果突出。因此采用离子交换可以实现从废水中去除重金属离子或分离物质。离子交换树脂对废水中重金属离子的选择性分离，可以更好地实现废水中重金属离子的处理和重金属离子的回收[12]。

(2) 选择原则/适用范围

该技术适用于低浓度重金属废水的深度治理。

(3) 技术参数

1) 基本原理

① 吸附法。根据原理的不同又分为物理吸附和化学吸附。物理吸附是指吸附剂与吸附物质之间以分子间引力（即范德华力）而产生的吸附，而化学吸附是吸附剂与被吸附物质之间产生化学作用生成化学键而引起的吸附。

Ⅰ. 物理吸附。物理吸附是通过吸附剂与吸附质分子之间的引力（范德华力）而产生吸附。由于分子引力普遍存在于吸附剂与吸附质之间，故物理吸附无选择性。此外，物理吸附的吸附速度和解吸速度都较快，易达到平衡状态。一般在低温下进行的吸附主要是物理吸附。活性炭的吸附中心主要是物理吸附活性点[13]，数量很多，没有极性。活性炭的吸附力强，制备容易，成本低，但再生困难。

Ⅱ. 化学吸附。化学吸附是通过吸附剂与吸附质之间生成化学键，产生了化学作用而引起的吸附。由于生成化学键，所以化学吸附是有选择性的，且吸附与解吸都不易，达到平衡慢。化学吸附放出的热量很大，与化学反应相近。化学吸附速率随温度升高而增加，故化学吸附常在较高的温度下进行[14]。

② 离子交换法。借助于固体离子交换剂中的离子与稀溶液中的离子进行交换，以达到提取或去除溶液中某些离子的目的，是一种属于传质分离过程的单元操作[15]。离子交换是可逆的等当量交换反应。

2) 工艺路线

吸附法/离子交换法重金属深度处理技术工艺流程如图 5-31 所示。

废水经调节池收集后，经预处理系统处理去除废水中的悬浮颗粒物等污染物，保障后端重金属吸附/离子交换系统的运行安全。预处理出水进入上柱液池，然后由泵提升进入重金属吸附/离子交换系统，经该吸附/离子交换系统处理后深度去除废水中铅、镉、砷等重金属，处理后出水达标排放或回用。吸附/离子交换系统运行一段时间后需要进行脱附再生，脱附过程中产生的脱附液中含有高浓度的金属，可以通过石灰中和沉淀等方式安全处置或者对其综合利用。

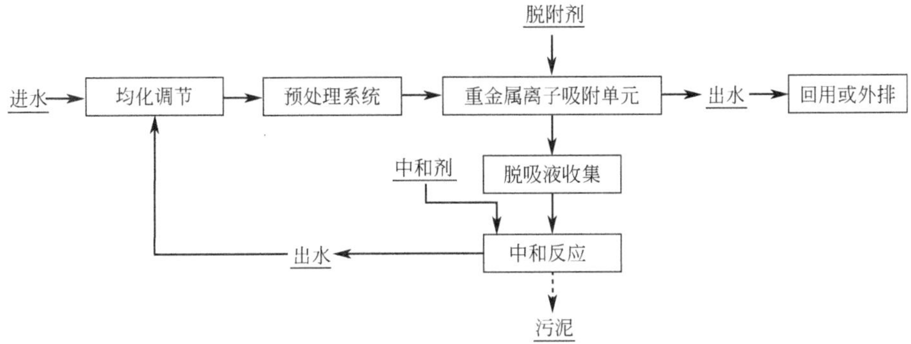

图 5-31　吸附法/离子交换法重金属深度处理技术工艺流程

3）技术设计参数[5]

采用吸附法/离子交换法处理冶炼废水时应满足以下技术条件或要求：

① 废水在进入重金属离子吸附/离子交换单元前需进行预处理，预处理系统所采用的工艺包括混凝沉淀法、石灰中和法、HDS 法（高浓度泥浆法）、硫化法等；

② 吸附剂/离子交换树脂类型的选择应参考产品说明书，必要时需进行试验验证后确定；

③ 重金属离子吸附/离子交换单元的进水 pH 值宜控制在 6.0～9.0 之间，悬浮物（SS）浓度宜小于 5mg/L，COD 浓度宜小于 30mg/L，总硬度（以 $CaCO_3$ 计）宜小于 500mg/L，As、Cd、Pb 等污染物浓度不超过有色行业相关排放标准中规定值的 1～2 倍；

④ 重金属离子吸附/离子交换单元的滤速宜控制在 10～20m/h 之间；

⑤ 重金属离子吸附/离子交换单元内吸附剂/离子交换树脂的填装高度宜控制在 2.2～2.5m 之间；

⑥ 吸附剂/离子交换树脂再生方法的选择应参考产品说明书，必要时需进行试验验证后确定；

⑦ 脱附液经中和沉淀处理后，中和出水应返回预处理系统前端的调节池进行处理。

4）技术特点

该方法的应用范围较广，几乎所有无机有害离子都可以进行处理，而且处理后的水质较好，可回收利用也可达标排放。但是该方法再生工序较复杂、占地面积较大。

（4）工程实证：某金属加工企业重金属深度处理工程

该企业产生的重金属废水的排放量为 6.8m^3/d，污染物浓度低。由于生产采用先进工艺，废水中贵金属的含量已减至最低，污水处理系统的主要任务是将最终排水中的重金属含量降至更低的水平。

进水水质和出水的要求如表 5-5 所列。

表 5-5 进水水质和出水的要求

项目	pH 值	COD/(mg/L)	Ag^{+}/(mg/L)	Cu^{2+}/(mg/L)	Zn^{2+}/(mg/L)
进水水质	1～12	<100	<2	<5	<10
出水要求	6～9	<90	<0.5	<0.5	<2

工艺流程如图 5-32 所示。

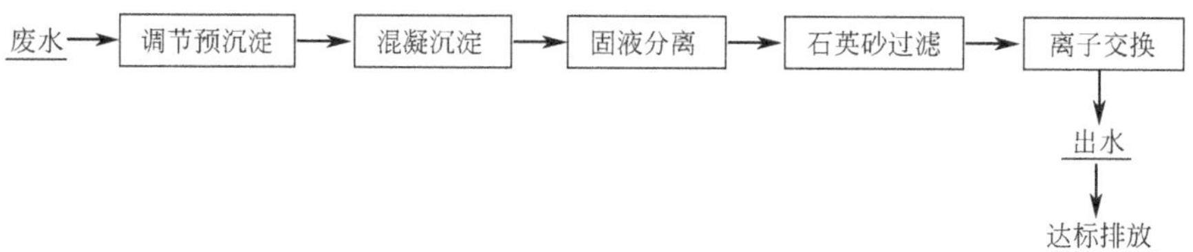

图 5-32 工艺流程

将废水收集完毕并充分混合后投加 HCl 以及 H_2O_2 进行亚硝酸盐的氧化处理；然后投加石灰，用化学沉淀法处理生产废水。化学沉淀法是向废水中投加化学药剂，使之与废水中的污染物质发生反应，形成难溶性的固体物质而被分离去除的方法。经过化学沉淀处理的废水在经过石英砂过滤去除少量悬浮物后进入离子交换树脂装置，对水中的金属进行深度处理。本项目中所使用的离子交换树脂在饱和后对树脂进行处理，以回收其中的贵重金属，从而达到资源利用的最大化。

5.5.4 盐分多效蒸发结晶技术

(1) 技术简介

盐分多效蒸发结晶技术是指含盐浓水依次通过相互串联的多个蒸发器，在蒸发器中随着水分的蒸发而浓缩，在最末效达到过饱和而结晶析出的固液分离技术。

(2) 选择原则/适用范围

该技术适用于高浓度含盐水的浓缩与结晶。

(3) 技术参数

1) 基本原理

多效蒸发结晶系统由多个相互串联的蒸发器组成，加热蒸汽被引入第一效，加热其中的浓盐水，浓盐水产生比蒸汽温度低的水蒸气蒸发。产生的蒸汽被引入第二效作为加热蒸汽，使得第二效的料液以比第一效更低的温度蒸发。这个过程一直重复到最后一效。第一效凝水返回热源处，其他各效凝水最后汇集后作为淡化水输出，一份的蒸汽投入可以蒸发出多倍的水，同时料液经过第一效到末效的依次浓缩，在最末效达到过饱和而结晶析出，实现固液分离[16]。

2）工艺路线

盐分多效蒸发结晶技术工艺流程如图 5-33 所示。

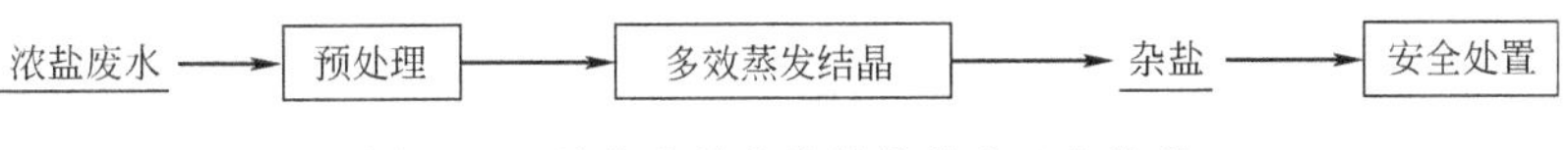

图 5-33　盐分多效蒸发结晶技术工艺流程

3）技术参数

① 设备流程选择应根据进水水质和处理要求参考厂家设计导则，必要时进行试验筛选和验证；

② 蒸发结晶产生的杂盐要按照固废的性质进行处置。

4）技术特点

① 可模块化设计，安装、检修、维护方便。

② 系统自动化控制程度高，操作简单。

③ 系统可采用混程给水。

（4）工程实证

1）工程实证 1：盐分多效蒸发结晶技术用于反渗透高盐浓水处理

某有色稀贵金属资源综合回收企业，废水深度处理系统产生的膜系统脱盐水采用三效蒸发系统处理，处理规模为 6t/h，实现厂区无生产废水外排，全部回用于厂内各回用水工段。

技术经济指标：电耗约为 19 元/t 水，生蒸汽耗量为 80 元/t 水，年运行费用约为 470 万元。

性能效果：反渗透浓水采用三效蒸发技术处理，产品为结晶盐，全厂实现废水“零排放”。

支撑的核心设备如下。

① 一效蒸发器 1 台，换热面积 $180m^2$；二效蒸发器 1 台，立管式，换热面积 $180m^2$；三效蒸发器 1 台，立管式，换热面积 $180m^2$。

② 一效分离室 1 套，高度≥5000mm；二效分离室 1 套，高度≥5000mm；三效分离室 1 套，高度≥5000mm。

③ 袋式过滤器（原液）1 台，最大流量为 $40m^3/h$；袋式过滤器（蒸馏水）1 台，最大流量为 $40m^3/h$；板式换热器若干台。

主冷凝器采用管壳式，换热面积为 $230m^2$。

气液分离器 4 台，容积为 $0.9m^3$。

2）工程实证 2：三效蒸发结晶技术处理废酸电渗析浓液

某铅锌冶炼企业，废酸资源化处理系统产生的电渗析浓液水质指标为：氯离子为 13000mg/L，氟离子为 6000mg/L，锌离子约为 100～1000mg/L，酸度为 2.4mol/L，采用“三效蒸发＋催化吹脱”，处理规模为 48t/d。

技术经济指标如下。

① 蒸发吹脱系统年电费为 29.50 万元，折合至吨水费用为 7.45 元。

② 蒸发系统的蒸汽（2kg 压力饱和蒸汽）消耗量为 29.52t/d，年消耗量为 9741.6t，每吨蒸汽不计价。

③ 蒸汽（4kg 压力饱和蒸汽）消耗量为 6.192t/d，年消耗量为 2043.36t，年消耗费用为 10.22 万元，折合吨水费用为 2.58 元。

④ 吹脱系统主要消耗药剂为氢氧化钠，消耗量为 0.04t/h，年运行费用为 60.19 万元，折合至吨水费用为 15.20 元。

性能效果：电渗析浓水采用蒸发吹脱技术可以有效浓缩酸，并脱除其中的氟氯离子。相比于传统法，不但回收了有用资源，而且大大减少了中和剂的消耗，在实现污酸资源化的同时有效降低了生产成本。

支撑的核心设备如下。

① 一效蒸发器 1 台，换热面积 $33m^2$；二效蒸发器 1 台，换热面积 $33m^2$；石墨冷凝器，换热面积 $31m^2$；一级预热器 1 台，换热面积 $4m^2$；二级预热器 1 台，换热面积 $4m^2$。

② 一效分离室 1 台，$\phi700\times2200$；二效分离室 1 台，$\phi700\times2200$。

③ 一效疏水罐 1 台，$\phi500\times1650$；二效疏水罐 1 台，$\phi500\times1650$；气液分离器 2 台，$\phi400\times1500$；回收水罐 2 台，蒸汽冷凝水收集罐、进料缓冲罐各 1 台。

5.5.5 MVR 蒸发结晶技术

（1）技术简介

机械式蒸汽再压缩技术（MVR 技术），其工作原理为将低温低压的二次蒸汽经过压缩机压缩后，温度和压力提高，蒸汽热焓增加，作为热源重新进入蒸发器进行换热蒸发，整个蒸发过程不再需要补充新鲜蒸汽，压缩机只要提供少量的电能就能实现二次蒸汽的循环利用，达到节能的效果。

（2）选择原则/适用范围

该技术适用于高浓度含盐水的浓缩与结晶。

（3）技术参数

1）基本原理

MVR 技术是将蒸发器产出的二次蒸汽用机械方式再压缩，提高其温度和压力，使得二次蒸汽的热焓增加，然后再送回蒸发器的加热室作为热源重新使用，使料液维持在沸腾状态，而加热蒸汽本身冷凝成冷凝水。相比多效蒸发技术，MVR 技术将全部的二次蒸汽压缩回用，回收了二次蒸汽的潜热，所以比多效蒸发更加节能。

2）工艺路线

MVR 蒸发结晶技术工艺流程如图 5-34 所示。

图 5-34　MVR 蒸发结晶技术工艺流程

3）技术参数

① 设备流程选择应根据进水水质和处理要求参考厂家设计导则，必要时进行试验筛选和验证；

② 蒸发结晶产生的杂盐要按照固废的性质进行处置。

4）技术特点

① 单位能量消耗低。

② 自循环密闭系统，运行稳定。

③ 可控制蒸发温度，达到低温蒸发，提高产品质量。

④ 自动化程度高。

⑤ 工艺简单，实用性强。

（4）工程实证

1）工程实证 1：MVR 蒸盐结晶应用于某铅锌冶炼企业废水”零排放”工程

某铅锌冶炼企业总废水，处理水量为 4800m^3/d，主要为熔炼车间、焙烧车间生产废水及其他酸性废水，原处理工艺采用石灰中和法，出水硬度高，废水无法回用，水资源无法利用，新工艺采用生物制剂协同脱钙深度处理，在原工艺基础上完成改造，并新增“膜过滤＋MVR 蒸发结晶”系统，实现废水真正“零排放”。

工艺流程如图 5-35 所示。

① 技术经济指标：反渗透产水 As＜0.005mg/L、Pb＜0.002mg/L、Zn＜0.004mg/L、Cd＜0.003mg/L、Ca＜50mg/L、Cl＜20mg/L，满足回用水要求。系统自动化程度高，管理简便、运行稳定，累计减排铅锌冶炼废水为 317 万吨，减排氯化钠、硫酸钠等盐类约为 1.06 万吨，减排各类重金属污染物约为 48t。以工厂取用水成本为 0.5 元/t 计，为工厂节约用水成本 160 万元，外售结晶粗盐为 200 元/吨，为企业增加收入 210 万元。

② 性能效果：反渗透产水率为 80%，产水水质达到自来水水质标准，纳滤及反渗透产水回用于生产工艺；反渗透浓液采用国际先进水平的“太空水蒸发器”蒸发技术，无需外加蒸汽，冷凝液回用，结晶盐主要为硫酸钠，产量约为 1t/d，做外售处理，真正实现铅锌冶炼废水“零排放”。

支撑的核心设备如下。

① 生物制剂处理系统。主要包括生物制剂一体化装置、脱钙剂一体化装置、液碱一体化装置、PAC 一体化装置、浓硫酸一体化装置。

② 膜过滤系统。规格：多介质过滤器 1 套；2 套纳滤膜装置，处理能力为 1200m^3/d；2 套并联的高压反渗透装置，处理能力为 1200m^3/d；配套化学清洗装置。

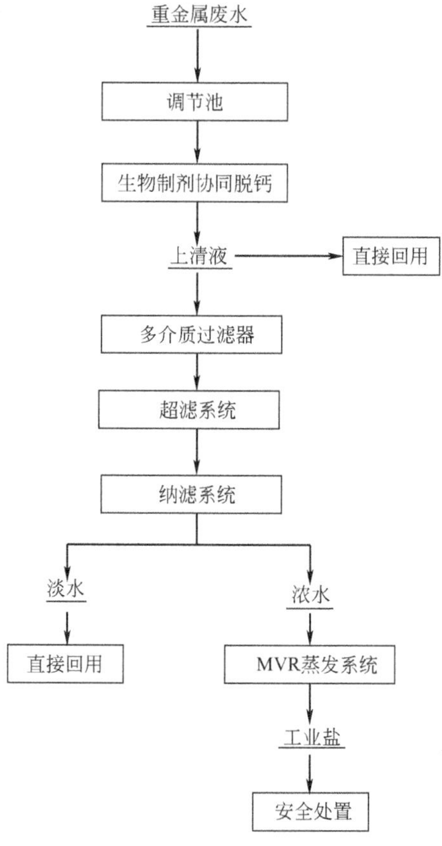

图 5-35 工艺流程

③ MVR 蒸发结晶系统。强制循环 MVR 蒸发器，处理能力 $10m^3/h$，包括两套独立的 $4m^3/h$ 降膜蒸发器，二级蒸发采用一套 $2m^3/h$ 强制循环蒸发器。MVR 系统工艺流程如图 5-36 所示。

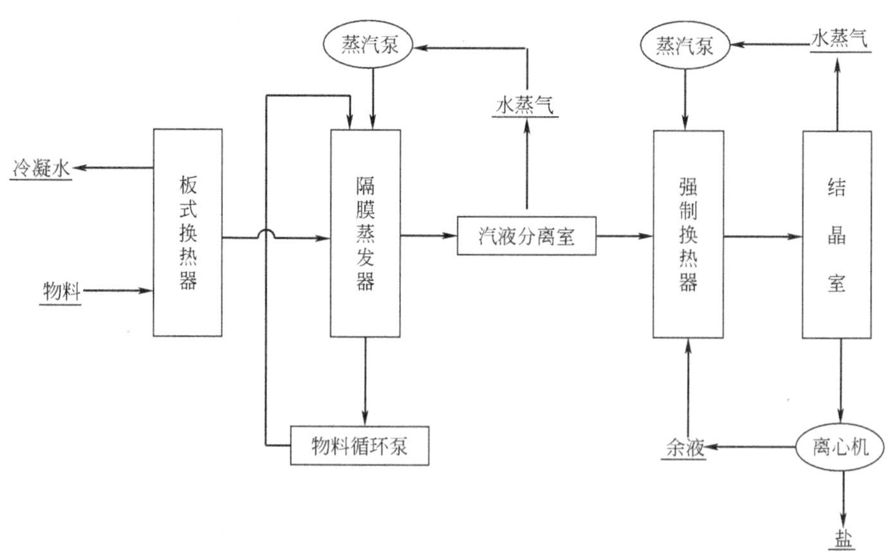

图 5-36 MVR 系统工艺流程

采用 MVR 蒸发技术处理后 RO 浓水，终以蒸馏水和固态盐形式存在，蒸馏水可直接回用于生产，产生的固态盐则是以硫酸钠为主的无机盐，可将其以低品位硫酸钠资源化存在运行的过程中，可通过调整工艺运行减缓降膜蒸发器结垢，同时避免强制循环蒸发器结垢。因此 MVR 蒸发技术可以完成冶炼废水资源化，最终实现冶炼废水“零排放”[17]。

2）工程实证 2：MVR 蒸发结晶技术应用于某镍、钴、锰三元前驱体生产企业废水循环利用项目

该企业产生的废水来自生产以镍盐、钴盐、锰盐为原料的三元复合正极材料前驱体产品所产生的废水，规模为 $1200m^3/d$。废水污染物主要为硫酸钠盐（约 15%）以及少量氨氮、其他微量杂质离子，废水经过处理后电导率达到 10μS/cm，回用于前端生产工艺。该工艺主要采用 MVR 蒸发脱盐，得到的低盐蒸馏水经反渗透装置进一步脱盐，达到回用标准。结晶盐经过干燥打包后最终产出无水硫酸钠工业Ⅰ类一等品外售。

① 具体工艺流程：废水原液通过换热器高温蒸馏水、不凝汽等热源换热后进入降膜蒸发器，浓缩至接近饱和浓度后进入强制循环结晶器，进一步蒸发浓缩，得到浆液。高浓度浆液进入离心机离心脱水，出盐进入干燥机干燥，干盐筛分后打包外售。MVR 富集母液进入富集液蒸发装置，继续蒸发后进入离心机离心脱水，出盐同样干燥处理。两套蒸发装置得到的蒸馏水与原液以及冷却水换热后，进入蒸馏水反渗透装置，蒸馏水经过浓缩后极少量浓缩液经过浓缩液脱氨装置脱氨后返回母液罐继续蒸发结晶处理，产水可作为生产回用水循环使用。

② 技术经济指标：MVR 蒸发结晶干燥系统处理量为 $46m^3/h$，电耗约为 40 $kW \cdot h/m^3$ 废水，蒸汽耗量约为 $40kg/m^3$ 废水。

③ 性能指标：原液中的硫酸钠盐通过蒸发产出的元明粉，达到国家工业一级标准；蒸发冷凝水返回反渗透装置回用，反渗透产水电导率＜10μS/cm；系统废水“零排放”。

④ 支撑的核心设备：结晶分离器，ϕ3800mm×5500mm×8/10/12mm；降膜分离器 1 台，ϕ2600mm×4000mm×8mm；强制蒸发器 2 台，蒸发量 $12m^3/h$，ϕ1800mm×10mm，管道规格 38mm×9000mm×1.5mm；降膜蒸发器，蒸发量 $22m^3/h$，ϕ2100mm×10mm，管道规格 38mm×9000mm×1.5mm。

5.6 含重金属氨氮废水资源化与无害化处理成套技术

（1）技术简介

含重金属氨氮废水资源化与无害化处理成套技术是由北京赛科康仑环保科技有

限公司联合中国科学院过程工程研究所共同研发的创新性技术，主要用于工业生产过程含重金属氨氮废水的无害化处理和资源高效回收利用，废水氨氮浓度可由15～70g/L一步处理至＜15mg/L，同时资源化回收16％～25％的高纯氨水。

（2）选择原则/适用范围

该技术适用于锂电池三元前驱体、镍、钴、钨、钼、钒、锆、钛、铌、钽、铼、铀、稀土金属、新材料、催化剂生产、废旧锂电池回收利用、煤化工等行业产生的含重金属氨氮废水的资源化和无害化处理。进水氨氮浓度为1～70g/L，处理规模为50～5000t废水/d。

（3）技术参数

1）基本原理

技术原理是基于氨与水分子相对挥发度的差异，通过氨-水的气液平衡、金属-氨的络合-解络合反应平衡、金属氢氧化物的沉淀溶解平衡的热力学计算，在汽提精馏脱氨塔内将氨氮以分子氨的形式从水中分离，脱氨塔出水氨氮＜15mg/L；然后氨氮以氨水或液氨的形式从塔顶排出，经冷凝器冷却为高纯氨水，可回用于生产或直接销售；脱氨后废水可进一步进行金属的资源化回收利用，最终出水可直接排放或处理后回用于生产。

该技术工艺流程如图5-37所示。

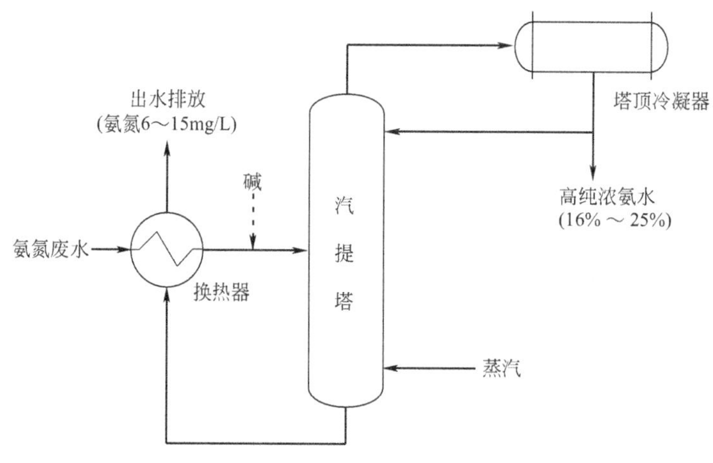

图5-37 技术工艺流程

2）主要技术创新点

① 药剂强化热解络合-分子精馏脱氨技术。国际首创的药剂强化热解络合-分子精馏技术，实现重金属-氨解络合率＞98％，处理出水氨氮＜15mg/L，同时资源化回收浓度16％～25％的高纯氨水，并循环于生产工艺中，氨资源回收率＞99％，过程无二次污染，整体技术处于国际先进水平。然而，传统蒸氨法、空气吹脱法等处理出水氨氮最低只达100～300mg/L，且无法回收氨资源。

② 高通量专用塔内件设计技术。针对氨氮废水精馏处理过程需要的理论塔板

数多、废水处理量波动大、易结垢的特点，采用三维可视化设计技术、流体流型可视化技术和力学性能可视化技术等先进设计技术，设计了独创的高弹性、高通量、低阻降、高分离效率、抗结垢的新型塔内件，并研制出专用的槽式液体分布器结构，将运行弹性负荷由传统 70%～130%拓宽到 20%～140%，能耗降低 20%，达到国内领先水平。

③ 高温高碱的钙盐阻垢分散技术。针对结垢造成塔内件堵塞问题，从操作工艺优化、塔内件结构设计、塔内件表面处理、阻垢分散剂等方面大大提高了氨汽提塔操作过程的阻垢防堵效率，显著增强设备在高温高碱条件下的抗垢性能，实现设备长期稳定运行，清塔周期由 2 周延长到 6 个月，突破了行业瓶颈。

④ 全过程自动监控技术。通过现场指示仪表、传感器、积分控制与逻辑控制的结合，研发出针对热解络合-分子精馏脱氨的不同时段、不同参数、不同空间的三维全指标立体实时监控技术与系统，实现全过程自动控制，保障了氨氮废水处理设施的稳定、可靠运行。

⑤ 设备一体化撬装设计。实现处理设备的标准模块化设计，便于整体运输和快速安装，有效缩短施工周期，可快速投运；装置紧凑，占地少。

3）技术成熟度

中国科学院过程工程研究所具备该技术完整的技术工艺包，拥有配套知识产权，处于广泛推广应用阶段，技术就绪度 100%。相关技术指标如下。

① 原水氨氮 15～70g/L，处理后出水氨氮<15mg/L（最低可<5mg/L）；

② 进水重金属 10～200mg/L，处理后出水重金属<1mg/L（以镍为例）；

③ 回收浓度超过 16%的高纯氨水，氨资源回收率>99%；

④ 回收金属氢氧化物；

⑤ 处理后水质优于国家《污水综合排放标准》（GB 8978—1996）一级排放标准要求。

（4）工程实证

已在有色冶金（镍、钴、钨、钼、钒、锆、铌、钽）、新能源电池三元前驱体、新材料、稀土、催化剂、煤化工等行业完成工程转化应用，建立示范工程 60 余套，工程规模 50～5000m^3/d，处理出水稳定达标，部分工程已稳定运行 8 年以上。

部分典型应用案例如下。

① 衢州某钴新材料有限公司，电池材料生产含重金属、氨氮废水资源化处理工程，一期、二期工程分别于 2014 年、2015 年投入运行，废水氨氮浓度由 3000～10000mg/L 处理至<10mg/L（最低可<3mg/L），钴、镍、锰离子浓度分别由 35mg/L、65mg/L、30mg/L 处理至低于 0.1mg/L、0.5mg/L、2.0mg/L，同时回收浓度大于 15%的高纯浓氨水回用于生产。

② 江门市某实业有限公司，电池材料生产氨氮废水资源化综合处理工程，一

期～五期工程分别于 2009 年、2011 年、2016 年、2017 年、2017 年投入运行，处理出水氨氮<15mg/L（最低<5mg/L），回收氨水浓度达到 16%～25%。

③ 陕西省某钼业股份有限公司，钼酸铵废水治理技改项目，2012 年 9 月投运，进水氨氮为 35000mg/L，出水氨氮<10mg/L，回收氨水浓度不低于 16%。

④ 江西省某钨品有限公司，APT 钨产品生产氨氮废水资源化处理工程，2014 年 7 月投运，原水氨氮约为 10000mg/L，出水氨氮<10mg/L，回收氨水浓度>16%。

⑤ 湖南省某循环科技有限公司，废旧电池循环利用过程高浓度氨氮废水资源化处理工程，一期～四期分别于 2011 年、2015 年、2017 年、2019 年投入运行，实现处理出水达标，并回收高纯氨水回用于生产工艺。

环境效益、经济效益、社会效益如下。

① 环境效益：示范工程总的处理废水量超过 1.1×10^7t/a，帮助企业减排氨氮约为 11×10^4t/a，减排重金属约为 1650t/a，回收浓氨水约为 80×10^4t/a，过程无二次污染。该技术有效减少氨氮、重金属等污染物排放，降低企业周边的水体环境污染风险，保护生态环境。

② 经济效益：通过减排氨氮、重金属等污染物，有效减少企业环保纳税，同时资源化回收高纯氨水、重金属氢氧化物等产品，并循环利用于生产工艺，为企业节约大量生产成本。通过污染物减排和资源回收利用为企业每年创造经济效益超过 7 亿元。

③ 社会效益：有效解决了相关行业含重金属氨氮废水的达标排放问题，促进了企业的绿色清洁化生产，改善了企业周边居民生存环境，有助于社会、经济的可持续发展。技术整体达到国际先进水平，促进了我国环保领域水污染治理技术的创新和发展，为我国创建污染物资源化技术平台提供了科学保障。

参 考 文 献

[1] 冯玉杰．电化学技术在环境工程中的应用 [M]. 北京：化学工业出版社，2002：76-94.

[2] 柴立元，李青竹，李密，等．锌冶炼污染物减排与治理技术及理论基础研究进展 [J]. 有色金属科学与工程，2013，4 (4)：1-10.

[3] 黄万抚，李英杰，李新冬，等．纳滤技术在矿冶领域的应用研究进展 [J]. 水处理技术，2016，36 (11)：1.

[4] 樊君，代宏哲，高续春．膜分离在中药制药中的应用进展 [J]. 膜科学与技术，2011，31 (3)：180-184.

[5] HJ 2057—2018.

[6] 王晓琳，张澄洪，赵杰．纳滤膜的分离机理及其在食品和医药行业中的应用 [J]. 膜科学与技术，2000，20 (1)：29-35.

[7] 高铭，刁雪原，于治津，等．反渗透膜修补剂及修补方法：CN201710255789.9 [P]. 2017.

[8] 耿爱平，赵江楼．反渗透技术在脱盐水中的应用 [J]. 河南化工，1998，(6)：22-24.

[9] 明亮，张铭发．纳滤工艺对铅锌冶炼工业废水的回用处理 [J]. 水处理技术，2010，36 (1)：1.

[10] 岳智，张宏伟．某铅锌冶炼厂污水“零排放”的生产实践 [J]. 有色冶金设计与研究，2018，39 (1)：45-49.

[11] 森维，孙红燕，彭林，等．铅锌冶炼企业含镉废水处理技术的研究进展 [J]. 云南冶金，2015，44 (1)：31-34.

[12] 陈旭．离子交换树脂处理铜冶炼废水中 Cu(Ⅱ) 的研究 [J]. 资源节约与环保，2014 (11)：49-50..

[13] 高宇．纳米氧化镁基吸附剂烟气同时脱硫脱硝研究 [D]. 沈阳：东北大学，2010.

[14] 蒋良富，蒋达华，董呈杰．海泡石在重金属废水处理中的研究运用 [C]. 矿山企业节能减排与循环经济高峰论坛，2010.

[15] 马丽，熊倩．某电子行业企业含氟废水处理工程实例分析 [J]. 江西化工，2019 (6)：1-4.

[16] 张莉．苯酚丙酮生产废水处理研究 [D]. 天津：天津大学，2015.

[17] 叶作铝．MVR 蒸发技术在冶金工业废水零排放中的应用 [J]. 世界有色金属，2018 (23)：18.

附录

附录 1 有色金属企业节水设计标准（GB 51414—2020）

节选

1　总则

1.0.1　为合理利用水资源，提高用水效率、节约用水、开发利用非常规水源，建设节水型有色金属企业，制定本标准。

1.0.2　本标准适用于有色金属企业新建、扩建和改建项目的规划、可行性研究、初步设计、施工图设计等阶段。

1.0.3　有色金属企业节水设计应符合当地城镇、工业、农业用水的发展规划，合理使用水资源。

1.0.4　有色金属工程项目设计中应有节水措施。

1.0.5　有色金属企业节水设计应使用先进技术、先进设备、先进材料。

1.0.6　有色金属企业节水设计除应符合本标准外，尚应符合国家现行有关标准的规定。

5　给水排水系统

5.1　水源及供水系统

Ⅰ　水源

5.1.1　水源选择应统筹规划、开源节流、安全可靠、水量丰富，合理利用水资源，并应优先利用非常规水源。

5.1.2　新建企业常规水源应优先选择地表水。

5.1.3　现有企业主要水源采用地下水的宜逐步开发地表水、非常规水源。

5.1.4　生产水水源宜利用城市污水再生水和回收利用的雨水。

5.1.5　当沿海地区没有其他水源时，新建企业生产水源可采用海水。

5.1.6　海水淡化应选用回收率高、耗能小的技术和设备。

Ⅱ 原水净化工艺

5.1.7 原水净化应选择净化效率高、成熟的工艺、技术及设备。

5.1.8 原水净化过程中沉淀排出的污泥宜进行浓缩、脱水处理，上清液应回收利用。

5.1.9 滤池的反冲洗水应回收处理。

5.2 软化水及除盐水系统

5.2.1 软化水、除盐水处理应选择节水型工艺流程。

5.2.2 制备软化水、除盐水产生的反冲洗排水应回收利用。

5.2.3 新建、扩建和改建项目中的软化水和除盐水设施宜集中建设，并宜靠近主要用水点。

5.2.4 软化水及除盐水处理设施设计应符合现行国家标准《工业用水软化除盐设计规范》（GB/T 50109）的规定。

5.2.5 软化用离子交换器应选择交换容量大、再生周期长的交换树脂。

5.2.6 超滤系统、反渗透系统的产水率应符合现行国家标准《工业用水软化除盐设计规范》（GB/T 50109）的规定。

5.2.7 除盐水处理设备应采用自动控制方式。

5.2.8 反渗透排出的浓水宜回用于冲渣、冲灰。

5.3 循环水系统

5.3.1 工艺设备冷却用水必须分质供水。

5.3.2 间冷开式系统的设计浓缩倍数不应小于3，且不宜小于5。直冷开式系统的设计浓缩倍数不应小于3。

5.3.3 直冷开式循环水系统补充水应根据工艺设备冷却用水水质要求确定，宜选择回用水。

5.3.4 循环水系统安全水箱的溢流水应回收利用。

5.3.5 当循环水池设有溢流管时，水池最高报警水位应低于水池溢流水位，且不应小于100mm。

5.3.6 循环水系统过滤器应选择高效节水型过滤设备，过滤器反冲洗水应回收利用。

5.3.7 循环水系统补水宜直接补入冷水池。当设有冷水池、热水池时，水池之间应设高位连通孔。水池容积应符合储存事故及停产检修时系统放空水量要求，并应采取措施确保工作时该部分容积不被占用。

5.3.8 循环水系统应采取水质稳定控制措施，水质稳定药剂宜采用自动投加方式。

5.3.9 冷却塔应采用收水效率高、通风阻力小、耐用的收水器。冷却塔进风口应采取防飘水措施。

5.3.10 循环水系统吸水池补充水管宜设2根。1根用于快速充水，充水时间不宜大于8h；另1根用于正常补水，管径应按补充水量计算确定。补水管道应设计量仪表、自动控制阀，补水自动控制阀应根据循环水系统吸水池水位自动控制。

5.3.11 循环水系统沉淀池排泥宜脱水处理，上清液宜回收利用。

5.3.12 设备冷却用水水质为纯水、除盐水时，其循环供水系统宜采用间冷闭式循环水系统。

5.3.13 间冷闭式循环系统补水宜设自动压力补水装置。

5.3.14 间冷闭式循环水系统的损失率不应大于0.1%。

5.3.15 间冷开式冷却设备的选择应根据气象条件及冷却水温度要求选用自然通风冷却塔、机械通风冷却塔，不宜选用冷却效率低、飘水损失大的冷却池、喷水池。

5.3.16 冷却塔集水池周围宜设回水台，其宽度应为1～3m，坡度应为3%～5%。

5.3.17 循环水系统设计应符合国家现行标准《工业循环冷却水处理设计规范》(GB/T 50050)和《工业循环水冷却设计规范》(GB/T 50102)的规定。

5.4 重复利用水系统

5.4.1 当生产工艺设备采用新水作为冷却水时，出水应重复利用。

5.4.2 发电厂循环水系统的排污水可直接用于冲灰、冲渣系统。

6 废水处理及综合利用

6.1 生产废水处理

Ⅰ 一般规定

6.1.1 废水处理工艺应根据排放标准、废水来源及水质、回用水质及用地情况等条件，经过技术经济比较后确定。

6.1.2 生产废水宜分类收集、分质处理，按质回用。

6.1.3 生产车间工业废水不得排入雨水排水管道。

6.1.4 生产废水收集池的调节容积不应小于8h的平均日污水量。

6.1.5 废水处理产生的渣应使用高效脱水设备，减少渣含水比例，并应回收利用滤液和冲洗水。

6.1.6 当废水水量小且难处理时，宜采用间歇法处理。

Ⅱ 物化法

6.1.7 采用物化法处理生产废水时，宜符合下列规定：

(1) 当处理主要污染物为悬浮物的生产废水时，宜采用沉淀法。

(2) 当处理含有溶解性油类或乳化油、浊度小于100NTU、低温条件下不易沉淀或澄清的污废水时，宜采用气浮法。

（3）当处理含有有机污染物、放射性元素的污废水时，可采用吸附法。

（4）当处理含有重金属离子或回收有价金属的污废水时，宜采用离子交换法、膜法或吸附法。

6.1.8　采用离子交换法应选择再生效率高、洗脱速率高的再生剂。

6.1.9　沉淀法、气浮法处理废水时，污泥应脱水。

Ⅲ　化学法

6.1.10　采用化学法处理生产废水时，可符合下列规定：

（1）硫化法、石灰法可用于去除污水中的重金属离子，并可组合使用。

（2）铁盐-石灰法可用于去除污水中的镉、六价铬、砷，以及其他与铁盐共沉的重金属离子。

6.1.11　电化学法宜作为深度处理工艺。

Ⅳ　生物法

6.1.12　生物制剂法可用于去除污水中重金属离子。

6.1.13　选矿废水中残留的有机选矿药剂和重金属离子，宜采用生物制剂-臭氧协同氧化工艺。

6.1.14　生物制剂法可与膜分离法、蒸发与结晶法及其他方法联合使用。

6.1.15　对于成分复杂、重金属离子浓度高的污水，宜采用生物制剂分段处理。

6.1.16　含钙废水宜采用生物制剂协同脱钙工艺，经处理后的低钙水应回用。

6.1.17　微生物法和植物法可用于去除生产废水中的有机物、氮、磷及重金属离子。

Ⅴ　膜分离法

6.1.18　膜处理工艺预处理设施应根据膜处理设备进水要求确定。

6.1.19　系统设计方案应根据膜壳进水流量、膜壳浓水流量等膜产品要求确定。

6.1.20　系统设计应考虑水温对系统运行的影响。

6.1.21　系统设计时，膜的种类和进水压力应根据系统产水率及进水含盐量确定。可采用抗污染膜、海水膜级别的抗污染膜或超高压膜。

6.1.22　当进水污染程度较高时，浓水宜强制循环。

6.1.23　氧化剂不应进入膜系统，应设置监控仪表和投加化学药剂。

6.1.24　系统应设置冲洗和清洗设施，冲洗后废水应收集回用。

Ⅵ　蒸发与结晶法

6.1.25　采用蒸发与结晶法处理高盐废水时，宜符合下列要求：

（1）废水的沸点升高数值较小时宜采用机械式蒸汽再压缩技术；

（2）废水的沸点升高数值较大时宜采用多效蒸发技术、热力蒸汽再压缩技术。

6.1.26 蒸发与结晶法可与物化法、化学法、生物制剂法、膜分离法联合使用。

6.1.27 机械式蒸汽再压缩技术、多效蒸发技术、热力蒸汽再压缩技术三种蒸发技术可联合使用。

6.1.28 采用蒸发与结晶法处理浓盐废水时，蒸发产生的二次蒸汽冷凝水应回收利用。

6.2 生产废水综合利用

6.2.1 生产废水应根据废水水质、处理工艺及回用水点对水质的要求进行分质回用。

6.2.2 含重金属、含酸废水经处理后宜回用于渣缓冷系统、水淬系统。

6.2.3 生产废水经过膜处理后，产水宜回用于化学水处理站或代替生产新水，浓水宜回用于渣包缓冷和冲渣。

6.2.4 污酸宜采用有价金属资源化治理与酸回用技术，污酸净化后宜直接回用。

6.3 生活污水处理及回用

6.3.1 新建、扩建和改建有色金属工程项目生活污水宜单独收集、处理并回用。

6.3.2 生活污水处理的设计应符合现行国家标准《室外排水设计规范》(GB 50014)和《建筑中水设计规范》(GB 50336)的有关规定。

6.3.3 生活污水处理后，宜用于冲厕、道路清扫、消防、绿化、车辆冲洗、景观及生产用水。回用水水质应符合下列规定：

(1) 当用于企业杂用水时，其水质应符合现行国家标准《城市污水再生利用 城市杂用水水质》(GB/T 18920)的规定。

(2) 当用于景观水体时，其水质应符合现行国家标准《城市污水再生利用 景观环境用水水质》(GB/T 18921)的规定。

(3) 当用于生产时，水质应符合生产工艺要求的水质标准。

(4) 当同时用于多种用途时，水质应按最高水质标准确定。

6.3.4 回用水供水系统应独立设置。

7 雨水收集及利用

7.1 雨水收集

7.1.1 屋面雨水收集系统设计应符合现行国家标准《建筑给水排水设计标准》(GB 50015)的有关规定。

7.1.2 工业场地雨水收集系统设计应符合现行国家标准《室外排水设计规范》(GB 50014)的规定。

7.1.3 室外雨水收集管道宜采用埋地塑料排水管。

7.1.4 雨水口的个数应经计算确定，雨水口最大间距不宜超过40m，雨水口宜设置在汇水面低洼处，顶面标高宜低于地面20～30mm。

7.1.5 工业场地初期雨水收集应符合下列要求：

(1) 初期雨水池应设置清淤设施。

(2) 初期雨水收集系统检查井、雨水口、初期雨水池宜防腐蚀。

(3) 收集后的初期雨水宜压力输送，管道宜架空敷设。

7.1.6 工业场地后期雨水收集利用应根据水资源情况、气象资料和企业经济发展水平确定。

7.2 雨水处理与利用

7.2.1 初期雨水宜单独处理，并应在5d内全部利用或处理达标。

7.2.2 初期雨水处理应根据用水水质要求选择处理工艺。

7.2.3 雨水处理设施产生的污泥宜进行脱水处理。

7.2.4 经处理后雨水宜单独设置回用水池，回用水池有效容积宜按雨水处理设计平均时处理量的4～8h确定。当水质满足要求时，雨水回用水池可与生产回用水池合并。

7.2.5 初期雨水经处理后宜回用于开式循环水系统补水、选矿、冲渣、除尘、绿化、浇洒道路。

7.2.6 后期雨水经处理后宜补充到企业工业用水系统，可代替生产新水。

附录2 排污许可证申请与核发技术规范　有色金属工业——铜冶炼（HJ 863.3—2017）节选

前　言

为贯彻落实《中华人民共和国环境保护法》《中华人民共和国大气污染防治法》《中华人民共和国水污染防治法》等法律法规以及《控制污染物排放许可制实施方案的通知》（国办发〔2016〕81号），完善排污许可技术支撑体系，指导和规范铜冶炼排污单位排污许可证申请与核发工作，制定本标准。

本标准规定了铜冶炼排污单位排污许可证申请与核发的基本情况填报要求、许可排放限值确定和实际排放量核算方法、合规判定方法以及自行监测、环境管理台账与排污许可证执行报告等环境管理要求，提出了铜冶炼行业污染防治可行技术及运行管理要求。

核发机关核发排污许可证时，对位于法律法规明确规定禁止建设区域内的、属于国家和地方政府明确规定予以淘汰或取缔的铜冶炼排污单位或生产装置，应不予核发排污许可证。

本标准附录 A、附录 B、附录 C 为资料性附录。

本标准为首次发布。

本标准由环境保护部规划财务司、环境保护部科技标准司组织制定。

本标准主要起草单位：中国环境科学研究院、中南大学、环境保护部环境保护对外合作中心、中国有色金属工业协会、环境保护部环境工程评估中心。

本标准由环境保护部于 2017 年 9 月 29 日批准。

本标准自 2017 年 9 月 29 日起实施。

本标准由环境保护部解释。

1 适用范围

本标准规定了铜冶炼排污单位排污许可证申请与核发的基本情况填报要求、许可排放限值确定、实际排放量核算、合规判定的方法以及自行监测、环境管理台账与排污许可证执行报告等环境管理要求，提出了铜冶炼排污单位污染防治可行技术要求。

本标准适用于指导铜冶炼排污单位填报《排污许可证申请表》及在全国排污许可证管理信息平台申报系统中填报相关申请信息，适用于指导核发机关审核确定铜冶炼排污单位排污许可证许可要求。

本标准适用于以原生矿或铜精矿为主要原料的铜冶炼排污单位，不包括以废旧铜物料为原料的再生冶炼排污单位排放的大气污染物和水污染物的排污许可管理。

本标准未做出规定但排放工业废水、废气或者国家规定的有毒有害大气污染物的铜冶炼排污单位其他产污设施和排放口，参照《排污许可证申请与核发技术规范 总则》执行，在《排污许可证申请与核发技术规范 锅炉工业》发布前，热水锅炉和 65t/h 及以下蒸汽锅炉参照本标准执行，发布后从其规定。

2 规范性引用文件

本标准内容引用了下列文件或者其中的条款。凡是不注日期的引用文件，其有效版本适用于本标准。

GB 13271　锅炉大气污染物排放标准

GB 25467　铜、镍、钴工业污染物排放标准

GB/T 16157　固定污染源排气中颗粒物测定与气态污染物采样方法

HJ 493　水质采样样品的保存和管理技术规定

HJ 494　水质采样技术指导

HJ 495　水质采样方案设计技术规定

HJ 819　排污单位自行监测技术指南 总则

HJ 820　排污单位自行监测技术指南 火力发电及锅炉

HJ/T 55　大气污染物无组织排放监测技术导则

HJ/T 75　固定污染源烟气排放连续监测技术规范（试行）

HJ/T 76　固定污染源烟气排放连续监测系统技术要求及监测方法（试行）

HJ/T 91　地表水和污水监测技术规范

HJ/T 353　水污染源在线监测系统安装技术规范（试行）

HJ/T 354　水污染源在线监测系统验收技术规范（试行）

HJ/T 355　水污染源在线监测系统运行与考核技术规范（试行）

HJ/T 356　水污染源在线监测系统数据有效性判别技术规范（试行）

HJ/T 397　固定源废气监测技术规范

HJ□□—201□　排污许可证申请与核发技术规范 总则

HJ□□—201□　排污单位自行监测技术指南 有色金属冶炼与压延加工

HJ□□—201□　环境管理台账及排污许可证执行报告技术规范（试行）

《固定污染源排污许可分类管理名录》

《排污口规范化整治技术要求（试行）》（国家环保局环监〔1996〕470号）

《污染源自动监控设施运行管理办法》（环发〔2008〕6号）

《铜冶炼污染防治可行技术指南（试行）》（环境保护部公告2015年第24号）

《关于开展火电、造纸行业和京津冀试点城市高架源排污许可证管理工作的通知》（环水体〔2016〕189号）

3　术语和定义

下列术语和定义适用于本标准。

3.1　铜冶炼排污单位 copper smelting pollutant emission unit

指以原生矿或铜精矿为主要原料的铜冶炼企业，不包括以废旧铜物料为原料的再生冶炼企业。

3.2　许可排放限值 permitted emission limits

指排污许可证中规定的允许排污单位排放的污染物最大排放浓度和最大排放量。

3.3　特殊时段 special periods

指根据国家和地方限期达标规划及其他相关环境管理规定，对排污单位的污染物排放情况有特殊要求的时段，包括重污染天气应对期间和冬防期间等。

4　排污单位基本情况填报要求

4.1　一般原则

排污单位应按照本标准要求，在排污许可证管理信息平台申报系统填报《排污许可证申请表》中的相应信息表。填报系统下拉菜单中未包括的、地方环境保护主管部门有规定需要填报或排污单位认为需要填报的，可自行增加内容。

省级环境保护主管部门按环境质量改善需求增加的管理要求，应填入排污许可证管理信息平台申报系统中“有核发权的地方环境保护主管部门增加的管理内容”一栏。

排污单位在填报申请信息时，应评估污染排放及环境管理现状，对现状环境问题提出整改措施，并填入排污许可证管理信息平台申报系统中“改正措施”一栏。

排污单位基本情况应当按照实际情况填报，对提交申请材料的真实性、合法性和完整性负法律责任。

4.2 排污单位基本信息

排污单位基本信息应填报单位名称、邮政编码、是否投产、投产日期、生产经营场所中心经度、生产经营场所中心纬度、所在地是否属于重点区域、是否有环评批复文件及文号、是否有地方政府对违规项目的认定或备案文件及文号、是否有主要污染物总量分配计划文件及文号、颗粒物总量指标（t/a）、二氧化硫总量指标（t/a）、氮氧化物（以 NO_2 计）总量指标（t/a）、化学需氧量总量指标（t/a）、氨氮总量指标（t/a）、铅及其化合物总量指标（t/a）、砷及其化合物总量指标（t/a）、汞及其化合物总量指标（t/a）、镉及其化合物总量指标（t/a）、总铅总量指标（t/a）、总砷总量指标（t/a）、总汞总量指标（t/a）、总镉总量指标（t/a），其余项（如有）由企业自行补充填报。

4.3 主要产品及产能

4.3.1 一般要求

在填报主要产品及产能时，应选择“铜冶炼”。

排污单位应根据本标准要求填写排污许可证管理信息平台申报系统中有关主要生产单元、主要工艺、生产设施、生产设施编号、设施参数、产品名称、生产能力及计量单位、设计年生产时间及其他选项等信息。

4.3.2 主要生产单元

主要生产单元均为必填项，具体分类如下。

a. 火法工艺：备料、熔炼、吹炼、火法精炼、电解精炼、渣选矿、烟气制酸、公用单元等。

b. 湿法工艺：备料、破碎、筑堆、浸出、萃取、电积、渣堆处理、公用单元等。

4.3.3 主要工艺

主要工艺均为必填项，具体要求如下。

a. 火法工艺：包括熔炼、吹炼、精炼（火法和湿法）工艺。

熔炼：分为闪速熔炼、富氧底吹、富氧顶吹、富氧侧吹、合成炉熔炼等富氧熔池熔炼或富氧漂浮熔炼工艺。

吹炼：转炉、闪速、顶吹浸没、底吹、侧吹等吹炼工艺。

火法精炼：分为回转炉精炼和倾动炉精炼等精炼工艺（湿法精炼主要有电解精炼）。

b. 湿法工艺：浸出—萃取—电积、堆浸—萃取—电积等工艺。

4.3.4 生产设施

生产设施分为必填项和选填项，具体要求如下。

a. 火法工艺：必填项为备料工序（包括原料库、转运站、碎磨机等）、熔炼（闪速炉、顶吹炉、侧吹炉、底吹炉）、吹炼（转炉、铜锍磨热风炉—闪速吹炼炉、底吹炉、顶吹炉、侧吹炉）、火法精炼（阳极炉、圆盘浇铸机）、电解精炼（电解槽、电解液循环槽、循环槽）、烟气制酸（净化塔、转化塔、吸收塔）、公用设施（包括化学水处理站、锅炉房、阳极泥储存间等），选填项包括干燥窑、余热锅炉及发电系统等。

b. 湿法工艺：必填项为备料工序（包括原料库、转运站、碎磨机等）、浸出（浸出槽）、萃取-反萃（萃取槽、反萃槽等）和电积系统（电积槽、脱铜电积槽等），选填项包括备料工序的干燥窑等。

c. 本标准尚未作出规定，且排放工业废气和有毒有害大气污染物，有明确国家和地方排放标准的，相应生产设施为必填项。

4.3.5 生产设施编号

生产设施编号为必填项，具体要求如下：

a. 若生产设施有排污单位内部生产设施编号，则填报相应编号；

b. 若生产设施无排污单位内部生产设施编号，则根据《关于开展火电、造纸行业和京津冀试点城市高架源排污许可证管理工作的通知》中的附件 4《固定污染源（水、大气）编码规则（试行）》进行编号并填报。

4.3.6 设施参数

设施参数分为必填项和选填项，具体要求如下：生产设施中熔炼炉、吹炼炉、阳极炉等的炉型、处理能力，公用单元中的锅炉生产能力、原料库贮存能力、辅助系统的处理（贮存）能力为必填项，其他为选填项。

4.3.7 产品名称

产品名称为必填项，分为：粗铜、阳极铜、阴极铜、硫酸等。

4.3.8 生产能力及计量单位

生产能力及计量单位为必填项，生产能力为主要产品设计产能。产能和产量计量单位均为万吨/年。

4.3.9 设计年生产时间

设计年生产时间为必填项，应按环境影响评价文件及批复或地方政府对违规项目的认定或备案文件确定的年生产小时数填写。

4.3.10　其他

其他为选填项，排污单位若有需要说明的内容，可填写。

4.4　主要原辅材料及燃料

主要原辅材料及燃料填写内容包括种类、原辅材料名称、原辅材料成分、燃料名称、燃料成分、设计年使用量、其他等，具体要求如下：

a. 种类：分为原辅材料、燃料。

b. 原辅材料名称：原料包括原生矿、铜精矿、含铜废料等。辅料包括熔剂（石英石、石灰石）、精炼渣、烟尘、吹炼渣、渣精矿等。

c. 原辅材料成分：主要原辅材料的硫元素占比（干基），及主要有毒有害物质成分、占比。

d. 燃料名称：天然气、重油、煤等。

e. 燃料成分：应填报主要燃料的硫元素占比（干基）、灰分，及主要有毒有害物质成分、占比。

f. 设计年使用量：设计年使用量为与核定产能相匹配的原辅材料及燃料年使用量，单位为万吨/年或万立方米每年。

g. 其他：排污单位若有需要说明的内容，可填写。

h. 上述 a. ～f. 为必填项；g. 为选填项。

4.5　产排污节点、污染物及污染治理设施

4.5.1　一般原则

废气产排污节点、污染物及污染治理设施包括对应产污环节名称、污染物种类、排放形式（有组织、无组织）、污染治理设施、是否为可行技术、有组织排放口编号、排放口设置是否符合要求、排放口类型。

废水产排污节点、污染物及污染治理设施包括废水类别、污染物种类、排放去向、排放规律、污染治理设施、排放口编号、排放口设置是否符合要求、排放口类型。

4.5.2　废气

4.5.2.1　产污环节

分为原料制备、熔炼、吹炼、火法精炼、烟气制酸、电解、电积、净液。

4.5.2.2　污染物种类

污染物种类应根据 GB 13271、GB 25467 确定，见表 1。有地方排放标准的，按照地方排放标准确定。

4.5.2.3　污染治理设施

治理设施名称应填写除尘设施、脱硫设施、脱硝设施等。

4.5.2.4 污染治理工艺

污染治理工艺填写除尘设施治理工艺（湿法除尘、旋风除尘、电除尘、袋式除尘等）、脱硫设施治理工艺（石灰/石灰石-石膏法、有机溶液循环吸收法、金属氧化物吸收法、活性焦吸附法、氨法、双碱法、双氧水脱硫法等）、脱硝设施治理工艺（SCR、SNCR 等）。

4.5.3 废水

4.5.3.1 类别

废水填写类别包括生产废水（污酸、酸性废水、一般生产废水等）、初期雨水和生活污水。

4.5.3.2 污染物种类

污染物种类应根据 GB 25467 确定，见表 1。有地方排放标准的，按照地方排放标准确定。

4.5.3.3 治理设施

应填写生活污水处理设施、生产废水处理设施等。

4.5.3.4 污染治理工艺

污染治理工艺包括生产废水治理工艺［石灰中和法、高密度泥浆法、硫化法、石灰-铁盐（铝盐）法、生物制剂法、电化学法、膜分离法等］、生活污水处理工艺（生物接触氧化法、序批式活性污泥法处理工艺、膜生物反应器处理工艺等）。

4.5.3.5 排放去向及排放规律

铜冶炼排污单位应明确废水排放去向及排放规律。

排放去向分为：不外排；排至厂内综合污水处理站；直接进入海域；直接进入江河、湖、库等水环境；进入城市下水道（再入江河、湖、库）；进入城市下水道（再入沿海海域）；进入城市污水处理厂；进入其他单位；工业废水集中处理设施；其他（包括回用等）。

排放规律分为：连续排放，流量稳定；连续排放，流量不稳定，但有周期性规律；连续排放，流量不稳定，但有规律，且不属于周期性规律；连续排放，流量不稳定，属于冲击型排放；连续排放，流量不稳定且无规律，但不属于冲击型排放；间歇排放，排放期间流量稳定；间歇排放，排放期间流量不稳定，但有周期性规律；间歇排放，排放期间流量不稳定，但有规律，且不属于非周期性规律；间歇排放，排放期间流量不稳定，属于冲击型排放；间歇排放，排放期间流量不稳定且无规律，但不属于冲击型排放。

4.5.4 排放口设置要求

根据《排污口规范化整治技术要求（试行）》以及排污单位执行的排放标准中有关排放口规范化设置的规定，结合实际情况填报废气和废水排放口设置是否符合规范化要求。

4.5.5 排放口信息

排放口类型划分为主要排放口和一般排放口，具体见表1。废气排放口应填报排放口地理坐标、排气筒高度、排气筒出口内径、国家或地方污染物排放标准、环境影响评价批复要求及承诺更加严格排放限值。废水直接排放口应填报排放口地理坐标、间断排放时段、受纳自然水体信息、汇入受纳自然水体处地理坐标及执行的国家或地方污染物排放标准。废水间接排放口应填报排放口地理坐标、间断排放时段、受纳污水处理厂名称及执行的国家或地方污染物排放标准。废水间断排放的，应当载明排放污染物的时段。

4.5.6 污染治理设施和排放口编号

污染治理设施编号可填写铜冶炼排污单位内部编号。若铜冶炼排污单位无内部编号，则根据《关于开展火电、造纸行业和京津冀试点城市高架源排污许可证管理工作的通知》中的附件4《固定污染源（水、大气）编码规则（试行）》进行编号并填报。

有组织排放口编号应填写地方环境保护主管部门现有编号，若地方环境保护主管部门未对排放口进行编号，则根据《关于开展火电、造纸行业和京津冀试点城市高架源排污许可证管理工作的通知》中的附件4《固定污染源（水、大气）编码规则（试行）》进行编号并填报。

4.6 其他要求

排污单位基本情况还应包括生产工艺流程图（包括全厂及各工序）和厂区总平面布置图，并说明主要生产设施（设备）、主要原辅材料、燃料的流向、生产工艺流程等内容。厂区总平面布置图应包括主要生产单元、厂房、设备位置关系，注明厂区污水收集和运输走向等内容，同时注明厂区雨水和污水排放口位置。

5 产排污节点对应排放口及许可排放限值

5.1 产排污节点及对应排放口

废气和废水的产排污节点及对应排放口见表1。

表1 产排污节点、排放口及污染因子一览表

产排污节点	排放口	排放口类型	污染因子
废气有组织排放			
原料制备	原料制备系统烟囱/排气筒	一般排放口	颗粒物
熔炼炉、吹炼炉	制酸尾气烟囱	主要排放口	颗粒物、二氧化硫、氮氧化物(以NO_2计)、铅及其化合物、砷及其化合物、汞及其化合物、硫酸雾、氟化物

续表

<table>
<tr><td colspan="4">废气有组织排放</td></tr>
<tr><td>原料制备</td><td>原料制备系统烟囱/排气筒</td><td>一般排放口</td><td>颗粒物</td></tr>
<tr><td>阳极炉(精炼炉)</td><td>制酸尾气烟囱/精炼烟囱</td><td>主要排放口</td><td>颗粒物、二氧化硫、氮氧化物(以 NO_2 计)、铅及其化合物、砷及其化合物、汞及其化合物、硫酸雾、氟化物</td></tr>
<tr><td>炉窑等</td><td>环境集烟烟囱</td><td>主要排放口</td><td>颗粒物、二氧化硫、氮氧化物(以 NO_2 计)、铅及其化合物、砷及其化合物、汞及其化合物、硫酸雾、氟化物</td></tr>
<tr><td>锅炉</td><td>烟气排放口</td><td>一般排放口</td><td>颗粒物、二氧化硫、氮氧化物(以 NO_2 计)、汞及其化合物①、烟气黑度(林格曼黑度,级)</td></tr>
<tr><td colspan="2">电解槽,电解液循环槽</td><td>一般排放口</td><td>硫酸雾</td></tr>
<tr><td colspan="2">电积槽及其他槽</td><td>一般排放口</td><td>硫酸雾</td></tr>
<tr><td colspan="2">真空蒸发器、脱铜电积槽</td><td>一般排放口</td><td>硫酸雾</td></tr>
<tr><td colspan="4">废气无组织排放</td></tr>
<tr><td colspan="2">厂界</td><td>企业周边</td><td>二氧化硫、颗粒物、硫酸雾、氯气、氯化氢、氟化物、铅及其化合物、砷及其化合物、汞及其化合物</td></tr>
<tr><td colspan="4">废水排放</td></tr>
<tr><td>废水类别</td><td>废水排放口</td><td>排放口类型</td><td>主要污染因子</td></tr>
<tr><td rowspan="2">生产废水</td><td>废水总排放口</td><td>主要排放口</td><td>pH 值、悬浮物、化学需氧量、氟化物、总氮、总磷、氨氮、总锌、石油类、总铜、硫化物、总铅、总砷、总镉、总汞、总镍、总钴</td></tr>
<tr><td>车间或生产设施废水排放口</td><td>主要排放口</td><td>总铅、总砷、总镉、总汞、总镍、总钴</td></tr>
</table>

① 适用于燃煤锅炉。

注：氮氧化物（以 NO_2 计）只适用于特别排放限值区域的排污单位。

铜冶炼排污单位应填报国家或地方污染物排放标准、环境影响评价批复要求、承诺更加严格排放限值，其余项依据本标准第 4.5 部分填报产排污节点及排放口信息。

5.2　许可排放限值

5.2.1　一般原则

许可排放限值包括污染物许可排放浓度和许可排放量。

对于大气污染物，以生产设施或有组织排放口为单位确定许可排放浓度、许可排放量。主要排放口逐一计算许可排放量，一般排放口只许可浓度，不许可排放量。

对于水污染物，以生产车间或设施废水排放口和企业废水总排放口为单位确定许可排放浓度和许可排放量。

根据国家或地方污染物排放标准确定许可排放浓度。依据总量控制指标及本标准规定的方法从严确定许可排放量，2015 年 1 月 1 日（含）后取得环境影响批复的排污单位，许可排放量还应同时满足环境影响评价文件和批复要求。

总量控制指标包括地方政府或环境保护主管部门发文确定的排污单位总量控制指标、环评批复的总量控制指标、现有排污许可证中载明的总量控制指标、通过排污权有偿使用和交易确定的总量控制指标等地方政府或环境保护主管部门与排污许可证申领排污单位以一定形式确认的总量控制指标。

排污单位填报许可排放量时，应在排污许可申请表中写明申请的许可排放限值计算过程。

排污单位申请的许可排放限值严于本标准规定的，在排污许可证中载明。

5.2.2　许可排放浓度

5.2.2.1　废气

排污单位废气许可排放浓度依据 GB 13271、GB 25467 确定，许可排放浓度为小时均值浓度（烟气黑度除外）。有地方排放标准要求的，按照地方排放标准确定。

大气污染防治重点控制区按照《关于执行大气污染物特别排放限值的公告》和《关于执行大气污染物特别排放限值有关问题的复函》的要求执行。其他执行大气污染物特别排放限值的地域范围、时间，由国务院环境保护主管部门或省级人民政府规定。

若执行不同许可排放浓度的多台设施或排放口采用混合方式排放废气，且选择的监控位置只能监测混合烟气中的大气污染物浓度，则应执行各限值要求中最严格的许可排放浓度。

5.2.2.2　废水

排污单位水污染物许可排放浓度依据 GB 25467 确定，许可排放浓度为日均浓度（pH 值为任何一次监测值）。有地方排放标准要求的，按照地方排放标准确定。

若排污单位在同一个废水排放口排放两种或两种以上工业废水，且每种废水同一种污染物执行的排放标准不同时，则应执行各限值要求中最严格的许可排放浓度。

5.2.3 许可排放量

5.2.3.1 一般规定

许可排放量包括排污单位年许可排放量、主要排放口年许可排放量、特殊时段许可排放量。其中，年许可排放量的有效周期应以许可证核发时间起算，滚动 12 个月。单独排入城镇集中污水处理设施的生活污水无需申请许可排放量。

废气许可排放量污染因子为颗粒物、二氧化硫、氮氧化物（以 NO_2 计，仅适用于执行特别排放限值区域的排污单位）、砷及其化合物、铅及其化合物、汞及其化合物。

废水许可排放量污染因子为化学需氧量、氨氮、总铅、总砷、总汞、总镉。

对位于《“十三五”生态环境保护规划》等文件规定的总磷、总氮总量控制区域内的铜冶炼排污单位，还应分别申请总磷及总氮年许可排放量。地方环保部门另有规定的从其规定。

5.2.3.2 许可排放量核算方法

5.2.3.2.1 废气

根据排放标准浓度限值、单位产品基准排气量、产能确定大气污染物许可排放量。

a. 年许可排放量

年许可排放量等于主要排放口年许可排放量，计算如下：

$$E_{i\text{许可}} = E_{i\text{主要排放口}} \tag{1}$$

式中 $E_{i\text{许可}}$——排污单位第 i 项大气污染物年许可排放量，t/a；

$E_{i\text{主要排放口}}$——排污单位第 i 项大气污染物主要排放口年许可排放量，t/a。

b. 主要排放口年许可排放量

主要排放口年许可排放量用下式计算：

$$E_{i\text{主要排放口}} = \sum_{j=1}^{n} Q_j C_i R \times 10^{-9} \tag{2}$$

式中 $E_{i\text{主要排放口}}$——主要排放口第 i 种大气污染物年许可排放量，t/a；

C_i——第 i 种大气污染物许可排放浓度限值，mg/m^3；

R——主要产品产能，t/a；

Q_j——第 j 个主要排放口单位产品基准排气量，m^3/t 产品，参照表 2取值。

表 2　铜冶炼排污单位基准排气量表　　　单位：m^3/t 产品

序号	产排污节点	排放口	基准烟气量
1	熔炼炉、吹炼炉	制酸尾气烟囱	8000
2	阳极炉(精炼炉)	制酸尾气烟囱/精炼烟囱	1000
3	炉窑等	环境集烟烟囱	7500

c. 特殊时段许可排放量

特殊时段排污单位日许可排放量按公式（3）计算。地方制定的相关法规中对特殊时段许可排放量有明确规定的从其规定。国家和地方环境保护主管部门依法规定的其他特殊时段短期许可排放量应当在排污许可证当中载明。

$$E_{i许可}=E_{前一年环统日均排放量}\times(1-\alpha) \tag{3}$$

式中　$E_{i许可}$——铜冶炼排污单位重污染天气应对期间或冬防阶段日许可排放量，t；

$E_{前一年环统日均排放量}$——铜冶炼排污单位前一年环境统计实际排放量折算的日均值，t；

α——重污染天气应对期间或冬防阶段日产量或排放量减少比例。

5.2.3.2.2　废水

水污染物年许可排放量根据水污染物许可排放浓度限值、单位产品基准排水量和产能核定。

a. 主要排放口年许可排放量

主要排放口年许可排放量用下式计算：

$$D_i=C_iQR\times10^{-6} \tag{4}$$

式中　D_i——主要排放口第 i 种水污染物年许可排放量，t/a；

C_i——第 i 种水污染物许可排放浓度限值，mg/L；

R——主要产品产能，t/a；

Q——主要排放口单位产品基准排水量，m^3/t 产品，取值参见表 3。

b. 年许可排放量

铜冶炼排污单位总铅、总砷、总镉、总汞年许可排放量为生产车间或设施废水排放口许可排放量，化学需氧量和氨氮年许可量为企业废水总排放口许可排放量，按照公式（4）进行核算，其中 C_i 取值参照 GB 25467 中污染因子浓度，基准排水量 Q 取值参照表 3。

表 3　铜冶炼排污单位基准排水量表　　　单位：m^3/t 产品

序号	排放口	基准排水量
1	车间或生产设施废水排放口	2
2	总废水排放口	10

5.2.4　无组织排放控制要求

铜冶炼排污单位生产无组织排放节点和控制措施见表4。

表4　铜冶炼排污单位生产无组织排放节点和控制措施

序号	工序	指标控制措施
1	运输	(1)冶炼厂及矿区内粉状物料运输应采取密闭措施。 (2)冶炼厂及矿区内大宗物料转移、输送应采取皮带通廊、封闭式皮带输送机或流态化输送等输送方式。皮带通廊应封闭,带式输送机的受料点、卸料点采取喷雾等抑尘措施;或设置密闭罩,并配备除尘设施。 (3)冶炼厂及选矿厂内运输道路应硬化,并采取洒水、喷雾、移动吸尘等措施。 (4)运输车辆驶离矿区前以及冶炼厂前应冲洗车轮,或采取其他控制措施
2	冶炼	(1)原煤应贮存于封闭式煤场,场内设喷水装置,在煤堆装卸时洒水降尘;不能封闭的应采用防风抑尘网,防风抑尘网高度不低于堆存物料高度的1.1倍。铜原生矿、铜精矿等原料,石英石、石灰石等辅料应采用库房贮存。备料工序产尘点应设置集气罩,并配备除尘设施。 (2)冶炼炉(窑)的加料口、出料口应设置集气罩并保证足够的集气效率,配套设置密闭抽风收尘设施。 (3)溜槽应设置盖板

5.2.5　其他

新、改、扩建项目的环境影响评价文件或地方相关规定中有原辅材料、燃料等其他污染防治强制要求的，还应根据环境影响评价文件或地方相关规定，明确其他需要落实的污染防治要求。

6　污染防治可行技术要求

6.1　一般原则

本标准中所列污染防治可行技术及运行管理要求可作为环境保护主管部门对排污许可证申请材料审核的参考。对于铜冶炼排污单位采用本标准所列推荐可行技术的，原则上认为具备符合规定的防治污染设施或污染物处理能力。对于未采用本标准所列推荐可行技术的，铜冶炼排污单位应当在申请时提供相关证明材料（如提供已有监测数据；对于国内外首次采用的污染治理技术，还应当提供中试数据等说明材料），证明可达到与污染防治可行技术相当的处理能力。

对不属于污染防治推荐可行技术的污染治理技术，排污单位应当加强自行监测、台账记录，评估达标可行性。

对于废气实施特别排放限值的，排污单位自行填报可行的污染治理技术及管理要求。

6.2　废气推荐可行技术

铜冶炼排污单位产生的有组织废气中颗粒物、铅及其化合物、砷及其化合物、汞及其化合物，通常采用湿法除尘器、袋式除尘器、静电除尘器等；冶炼炉窑产生的二氧化硫，通常采用石灰-石膏法、有机溶液循环吸收法、金属氧化物吸收法、活性焦吸附法、氨法吸收法、双氧水脱硫法等。

本标准推荐的排污单位废气治理可行技术详见《铜冶炼污染防治可行技术指南（试行）》。

6.3 废水推荐可行技术

铜冶炼排污单位生产过程产生的污酸一般采用硫化法＋石灰石/石灰中和法、石灰＋铁盐法处理，处理后污酸后液与酸性废水合并处理；酸性废水一般采用石灰中和法、高密度泥浆法（HDS 法）、石灰＋铁盐（铝盐）法、硫化法、生物制剂法、电化学法、膜分离法等。

本标准推荐的排污单位废水处理可行技术详见《铜冶炼污染防治可行技术指南（试行）》。

6.4 运行管理要求

铜冶炼排污单位应当按照相关法律法规、标准和技术规范等要求运行大气及水污染防治设施，并进行维护和管理，保证设施正常运行。对于特殊时段，铜冶炼排污单位应满足《重污染天气应急预案》、各地人民政府制定的冬防措施等文件规定的污染防治要求。

附录 3 排污许可证申请与核发技术规范 有色金属工业——铅锌冶炼（HJ 863.1—2017）节选

前 言

为贯彻落实《中华人民共和国环境保护法》《中华人民共和国大气污染防治法》《中华人民共和国水污染防治法》等法律法规以及《控制污染物排放许可制实施方案》（国办发〔2016〕81 号），完善排污许可技术支撑体系，指导和规范铅锌冶炼排污单位排污许可证申请与核发工作，制定本标准。

本标准规定了铅锌冶炼排污单位排污许可证申请与核发的基本情况填报要求、许可排放限值确定、实际排放量核算、合规判定的方法以及自行监测、环境管理台账与排污许可证执行报告等环境管理要求，提出了铅锌冶炼行业污染防治可行技术要求。

核发机关核发排污许可证时，对位于法律法规明确规定禁止建设区域内的、属于国家和地方政府明确规定予以淘汰或取缔的铅锌冶炼排污单位或者生产装置，应不予核发排污许可证。

本标准附录 A、附录 B、附录 C、附录 D、附录 E 为资料性附录。

本标准为首次发布。

本标准由环境保护部规划财务司、环境保护部科技标准司组织制定。

本标准主要起草单位：中国环境科学研究院、北京矿冶研究总院、环境保护部环境保护对外合作中心、中国有色金属工业协会。

本标准由环境保护部于 2017 年 9 月 29 日批准。

本标准自 2017 年 9 月 29 日起实施。

本标准由环境保护部解释。

1 适用范围

本标准规定了铅锌冶炼排污单位排污许可证申请与核发的基本情况填报要求、许可排放限值确定、实际排放量核算、合规判定的方法以及自行监测、环境管理台账与排污许可证执行报告等环境管理要求，提出了铅锌冶炼行业污染防治可行技术要求。

本标准适用于指导铅锌冶炼排污单位填报《排污许可证申请表》及在全国排污许可证管理信息平台申报系统中填报相关申请信息，适用于指导核发机关审核确定铅锌冶炼行业排污许可证许可要求。

本标准适用于以铅精矿、锌精矿或铅锌混合精矿为主要原料的铅锌冶炼排污单位排放的大气污染物、水污染物的排污许可管理，本标准不适用于独立以铅锌二次资源为原料的铅锌冶炼排污单位和生产再生铅、再生锌及铅、锌材压延加工产品排污单位的排污许可证申请与核发工作。

本标准未做出规定但排放工业废水、废气或者国家规定的有毒有害大气污染物的铅锌冶炼排污单位其他产污设施和排放口，参照《排污许可证申请与核发技术规范总则》执行，在《排污许可证申请与核发技术规范锅炉工业》发布前，热水锅炉和 65t/h 及以下蒸汽锅炉参照本标准执行，发布后从其规定。

2 规范性引用文件

本标准内容引用了下列文件或者其中的条款。凡是不注日期的引用文件，其有效版本适用于本标准。

GB 13271　锅炉大气污染物排放标准

GB 25466　铅、锌工业污染物排放标准

GB/T 16157　固定污染源排气中颗粒物测定与气态污染物采样方法

HJ 493　水质采样样品的保存和管理技术规定

HJ 494　水质采样技术指导

HJ 495　水质采样方案设计技术规定

HJ 819　排污单位自行监测技术指南总则

HJ 820　排污单位自行监测技术指南火力发电及锅炉

HJ 2049—2015 铅冶炼废气治理工程技术规范

HJ-BAT-7 铅冶炼污染防治最佳可行技术指南（试行）

HJ/T 55 大气污染物无组织排放监测技术导则

HJ/T 75 固定污染源烟气排放连续监测技术规范（试行）

HJ/T 76 固定污染源烟气排放连续监测系统技术要求及监测方法（试行）

HJ/T 91 地表水和污水监测技术规范

HJ/T 353 水污染源在线监测系统安装技术规范（试行）

HJ/T 354 水污染源在线监测系统验收技术规范（试行）

HJ/T 355 水污染源在线监测系统运行与考核技术规范（试行）

HJ/T 356 水污染源在线监测系统数据有效性判别技术规范（试行）

HJ/T 397 固定源废气监测技术规范

HJ□□—201□ 排污许可证申请与核发技术规范总则

HJ□□—201□ 排污单位自行监测技术指南有色金属冶炼与压延加工

HJ□□—201□ 环境管理台账及排污许可证执行报告技术规范（试行）

铅锌冶炼工业污染防治技术政策（环境保护部 公告 2012 年 第 18 号）

《固定污染源排污许可分类管理名录》

《排污口规范化整治技术要求（试行）》（国家环保局环监〔1996〕470 号）

《污染源自动监控设施运行管理办法》（环发〔2008〕6 号）

《关于开展火电、造纸行业和京津冀试点城市高架源排污许可证管理工作的通知》（环水体〔2016〕189 号）

3 术语和定义

下列术语和定义适用于本标准。

3.1 铅锌冶炼排污单位 lead and zinc smelting pollutant emission unit

指以铅精矿、锌精矿或铅锌混合精矿为主要原料的铅锌冶炼企业。

3.2 许可排放限值 permitted emission limits

指排污许可证中规定的允许排污单位排放的污染物最大排放浓度和最大排放量。

3.3 特殊时段 special periods

指根据国家和地方限期达标规划及其他相关环境管理规定，对排污单位的污染物排放情况有特殊要求的时段，包括重污染天气应对期间和冬防期间等。

4 排污单位基本情况填报要求

4.1 一般原则

排污单位应按照本标准要求，在排污许可证管理信息平台申报系统填报《排污许可证申请表》中的相应信息表。填报系统下拉菜单中未包括的、地方环境保护主管部门有规定需要填报或排污单位认为需要填报的，可自行增加内容。

省级环境保护主管部门按环境质量改善需求增加的管理要求，应填入排污许可证管理信息平台申报系统中“有核发权的地方环境保护主管部门增加的管理内容”一栏。

排污单位在填报申请信息时，应评估污染排放及环境管理现状，对现状环境问题提出整改措施，并填入排污许可证管理信息平台申报系统中“改正措施”一栏。

排污单位基本情况应当按照实际情况填报，对提交申请材料的真实性、合法性和完整性负法律责任。

4.2 排污单位基本信息

排污单位基本信息应填报单位名称、邮政编码、是否投产、投产日期、生产经营场所中心经度、生产经营场所中心纬度、所在地是否属于重点区域、是否有环评批复文件及文号、是否有地方政府对违规项目的认定或备案文件及文号、是否有主要污染物总量分配计划文件及文号、颗粒物总量指标（t/a）、二氧化硫总量指标（t/a）、氮氧化物（以 NO_2 计）总量指标（t/a）（仅适用于特别排放限值区域）、化学需氧量总量指标（t/a）、氨氮总量指标（t/a）、铅及其化合物总量指标（t/a）、汞及其化合物总量指标（t/a）、总铅总量指标（t/a）、总砷总量指标（t/a）、总镉总量指标（t/a）、总汞总量指标（t/a），其余项（如有）由企业自行补充填报。

4.3 主要产品及产能

4.3.1 一般原则

在填报主要产品及产能时，应选择“铅锌冶炼”。

排污单位应根据本标准要求填写排污许可证管理信息平台申报系统中有关主要生产工艺、生产设施、生产设施编号、设施参数、产品名称、生产能力及计量单位、设计年生产时间及其他选项等信息。

4.3.2 主要生产单元

主要生产单元具体分类如下：

a. 铅冶炼：分为备料、熔炼-还原、烟气制酸、烟化、铅精炼、铜浮渣处理、公用单元等。

b. 湿法炼锌：分为备料、沸腾焙烧、烟气制酸、浸出-净化、锌电解、浸出渣处理、公用单元等。

c. 电炉炼锌：分为备料、沸腾焙烧、烟气制酸、电炉熔炼、渣处理、锌精馏、公用单元等。

d. 竖罐炼锌：分为备料、沸腾焙烧、烟气制酸、调和制团、焦结蒸馏、渣处理、锌精馏、公用单元等。

e. 密闭鼓风炉熔炼（ISP法）：分为备料、烧结、烟气制酸、密闭鼓风炉熔炼、烟化、铅精炼、铜浮渣处理、锌精馏、煤气净化、公用单元等。

4.3.3 主要生产工艺

主要生产工艺均为必填项，具体要求如下：

a. 铅冶炼：分为富氧底吹（顶吹、侧吹）熔炼-鼓风炉还原炼铅工艺、富氧底吹（顶吹、侧吹）熔炼-液态高铅渣直接还原工艺、闪速熔炼（基夫赛特法、铅富氧闪速熔炼）工艺。

b. 湿法炼锌：分为常规浸出法、高温高酸法、氧压浸出法、富氧常压浸出法等。

c. 火法炼锌：分为电炉炼锌、竖罐炼锌、密闭鼓风炉熔炼法（ISP法）。

4.3.4 生产设施

生产设施分为必填项和选填项，具体要求如下。

a. 铅冶炼：必填项为备料工序（包括原料库等）、熔炼-还原工序（包括熔炼炉、还原炉等）、烟气制酸工序（包括制酸系统等）、烟化工序（烟化炉）、铅精炼工序（包括熔铅锅、电解槽、电铅锅等）、铜浮渣处理工序（包括反射炉等）、公用设施（包括锅炉等）；选填项为备料工序的碎磨机、干燥窑等，熔炼-还原工序的圆盘浇铸机、铸渣机等。

b. 湿法炼锌：必填项为备料工序（包括原料库等）、沸腾焙烧工序（包括沸腾焙烧炉、焙砂仓等）、烟气制酸工序（包括制酸系统等）、湿法浸出-净化工序（包括浸出槽、净化槽等）、锌电解工序（包括电解槽、感应电炉等）、浸出渣处理工序（包括回转窑、多膛炉等）、公用设施（包括锅炉等）；选填项包括备料工序的碎磨机、干燥窑、冷却圆筒等，锌电解工序的铸锭机等。

c. 电炉炼锌：必填项为备料工序（包括原料库等）、沸腾焙烧工序（包括沸腾焙烧炉、焙砂仓等）、熔炼工序（包括电炉、回转窑或烟化炉）、精馏工序（包括锌精馏炉等）、烟气制酸工序（包括制酸系统等）、公用设施（包括锅炉等）；选填项包括备料工序的碎磨机、干燥窑等，电炉熔炼工序的保温槽、冷凝器等。

d. 竖罐炼锌：必填项为备料工序（包括原料库等）、沸腾焙烧工序（包括沸腾焙烧炉、焙砂仓等）、调和制团工序（包括棒磨机、轮碾机、制团机等）、焦结蒸馏工序（包括焦结炉、竖罐蒸馏炉等）、蒸馏残渣处理工序（包括漩涡熔炼炉等）、精馏工序（包括锌精馏炉等）、烟气制酸工序（包括制酸系统等）、公用设施（包括锅炉房、煤气发生炉等）；选填项包括备料工序的碎磨机、干燥窑等，锌精馏工序的保温槽、冷凝器等。

e. 密闭鼓风炉熔炼法（ISP法）：必填项为备料工序（包括原料库等）、烧结工序（包括烧结机、破碎机等）、密闭鼓风熔炼工序（包括密闭鼓风炉等）、烟气制酸工序（包括制酸系统等）、铅电解工序（包括熔铅锅、电解槽、电铅锅等）、铜浮渣处理工序（包括反射炉等）、锌精馏工序（包括锌精馏炉等）、公用设施（包括锅炉房、煤气发生炉等）；选填项包括备料工序的碎磨机、干燥窑、冷却圆筒等，铅电解工序浇铸机等，粗锌精馏工序的保温槽、冷凝器等。

4.3.5 生产设施编号

生产设施编号为必填项，具体要求如下：

a. 若生产设施有排污单位内部生产设施编号，则填报相应编号；

b. 若生产设施无排污单位内部生产设施编号，则根据《关于开展火电、造纸行业和京津冀试点城市高架源排污许可证管理工作的通知》中的附件4《固定污染源（水、大气）编码规则（试行）》进行编号并填报。

4.3.6 设施参数

设施参数分为必填项和选填项，具体要求如下：

a. 铅冶炼：生产设施中熔炼炉、还原炉、熔铅锅、电铅锅、烟化炉、回转窑、反射炉等的炉型、处理能力，公用单元的锅炉生产能力、原料库贮存能力为必填项。其他为选填项。

b. 锌冶炼：沸腾焙烧炉、烧结机、密闭鼓风炉、电炉、焦结炉、竖罐蒸馏炉、漩涡炉、烟化炉、回转窑、多膛炉、熔铅锅、电铅锅、反射炉等的炉型、处理能力，公用单元的锅炉生产能力、原料库贮存能力为必填项。其他为选填项。

4.3.7 产品名称

产品名称为必填项，具体要求如下：

a. 铅冶炼：分为粗铅、电铅、硫酸等；

b. 锌冶炼：分为锌焙砂、电锌、粗锌、精锌、硫酸等。

4.3.8 生产能力及计量单位

生产能力及计量单位为必填项，生产能力为主要产品设计产能。产能和产量计量单位均为万吨/年。

4.3.9 设计年生产时间

设计年生产时间为必填项，应按环境影响评价文件及批复或地方政府对违规项目的认定或备案文件确定的年生产小时数填写。

4.3.10 其他

其他为选填项，排污单位若有需要说明的内容，可填写。

4.4 主要原辅材料及燃料

主要原辅材料及燃料填写内容包括种类、原辅材料名称、原辅材料成分、燃料名称、燃料成分、设计年使用量、其他等，具体要求如下。

a. 种类：分为原辅材料、燃料。

b. 原辅材料名称。

ⅰ. 铅冶炼：原料包括铅精矿、粗铅、含铅废料等，辅料包括纯碱等；

ⅱ. 锌冶炼：原料包括锌精矿、铅锌混合精矿、氧化锌矿、锌焙砂、粗锌、次氧化锌、含锌废料等，辅料包括硫酸、氯化铵、锌粉等。

c. 原辅材料成分：主要原辅材料的硫元素占比（干基）、主要有毒有害物质成分及占比。

d. 燃料名称：煤、焦炭、重油、天然气等。

e. 燃料成分：应填报燃料的灰分、硫分、挥发分、热值，其中硫分为必填项，其余为选填项。

f. 设计年使用量：设计年使用量为与核定产能相匹配的原辅材料及燃料年使用量，单位为万吨/年或万立方米每年。

g. 其他：排污单位若有需要说明的内容，可填写。

h. 上述 a. ～f. 为必填项，g. 为选填项。

4.5 产排污节点、污染物及污染治理设施

4.5.1 一般原则

废气产排污环节、污染物及污染治理设施包括生产设施对应的产污环节、污染物种类、排放形式（有组织、无组织）、污染治理设施及工艺、是否为可行技术、排放口编号、排放口设置是否规范及排放口类型。

废水包括废水类别、污染物种类、排放去向、污染治理设施及工艺、是否为可行技术、排放口编号、排放口设置是否规范及排放口类型。

4.5.2 废气

4.5.2.1 产污环节

铅冶炼、湿法炼锌、电炉炼锌、竖罐炼锌、密闭鼓风炉熔炼法（ISP 法）的产排污节点如下：

a. 铅冶炼包括备料、制酸系统（熔炼炉烟气）、还原炉、烟化炉、熔铅锅、电铅锅、反射炉、锅炉、环境集烟等；

b. 湿法炼锌包括备料、制酸系统（沸腾焙烧炉烟气）、浸出槽、净化槽、多膛炉、回转窑、锌熔铸、锅炉等；

c. 电炉炼锌包括备料、制酸系统（沸腾焙烧炉烟气）、电炉、烟化炉（回转窑）、锌精馏系统、锅炉、环境集烟等；

d. 竖罐炼锌包括备料、制酸系统（沸腾焙烧炉烟气）、焦结炉、竖罐蒸馏炉、漩涡炉、锌精馏系统、锅炉等；

e. 密闭鼓风炉熔炼法（ISP 法）包括备料、制酸系统（烧结机烟气）、烧结机头、破碎机、密闭鼓风炉、烟化炉、熔铅锅、电铅锅、反射炉、锌精馏系统、锅炉、环境集烟等。

4.5.2.2 污染物种类

污染物种类应根据 GB 13271、GB 25466 确定，见表 1。有地方排放标准的，按照地方排放标准确定。

4.5.2.3　治理设施

治理设施名称应填写除尘设施、脱硫设施、脱硝设施等。

4.5.2.4　污染治理工艺

污染治理工艺填写除尘设施治理工艺（湿法除尘、电除尘、袋式除尘等）、脱硫设施治理工艺（石灰/石灰石-石膏法、有机溶液循环吸收法、金属氧化物吸收法、活性焦吸附法、氨法、双碱法、双氧水脱硫法等）、脱硝设施治理工艺（SCR、SNCR等）。

4.5.3　废水

4.5.3.1　类别

铅锌冶炼废水填写类别包括生产废水（污酸、酸性废水、一般生产废水、初期雨水）和生活污水等。

4.5.3.2　污染物种类

污染物种类应根据GB 25466确定，见表1。有地方排放标准的，按照地方排放标准确定。

4.5.3.3　治理设施

治理设施名称应填写生活污水处理设施、生产废水处理设施等。

4.5.3.4　污染治理工艺

污染治理工艺填写包括生产废水治理工艺［石灰中和法、高密度泥浆法、硫化法、石灰-铁盐（铝盐）法、生物制剂法、电化学法、膜分离法等］、生活污水处理工艺（生物接触氧化法、序批式活性污泥法、膜生物反应器处理工艺等）

4.5.3.5　排放去向及排放规律

铅锌冶炼排污单位应明确废水排放去向及排放规律。

排放去向分为：不外排；排至厂内综合污水处理站；直接进入海域；直接进入江河、湖、库等水环境；进入城市下水道（再入江河、湖、库）；进入城市下水道（再入沿海海域）；进入城市污水处理厂；进入其他单位；进入工业废水集中处理设施；其他（回用等）。

排放规律分为：连续排放，流量稳定；连续排放，流量不稳定，但有周期性规律；连续排放，流量不稳定，但有规律，且不属于周期性规律；连续排放，流量不稳定，属于冲击型排放；连续排放，流量不稳定且无规律，但不属于冲击型排放；间断排放，排放期间流量稳定；间断排放，排放期间流量不稳定，但有周期性规律；间断排放，排放期间流量不稳定，但有规律，且不属于非周期性规律；间断排放，排放期间流量不稳定，属于冲击型排放；间断排放，排放期间流量不稳定且无规律，但不属于冲击型排放。

4.5.4 排放口设置要求

根据《排污口规范化整治技术要求（试行）》以及排污单位执行的排放标准中有关排放口规范化设置的规定，填报废气和废水排放口设置是否符合规范化要求。

4.5.5 排放口信息

排放口类型划分为主要排放口和一般排放口，具体见表1。

废气排放口应填报排放口地理坐标、排气筒高度、排气筒出口内径、国家或地方污染物排放标准、环境影响评价批复要求及承诺更加严格排放限值。废水直接排放口应填报排放口地理坐标、间歇排放时段、受纳自然水体信息、汇入受纳自然水体处地理坐标及执行的国家或地方污染物排放标准，废水间接排放口应填报排放口地理坐标、间歇排放时段、受纳污水处理厂名称及执行的国家或地方污染物排放标准。废水间歇式排放的，应当载明排放污染物的时段。

4.5.6 污染治理设施和排放口编号

污染治理设施编号可填写铅锌冶炼工业排污单位内部编号，若铅锌冶炼工业排污单位无内部编号，则根据《关于开展火电、造纸行业和京津冀试点城市高架源排污许可证管理工作的通知》中的附件4《固定污染源（水、大气）编码规则（试行）》进行编号并填报。

有组织排放口编号应填写地方环境保护主管部门现有编号，若地方环境保护主管部门未对排放口进行编号，则根据《关于开展火电、造纸行业和京津冀试点城市高架源排污许可证管理工作的通知》中的附件4《固定污染源（水、大气）编码规则（试行）》进行编号并填写。

4.6 其他要求

排污单位基本情况还应包括生产工艺流程图（包括全厂及各工序）和厂区总平面布置图。

生产工艺流程图应包括主要生产设施（设备）、主要原辅材料、燃料的流向、生产工艺流程等内容。

厂区总平面布置图应包括主要生产单元、厂房、设备位置关系，注明厂区污水收集和运输走向等内容，同时注明厂区雨水和污水排放口位置。

5 产排污节点、对应排放口及许可排放限值

5.1 产排污节点及对应排放口

废气和废水的产排污节点及对应排放口见表1。

排污单位应填报环境影响评价批复要求、国家或地方污染物排放标准、承诺更加严格排放限值，其余项依据本标准第4.5部分填报产排污节点及排放口信息。

表 1　产排污节点、排放口及污染因子一览表

产排污节点	排放口	排放口类型	污染因子	备注
铅冶炼废气有组织排放				
备料系统	备料排气筒	一般排放口	颗粒物	
制酸系统（熔炼炉烟气）	制酸尾气烟囱	主要排放口	颗粒物、二氧化硫、硫酸雾、铅及其化合物、汞及其化合物、氮氧化物（以 NO_2 计）	
还原炉＋烟化炉	脱硫尾气烟囱	主要排放口	颗粒物、二氧化硫、铅及其化合物、汞及其化合物、氮氧化物（以 NO_2 计）	部分排污单位还原炉烟气送制酸
熔炼炉、还原炉、烟化炉环境集烟	环境集烟烟囱	主要排放口	颗粒物、二氧化硫、铅及其化合物、汞及其化合物、氮氧化物（以 NO_2 计）	
熔铅（电铅）锅	熔铅（电铅）锅烟囱	一般排放口	颗粒物、铅及其化合物	
浮渣反射炉	反射炉烟囱	一般排放口	颗粒物、二氧化硫、铅及其化合物、汞及其化合物、氮氧化物（以 NO_2 计）	
锅炉	锅炉烟囱	一般排放口	颗粒物、二氧化硫、氮氧化物（以 NO_2 计）、汞及其化合物、烟气黑度（格林曼黑度，级）	
锌冶炼废气有组织排放				
备料系统	备料排气筒	一般排放口	颗粒物	湿法炼锌
制酸系统（沸腾炉烟气）	制酸尾气烟囱	主要排放口	颗粒物、二氧化硫、硫酸雾、铅及其化合物、汞及其化合物、氮氧化物（以 NO_2 计）	
浸出槽	浸出槽排气筒	一般排放口	硫酸雾	
净化槽	净化槽排气筒	一般排放口	硫酸雾	
感应电炉	熔铸烟气烟囱	一般排放口	颗粒物	
回转窑（烟化炉）	回转窑（烟化炉）烟囱	主要排放口	颗粒物、二氧化硫、铅及其化合物、汞及其化合物、氮氧化物（以 NO_2 计）	
多膛炉	多膛炉烟囱	一般排放口	颗粒物、二氧化硫、铅及其化合物、汞及其化合物、氮氧化物（以 NO_2 计）	
锅炉	锅炉烟囱	一般排放口	颗粒物、二氧化硫、氮氧化物（以 NO_2 计）、汞及其化合物、烟气黑度（格林曼黑度，级）	

续表

产排污节点	排放口	排放口类型	污染因子	备注
锌冶炼废气有组织排放				
备料系统	备料排气筒	一般排放口	颗粒物	电炉炼锌
制酸系统(沸腾炉烟气)	制酸尾气烟囱	主要排放口	颗粒物、二氧化硫、硫酸雾、铅及其化合物、汞及其化合物、氮氧化物(以 NO_2 计)	
电炉环境集烟	环境集烟烟囱	主要排放口	颗粒物、二氧化硫、铅及其化合物、汞及其化合物、氮氧化物(以 NO_2 计)	
回转窑(烟化炉)	回转窑(烟化炉)烟囱	主要排放口	颗粒物、二氧化硫、铅及其化合物、汞及其化合物、氮氧化物(以 NO_2 计)	
锌精馏系统	锌精馏系统烟囱	一般排放口	颗粒物、二氧化硫、氮氧化物(以 NO_2 计)、铅及其化合物、汞及其化合物	
锅炉	锅炉烟囱	一般排放口	颗粒物、二氧化硫、氮氧化物(以 NO_2 计)、汞及其化合物、烟气黑度(格林曼黑度,级)	
制酸系统(沸腾炉烟气)	制酸尾气烟囱	主要排放口	颗粒物、二氧化硫、硫酸雾、铅及其化合物、汞及其化合物、氮氧化物(以 NO_2 计)	竖罐炼锌
焦结蒸馏系统	焦结蒸馏系统烟囱	主要排放口	颗粒物、二氧化硫、铅及其化合物、汞及其化合物、氮氧化物(以 NO_2 计)	
漩涡炉	漩涡炉烟囱	主要排放口	颗粒物、二氧化硫、铅及其化合物、汞及其化合物、氮氧化物(以 NO_2 计)	
锌精馏系统	锌精馏系统烟囱	一般排放口	颗粒物、二氧化硫、铅及其化合物、汞及其化合物、氮氧化物(以 NO_2 计)	
锅炉	锅炉烟囱	一般排放口	颗粒物、二氧化硫、氮氧化物(以 NO_2 计)、汞及其化合物、烟气黑度(格林曼黑度,级)	

续表

产排污节点	排放口	排放口类型	污染因子	备注
锌冶炼废气有组织排放				
烧结备料系统	烧结备料排气筒	一般排放口	颗粒物	ISP 法
烧结机头	烧结机头排气筒	主要排放口	颗粒物、二氧化硫、铅及其化合物、汞及其化合物、氮氧化物(以 NO_2 计)	
制酸系统(烧结烟气)	制酸尾气烟囱	主要排放口	颗粒物、二氧化硫、硫酸雾、铅及其化合物、汞及其化合物、氮氧化物(以 NO_2 计)	
烧结料破碎系统	烧结料破碎排气筒	一般排放口	颗粒物	
熔炼备料系统	熔炼备料排气筒	一般排放口	颗粒物	
密闭鼓风炉环境集烟	环境集烟烟囱	主要排放口	颗粒物、二氧化硫、铅及其化合物、汞及其化合物、氮氧化物(以 NO_2 计)	
烟化炉	烟化炉烟囱	主要排放口	颗粒物、二氧化硫、铅及其化合物、汞及其化合物、氮氧化物(以 NO_2 计)	
熔铅(电铅)锅	熔铅(电铅)锅烟囱	一般排放口	颗粒物、铅及其化合物	
浮渣反射炉	反射炉烟囱	一般排放口	颗粒物、二氧化硫、铅及其化合物、汞及其化合物、氮氧化物(以 NO_2 计)	
锌精馏系统	锌精馏系统烟囱	一般排放口	颗粒物、二氧化硫、氮氧化物(以 NO_2 计)、铅及其化合物、汞及其化合物	
锅炉	锅炉烟囱	一般排放口	颗粒物、二氧化硫、氮氧化物(以 NO_2 计)、汞及其化合物、烟气黑度(格林曼黑度,级)	
铅锌冶炼废气无组织排放				
	企业边界		二氧化硫、颗粒物、硫酸雾、铅及其化合物、汞及其化合物	
铅锌冶炼废水排放				
废水类别	排放口	排放口类型	污染因子	
生产废水	废水总排放口	主要排放口	pH 值、悬浮物、化学需氧量、氨氮、总磷、总氮、总锌、总铜、硫化物、氟化物、总铅、总镉、总汞、总砷、总镍、总铬	
	车间或生产设施废水排放口	主要排放口	总铅、总镉、总汞、总砷、总镍、总铬	

注:氮氧化物(以 NO_2 计)只适用于特别排放限值区域;锅炉烟气中汞及其化合物只适用于燃煤锅炉。

5.2 许可排放限值

5.2.1 一般规定

许可排放限值包括污染物许可排放浓度和许可排放量。

对于大气污染物，以生产设施或有组织排放口为单位确定许可排放浓度、许可排放量。

主要排放口逐一计算许可排放量，一般排放口只许可浓度，不许可排放量。

对于水污染物，以车间或生产设施排放口和企业废水总排放口确定许可排放浓度和许可排放量。

根据国家或地方污染物排放标准确定许可排放浓度。依据总量控制指标及本标准规定的方法从严确定许可排放量，2015 年 1 月 1 日（含）后取得环境影响批复的排污单位，许可排放量还应同时满足环境影响评价文件和批复要求。

总量控制指标包括地方政府或环境保护主管部门发文确定的排污单位总量控制指标、环评批复的总量控制指标、现有排污许可证中载明的总量控制指标、通过排污权有偿使用和交易确定的总量控制指标等地方政府或环境保护主管部门与排污许可证申领排污单位以一定形式确认的总量控制指标。

排污单位填报许可排放量时，应在排污许可申请表中写明申请的许可排放限值计算过程。

排污单位申请的许可排放限值严于本标准规定的，在排污许可证中载明。

5.2.2 许可排放浓度

5.2.2.1 废气

排污单位废气许可排放浓度依据 GB 13271、GB 25466 确定，许可排放浓度为小时均值浓度。有地方排放标准要求的，按照地方排放标准确定。

大气污染防治重点控制区按照《关于执行大气污染物特别排放限值的公告》和《关于执行大气污染物特别排放限值有关问题的复函》的要求执行。其他执行大气污染物特别排放限值的地域范围、时间，由国务院环境保护主管部门或省级人民政府规定。

若执行不同许可排放浓度的多台设施采用混合方式排放烟气，且选择的监控位置只能监测混合烟气中的大气污染物浓度，则应执行各限值要求中最严格的许可排放浓度。

5.2.2.2 废水

排污单位水污染物许可排放浓度按照 GB 25466 确定，许可浓度排放为日均浓度（pH 值为任何一次监测值）。有地方排放标准要求的，按照地方排放标准确定。

若排污单位在同一个废水排放口排放两种或两种以上工业废水，且每种废水同一种污染物执行的排放标准不同时，则应执行各限值要求中最严格的许可排放浓度。

5.2.3 许可排放量

5.2.3.1 一般规定

许可排放量包括排污单位年许可排放量、主要排放口年许可排放量、特殊时段许可排放量。其中，年许可排放量的有效周期应以许可证核发时间起算，滚动 12 个月。单独排入城镇集中污水处理设施的生活污水无需申请许可排放量。

废气许可排放量污染因子为颗粒物、二氧化硫、氮氧化物（以 NO_2 计）（仅适用于执行特别排放限值区域的排污单位）、铅及其化合物、汞及其化合物。

废水许可排放量污染因子为化学需氧量、氨氮、总铅、总砷、总汞、总镉。

对位于《“十三五”生态环境保护规划》等文件规定的总磷、总氮总量控制区域内的铅锌冶炼排污单位，还应分别申请总磷及总氮年许可排放量。地方环保部门另有规定的从其规定。

5.2.3.2 许可排放量核算方法

5.2.3.2.1 废气

a. 年许可排放量

年许可排放量等于主要排放口年许可排放量，计算如下：

$$E_{i\text{许可}} = E_{i\text{主要排放口}} \tag{1}$$

式中 $E_{i\text{许可}}$——排污单位第 i 项大气污染物年许可排放量，t/a；

$E_{i\text{主要排放口}}$——许可排污单位第 i 项大气污染物主要排放口年许可排放量，t/a。

b. 主要排放口年许可排放量

主要排放口年许可排放量用下式计算：

$$E_{i\text{主要排放口}} = \sum_{j=1}^{n} C_i Q_j R \times 10^{-9} \tag{2}$$

式中 $E_{i\text{主要排放口}}$——主要排放口第 i 种大气污染物年许可排放量，t/a；

C_i——第 i 种大气污染物许可排放浓度限值，mg/m^3；

R——主要产品设计产能，t/a；

Q_j——第 j 个主要排放口单位产品基准排气量，m^3/t 产品，参照表 2 取值。

铅锌冶炼排污单位各主要排放口铅及化合物、汞及化合物排放浓度限值与表 2 中基准排气量乘积应不超过表 3 给出的重金属废气排放绩效，否则主要排放口重金属许可量计算方法参照公式（3）进行核算。

c. 主要排放口重金属年许可排放量用下式计算：

$$E_{i\text{重金属}} = RG_{i\text{重金属}} \times 10^{-6} \tag{3}$$

式中 $E_{i\text{重金属}}$——主要排放口第 i 种重金属大气污染物许可排放量，t/a；

R——主要产品设计产能，t/a；

$G_{i\text{重金属}}$——第 i 种重金属大气污染物排放绩效值，g/t 产品，参照表 3 取值。

表 2 铅锌冶炼排污单位主要排放口基准排气量表 单位：m^3/t 产品①

行业类型	产排污节点	排放口	基准烟气量(干烟气)	备注
铅冶炼	制酸系统(熔炼炉烟气)	制酸尾气烟囱	3000	
	还原炉+烟化炉	脱硫尾气烟囱	6000	部分排污单位还原炉烟气送制酸
	熔炼炉、还原炉、烟化炉环境集烟	环境集烟烟囱	20000	
锌冶炼	制酸系统(沸腾炉烟气)	制酸尾气烟囱	5000	湿法炼锌
	回转窑(烟化炉)	回转窑(烟化炉)烟囱	5000	
	制酸系统(沸腾炉烟气)	制酸尾气烟囱	5000	电炉炼锌
	电炉环境集烟	环境集烟烟囱	8000	
	回转炉(烟化炉)	回转窑(烟化炉)烟囱	5000	
	制酸系统(沸腾炉烟气)	制酸尾气烟囱	5000	竖罐炼锌
	焦结蒸馏系统	焦结蒸馏系统烟囱	20000	
	漩涡炉	漩涡炉烟囱	5000	
	烧结机头	烧结机头排气筒	4500	ISP 法
	制酸系统(烧结机烟气)	制酸尾气烟囱	5000	
	密闭鼓风炉环境集烟	环境集烟烟囱	10000	
	烟化炉	烟化炉烟囱	2500	

① 产品产量以电铅、电锌（精锌）计，单独生产粗铅、锌焙砂、粗锌的铅锌冶炼企业，产量应折电铅、电锌（精锌）计。

注：1. 外购锌焙砂、粗铅、粗锌为原料的铅锌冶炼企业，该部分铅、锌产量只计入与其相关的生产单元。

2. ISP 法产品产量为铅、锌产品产量之和。

表 3 铅锌冶炼排污重金属大气污染物排放绩效值

行业类型	重金属类别	排放绩效/(g/t 产品)①
铅冶炼	铅及其化合物	31.53
	汞及其化合物	0.124

续表

行业类型		重金属类别	排放绩效/(g/t产品)①
锌冶炼	湿法炼锌	铅及其化合物	3.463
		汞及其化合物	0.385
	火法炼锌（ISP法除外）	铅及其化合物	5.528
		汞及其化合物	0.512
	ISP法	铅及其化合物	21.306
		汞及其化合物	0.390

① 产品产量以电铅、电锌（精锌）计，单独生产粗铅、锌焙砂、粗锌的铅锌冶炼企业，产量应折电铅、电锌（精锌）计。

注：1. 外购锌焙砂、粗铅、粗锌为原料的铅锌冶炼企业，该部分铅、锌产量只计入与其相关的生产单元。

2. ISP法产品产量为铅、锌产品产量之和。

d. 特殊时段许可排放量

特殊时段排污单位日许可排放量按公式（3）计算。地方制定的相关法规中对特殊时段许可排放量有明确规定的从其规定。国家和地方环境保护主管部门依法规定的其他特殊时段短期许可排放量应当在排污许可证当中载明。

$$E_{\text{日许可}}=E_{\text{前一年环统日均排放量}}\times(1-\alpha) \quad (3)$$

式中 $E_{\text{日许可}}$——铅锌冶炼排污单位重污染天气应对期间或冬防阶段日许可排放量，t；

$E_{\text{前一年环统日均排放量}}$——铅锌冶炼排污单位前一年环境统计实际排放量折算的日均值，t；

α——重污染天气应对期间或冬防阶段日产量或排放量减少比例。

5.2.3.2.2 废水

水污染物年许可排放量根据水污染物许可排放浓度限值、单位产品基准排水量和设计产能进行核算。

a. 主要排放口年许可排放量

主要排放口年许可排放量用下式计算：

$$D_i=C_iQR\times10^{-6} \quad (4)$$

式中 D_i——主要排放口第 i 种水污染物年许可排放量，t/a；

C_i——第 i 种水污染物许可排放浓度限值，mg/L；

R——主要产品的设计产能，t/a；

Q——主要排放口单位产品基准排水量，m^3/t 产品，取值参见表4。

b. 年许可排放量

铅锌冶炼排污单位总铅、总砷、总镉、总汞年许可排放量为车间或生产设施排放口年许可排放量，化学需氧量和氨氮年许可量则为企业废水总排放口年许可量，按照公式（4）进行核算，其中 C_i 取值参照 GB 25466 中污染因子浓度，基准排水量 Q 取值参见表 4。

表 4 铅锌冶炼排污单位基准排水量取值表 单位：m^3/t 产品

序号	排放口	排污口类型	单位产品基准排水量
1	车间或生产设施废水排放口	主要排放口	2
2	企业废水总排放口	主要排放口	8

注：1. 产品产量以电铅、电锌（精锌）计，单独生产粗铅、锌焙砂、粗锌的铅锌冶炼企业，产量应折电铅、电锌（精锌）计。

2. 外购锌焙砂、粗铅、粗锌为原料的铅锌冶炼企业，该部分铅、锌产量只计入与其相关的生产单元。

3. ISP 法产品产量为铅、锌产量之和。

5.2.4 无组织排放控制要求

铅锌冶炼排污单位生产无组织排放节点和控制措施见表 5。

表 5 铅锌冶炼排污单位生产无组织排放节点和控制措施

序号	工序	指标控制措施
1	运输	(1)粉状物料运输应采取密闭措施。 (2)厂内大宗物料转移、输送应采取皮带通廊、封闭式皮带输送机或流态化输送等输送方式。皮带通廊应封闭，带式输送机的受料点、卸料点采取喷雾等抑尘措施；或设置集气除尘设施。 (3)厂内运输道路应硬化，及时清扫并采取洒水、喷雾或抑尘措施。 (4)运输车辆驶离厂区前应冲洗车轮，或采取其他控制措施
2	冶炼	(1)原辅料、燃料等粉状物料应贮存于封闭厂房，精矿装卸、输送、配料、精矿干燥、给料等备料过程产尘点应设置集气收尘设施。 (2)铅冶炼熔炼炉、还原炉加料口、出铅口、出渣口，烟化炉加料口、出渣口，浮渣反射炉加料口、放冰铜口、出渣口，应设置集气罩，并配套除尘脱硫设施，溜槽应设置盖板；熔铅(电铅)锅生产过程密闭，加料口、出铅口及扒渣过程应设置集气收尘设施。 (3)湿法炼锌浸出槽、净化槽等应设置抽风及酸雾净化装置；火法炼锌炉窑加料口、出料口、出渣口应设置集气罩，并配套除尘脱硫设施

5.2.5 其他

新、改、扩建项目的环境影响评价文件或地方相关规定中有原辅材料、燃料等其他污染防治强制要求的，还应根据环境影响评价文件或地方相关规定，明确其他需要落实的污染防治要求。

6 污染防治可行技术要求

6.1 一般原则

本标准中所列污染防治可行技术及运行管理要求可作为环境保护主管部门对排污许可证申请材料审核的参考。对于排污单位采用本标准所列推荐可行技术的，原则上认为具备符合规定的防治污染设施或污染物处理能力。对于未采用本标准所列推荐可行技术的，排污单位应当在申请时提供相关证明材料。对于国内外首次采用的污染治理技术，还应当提供中试数据等说明材料，证明可达到与污染防治可行技术相当的处理能力。

对不属于污染防治推荐可行技术的污染治理技术，排污单位应当加强自行监测、台账记录，评估达标可行性。

对于废气实施特别排放限值的，排污单位自行填报可行的污染治理技术及管理要求。

6.2　废气推荐可行技术

铅锌冶炼产生的有组织废气中颗粒物、铅及其化合物、汞及其化合物，通常采用湿法除尘、袋式除尘、静电除尘等；冶炼炉窑产生的二氧化硫，通常采用石灰/石灰石-石膏法、有机溶液循环吸收法、金属氧化物吸收法、活性焦吸附法、氨法吸收法、双碱法、双氧水脱硫法等。

本标准推荐的铅冶炼排污单位废气可行技术参照 HJ-BAT-7，锌冶炼排污单位废气可行技术具体见附录 A。

6.3　废水推荐可行技术

铅锌冶炼生产过程产生的污酸一般采用硫化法＋石灰石/石灰中和法、石灰＋铁盐法处理，处理后污酸后液与酸性废水合并处理；酸性废水一般采用石灰中和法、高密度泥浆法（HDS 法）、石灰＋铁盐（铝盐）法、硫化法、生物制剂法、电化学法、膜分离法等。

本标准推荐的铅冶炼排污单位废水可行技术参照 HJ-BAT-7，锌冶炼排污单位废水可行技术具体见附录 B。

6.4　运行管理要求

铅锌冶炼排污单位应当按照相关法律法规、标准和技术规范等要求运行大气及水污染防治设施，并进行维护和管理，保证设施正常运行。对于特殊时段，铅锌冶炼排污单位应满足《重污染天气应急预案》、各地人民政府制定的冬防措施等文件规定的污染防治要求。

附录 A
（资料性附录）

锌冶炼废气污染防治可行推荐技术

污染类型	污染因子	可行技术
废气	颗粒物 铅及其化合物 汞及其化合物	湿法除尘技术 电除尘技术 袋式除尘技术
	二氧化硫	石灰-石膏法脱硫技术 有机溶液循环吸收法脱硫技术 金属氧化物吸附法脱硫技术 活性焦吸附法脱硫技术 氨法脱硫技术 双碱法脱硫技术

附录 B

（资料性附录）

锌冶炼废水污染防治可行推荐技术

污染类型	废水来源	污染因子	可行技术
废水	生产废水	pH 值、COD、悬浮物、氨氮、总磷、总氮、硫化物、氟化物、总锌、总铜、总铅、总镉、总砷、总汞、总铬、总镍	石灰中和法(LDS 法) 高密度泥浆法(HDS 法) 硫化法 石灰-铁盐(铝盐)法 生物制剂法 电化学法 膜分离法